中西审美论思想研究
陈剑澜 著

美学与现代问题

北京大学出版社
PEKING UNIVERSITY PRESS

图书在版编目(CIP)数据

美学与现代问题：中西审美论思想研究 / 陈剑澜著. — 北京：北京大学出版社，2024.6

ISBN 978-7-301-35081-2

I. ①美… II. ①陈… III. ①审美文化—对比研究—中国、西方国家 IV. ① B83-092 ② B83-095

中国国家版本馆 CIP 数据核字（2024）第 106569 号

书　　　名	美学与现代问题：中西审美论思想研究 MEIXUE YU XIANDAI WENTI: ZHONGXI SHENMEI LUN SIXIANG YANJIU
著作责任者	陈剑澜　著
责 任 编 辑	于海冰
标 准 书 号	ISBN 978-7-301-35081-2
出 版 发 行	北京大学出版社
地　　　址	北京市海淀区成府路 205 号　100871
网　　　址	http://www.pup.cn　新浪微博：@北京大学出版社 @阅读培文
电 子 邮 箱	编辑部 pkupw@pup.cn　总编室 zpup@pup.cn
电　　　话	邮购部 010-62752015　发行部 010-62750672　编辑部 010-62750112
印 刷 者	天津联城印刷有限公司
经 销 者	新华书店
	880 毫米 ×1230 毫米　16 开本　19.75 印张　236 千字 2024 年 6 月第 1 版　2024 年 6 月第 1 次印刷
定　　　价	69.00 元

未经许可，不得以任何方式复制或抄袭本书之部分或全部内容。
版权所有，侵权必究
举报电话：010-62752024　电子邮箱：fd@pup.cn
图书如有印装质量问题，请与出版部联系，电话：010-62756370

目录

引　言 001

第一章　哲学审美论问题缘起 011
　　第一节　康德与现代问题 016
　　第二节　自由的迷局 024
　　第三节　先验哲学意图及其证明 033
　　第四节　人类学证明 044

第二章　审美自律论 059
　　第一节　自律的概念 063
　　第二节　审美特性 067
　　第三节　审美判断力的先天原则 076
　　第四节　美的艺术 084

第三章　审美国家观念 097
　　第一节　哲学人类学路线 100
　　第二节　现代性批判与重建 108
　　第三节　审美乌托邦 114
　　第四节　审美与政治之辩 118

第四章　从理智直观到审美直观……127
第一节　所谓"不透之论"……130
第二节　理智直观的歧义……139
第三节　审美论转向……143
第四节　审美直观论……148

第五章　艺术形而上学……159
第一节　道德论之后……163
第二节　日神和酒神……172
第三节　悲剧世界观……182
第四节　生存的审美辩护……194

第六章　中国现代审美论思想的起源……203
第一节　审美与形而上学……207
第二节　艺术、直观与真理……219
第三节　美育论……233
第四节　余续……243

附　录……251
附录一　中西体用与损益……253
附录二　悖谬、反讽与身体的历史——论尚扬……266
附录三　白明的易简工夫……289

参考文献……297
后记……309

引　言

　　本书尝试从现代问题入手考察 18—19 世纪西方审美论思想的基本脉络，进而探究这一思想对 20 世纪早期中国文艺理论和美学的影响。在此，先介绍一下这项研究所采用的视角和路径。现代美学形成于 18 世纪上中叶。如果宽泛地把美学理解为美的哲学或艺术哲学，可以说自古以来不同民族、不同文化都有关于美和艺术的反思。所以西方美学史要从希腊时代讲起，相应地也就有了中国美学史、印度美学史等。这是美学的学说史研究。此外，还有另一条研究路径，其核心论题是：美学作为现代主体哲学不可或缺的部分是如何承载现代问题的？或者说，现代问题的独特面向是如何借美学这块领地展现出来的？从此视角看，鲍姆嘉通以降关于美和艺术的哲学探究又具有规范的意义，是现代精神自我确证的重要环节。由此可以引申出一种现代美学话语史研究，这一路径是在 20 世纪 80 年代前后围绕现代性特别是审美现代性的论争中呈现出来的。

1973年，哈贝马斯发表《合法化危机》一书，系统地讨论了晚期资本主义社会的危机问题。他把当代资本主义世界的危机倾向概括为四种依次递进和增强的形式——经济危机、合理性危机、合法化危机、动机危机，并将合法化危机及相应的动机危机的解决之道归于交往伦理学："交往伦理学不仅要求规范具有普遍性，而且要求通过话语来对规范利益的普遍性达成共识。""交往伦理学的基本信念以及体现现代机械复制艺术的反文化的复杂经验，今天对于若干阶层的社会化过程来说已经具有决定意义，也就是说，它们已经获得了塑造动机的力量。"[1] 此书英译本于1975年出版，之前部分章节已用英语发表，因此很快就在德语世界以外引起注意。例如，丹尼尔·贝尔在《资本主义文化矛盾》（1976年）中简要评论了哈贝马斯的合法化理论，并提出商榷意见。[2] 利奥塔尔《后现代状态：关于知识的报告》（1979年）在指认依靠元话语和大叙事使自身合法化的"现代"知识原理之后，表明了其质疑元叙事的"后现代"立场，并据此对哈贝马斯包括合法性观念在内的交往理论进行了系统的批评："在元叙事之后，合法性可能存在于什么地方呢？……合法性是否像哈贝马斯设想的那样存在于通过讨论而达成的共识中呢？这种共识违背了语言游戏的异质性。""像哈贝马斯那样，把合法化问题的建构引向追求普遍的共识似乎是不可能的，甚至也是不谨慎的。"[3]

---

[1] 哈贝马斯：《合法化危机》，刘北成、曹卫东译，上海人民出版社2000年版，第31、114页。

[2] 参见贝尔《资本主义文化矛盾》，赵一凡、蒲隆、任晓晋译，生活·读书·新知三联书店1989年版，第308—309页。

[3] 参见利奥塔尔《后现代状态：关于知识的报告》，车槿山译，生活·读书·新知三联书店1997年版，第1—3、137页。

1980年，哈贝马斯在法兰克福发表《现代性——一个未完成的方案》的演讲，次年又赴美国以《现代性对后现代性》为题再次发表演讲。在演讲中，他把利奥·施特劳斯、丹尼尔·贝尔以及巴塔耶、福柯、德里达等法国新锐学者分别归入老保守派、新保守派和青年保守派阵营，引起了一场国际性的现代性与后现代性之争。其间，哈贝马斯撰写了《现代性的哲学话语》（1985年），为他所坚持的现代性内部批判立场提供了一个思想史文本。哈贝马斯区分了社会现代化、文化现代性和审美现代性三个概念。他指出，20世纪50年代开始流行的现代化理论把现代性描述成一般意义上的社会发展模式，涉及资本积累与资源利用、生产力发展与劳动生产率提高、政治权力集中与民族认同塑造等，从而隔断了现代性与西方理性主义历史语境之间的内在联系。这种割裂使得从不同立场来理解社会现代化和文化现代性及其关系成为可能。文化现代性即启蒙的方案，哈贝马斯借用马克斯·韦伯的论述将其主旨概括为：由于传统宗教和形而上学世界观的瓦解，原先的实质理性分裂为科学、道德、艺术三个自律的领域。"随着现代经验科学、自律艺术和用一系列原理建立起来的道德理论和法律理论的出现，便形成了不同的文化价值领域，从而使我们能够根据理论问题、审美问题或道德—实践问题的各自内在逻辑来完成学习过程。"审美现代性是文化现代性的一部分，其特征体现为"在变化了的时间意识中探寻共同焦点的态度"。在哲学美学的范围内，审美现代性论题贯穿于从康德的审美自律论到席勒、德国浪漫派、尼采及以后的审美主义理性批判；在艺术领域，审美现代性经验在波德莱尔以降的先锋派运动中充分表现出来，最后在达达主义者和超现实主义者身上达到了高峰。[4]

本书不涉及围绕现代性、后现代性以及审美现代性的各种观点，只想从这场论争中引出一条关于文化—审美现代性的观念史线索，而将研究范围限定于现代问题视野里的哲学审美论思想。

现代问题指主体正当性问题。所谓现代，在欧洲历史的范围内是和古代、中世纪相对而言的，即1500年以后的时代。在16世纪最初五十年里，有两个年份经常为人提及。一个是1543年，哥白尼的《天体运行论》出版。哥白尼保守的体系包含对古代和中世纪的目的论宇宙观具有毁灭性的思想。此后，经过一个半世纪的科学革命，产生了至今仍支配着我们生活的机械论自然观。在由机械因果性构成的世界中，神和神意被永久地剔除出去了，当代学者称此事件为"自然之死"。[5]另一个是1517年，马丁·路德发布《九十五条论纲》，从此开始了宗教改革运动。在这场运动中，诞生于中世纪晚期和文艺复兴时期的个人观念进入欧洲人精神生活的核心：人人必须独自面对上帝，靠内心的虔敬获救，即所谓"因信称义"。17世纪以后，个人观念成为哲学的主题，它完整的哲学表达是自由、自主、自决的个人主体。如果说现代哲学有一个基本问题，那就是主体之正当性问题。具体而言，即是：在一个没有外来决定者和拯救者的世界中，有限的个人主

---

[4] 参见哈贝马斯《现代性——一个未完成的方案》，黄金城译，载《文化与诗学》2019年第1期，华东师范大学出版社2019年版，第252—269页；《现代性对后现代性》，周宪译，周宪主编《文化现代性读本》，南京大学出版社2012年版，第175—189页；《现代性的哲学话语》，曹卫东等译，译林出版社2004年版，第1—5、10、112、142页。

[5] 参见麦茜特《自然之死——妇女、生态和科学革命》，吴国盛等译，吉林人民出版社1999年版。

体如何能够成为天地间的立法者？在现代思想中，主体有两层含义：一是形而上学的，指认识或道德主体；二是经验的，指政治与法律的权利主体，组成社会的基本单元。现代问题因而包括两个方面：一是主体如何成为认识和道德的最后根据，二是主体之间如何协同建立一个合乎理性的社会。在现代问题的结构中，这两个方面是二而一的。

按照现代哲学的理解，主体内含知（知性）、意（意志）、情（情感）三种能力，即认识（理论）能力、道德（实践）能力和审美（感受）能力。关于知性的研究构成逻辑学，关于意志的研究构成伦理学，关于情感的研究就是美学。鲍姆嘉通在检讨包罗万象的沃尔夫体系时发现，关于清晰的认识有逻辑学，而关于感觉的或含混的认识却没有相应的科学，于是，他提议在逻辑学之前建立一门新科学，叫做"Aesthetica"，即感性学或美学。他给这门科学下了一个定义："美学（感性学）：研究感性认识的科学，包括：自由艺术的理论、低级认识论、用美的方式思维的艺术和类理性的艺术。"[6] 鲍姆嘉通此举的意义决不只是给美学命名，相反，虽然美学（感性学）这个名称后来不断受人诟病，但他从此在现代主体哲学里打进了一个拔不掉的楔子。如韦尔施（Wolfgang Welsch）所形容的，鲍姆嘉通是将美学作为一个贴身婢女引入科学女主人殿堂的，数十年之后，她却从灰姑娘变成认识论的女王。[7] 其间发生的重要思想史事件是德国观念论和早期浪漫派的兴起，而哲学审美论是贯穿始终的一条主线。

---

[6] Cf. Paul Guyer, "The Origins of Modern Aesthetics: 1711–35", in Peter Kivy (ed.), *The Blackwell Guide to Aesthetics*, Blackwell Publishing Ltd., 2004, p. 15.

[7] 参见韦尔施《重构美学》，陆扬、张岩冰译，上海译文出版社2002年版，第58—59页。

哲学审美论（Philosophical Aestheticism）是18—19世纪之交起源于德国的现代思想传统，其基本观点是："艺术与情感不仅是哲学的中心论题，而且必须纳入哲学思想的根基之中。"加德纳（Sebastian Gardner）指出，审美论属于后康德思想，其历史渊源在早期德国浪漫派，并且宽泛地说，一切形式的审美论都可以"浪漫的"来形容；然而不能把审美论简单等同于浪漫主义，因为早期德国浪漫派包含后来审美论者所拒绝的特殊的形而上学观念。[8]这些形而上学观念首先来自康德。抛开康德哲学，审美论问题便无从谈起。具体来说，哲学审美论问题源于康德的审美判断力批判，其理论脉络则从席勒、早期德国浪漫派、谢林一直延续至叔本华和尼采，并且流布于20世纪。

康德的整个体系构想是把现代问题的不同面向置于同一个主体哲学框架中来处理。批判哲学论题的扩展，从内部看是为了解决之前批判留下的疑难，在外部则是由一个逐渐开启的总体视野引导的。《判断力批判》旨在通过反思判断力的批判，寻求自然概念领域与自由概念领域统一的超感性根据。其中，审美判断力批判被认为是本质地属于批判哲学的，而目的论判断力批判只是处理道德神学论题之前的过渡。这部批判实际包含着两个并行的论证路线。一是先验哲学意图及证明，把反思判断力的自然合目的性原则确立为道德神学的主体性根据，从而使主体达致对至善理想的先天认识。二是人类学证明，接续实践理性感性论的方向，在演绎纯粹审美判断如何可能的基础上，把论题引向情感的普遍可传达性与人的社会性的经验联系。后者论证并

---

[8] Cf. Sebastian Gardner, "Philosophical Aestheticism", in Brian Leiter & Michael Rosen (eds.), *The Oxford Handbook of Continental Philosophy*, Oxford University Press, 2007, p. 76.

不充分，但是开辟了一条以审美和艺术为人性教育手段的思想道路，因此成为哲学审美论的问题源头。

哲学审美论试图借助艺术—审美来解决主体正当性问题，它包含两个基本观念：审美自律论和审美超越论。

审美自律论是现代思想中根深蒂固的观念，其要义在认定审美活动独立于认知和道德活动而具有自足的意义。康德把审美判断力与知性、理性并列为主体自律的能力，即不能从一个共同根据推导出来的先天立法的能力。他在批判之前经验论和唯理论的基础上，分两个层次进行论证。首先，通过比较审美情感与感官情感和道德情感、审美判断与认识判断之间的异同，分析审美判断与目的概念的关系，从先验角度论述了审美活动的一般特性。然后，以探求审美判断无概念的普遍必然性的主体性根据为目标，围绕情感的普遍可传达性、共通感、审美理念三个概念，系统阐明了审美判断力的先天原则。康德赋予审美自律论完整的哲学形式，从而成为现代美学的真正开端。在此框架内，他讨论了美的艺术问题。他把审美的艺术分为快适的艺术和美的艺术，指出美的艺术是以反思判断力为准绳的艺术，它所引起的情感是可普遍传达的愉快。康德力主在艺术的自由与强制、天才与鉴赏之间达成平衡，又强调美的艺术唯有作为天才的作品才是可能的。他试图在正酝酿的古典与浪漫之争前面保持折中，事实上却偏向于后者。

审美超越论的第一种形式是审美国家或审美乌托邦观念。席勒的《审美教育书简》继承康德美学中的人类学路线，系统论述了通过审美和艺术实现人性教育的思想，首次构成哲学审美论的完整形态。席勒在书简中提出审美国家观念，用以支撑人性和谐及人与人之间团结的理想。审美国家观念受温克尔曼的希腊世界观激发,在魏玛审美人文主义者圈子里孕育产生,它试图假道美学来解决现实社会政治问题,从此形成一种特殊的现代思想传统。席勒的论证主要由三个部分组成:一是基于人性论立场的现代性批判,二是关于现代心性的哲学人类学学说,三是审美与自由关系论。其中最重要的一步是把自由问题从主体内部扩展到主体之间,进而提出一个审美乌托邦构想。当代西方思想史界围绕审美国家有过各种争论,对这些批评意见进行辨析,有助于重新认识席勒审美教育思想的合理性与现实意义。

审美超越论的另一种形式是审美直观论。直观是德国观念论哲学中的一个重要而复杂的概念,围绕这个概念展开的各种论述关系到现代美学的合理性、意义及限度等基本问题。康德从批判主义立场把直观限定于感性的范围,同时将更高级的直观排除在审美活动之外,从而止步于审美内在价值的原则主张。康德之后的观念论者持续拓展这一论题,并逐渐转向审美、艺术与真理关系的方面,由此形成一种影响深远的审美超越论思潮。在此过程中,费希特代表从批判观念论到主观观念论的转变,而荷尔德林、诺瓦利斯、F. 施勒格尔和谢林则开辟了绝对观念论或客观唯心主义的方向。谢林的审美直观论把艺术当作真理唯一的、最高的显现方式,把艺术哲学看作整个体系的枢纽,为早期德国浪漫派的艺术宗教信念注入了系统哲学的元素,因而成为后启蒙时代审美论持续扩张的动力。

哲学审美论在18—19世纪的发展中分别出两条路线:一是席勒、早期德国浪漫派和谢林所主张的后启蒙路线,一是以尼采为代表的激进的反启蒙路线。前者虽力主审美的超越性,却仍坚持在知意情整合的框架内处理问题,只是强调审美是最终起决定作用的力量;后者则是要在认识、道德拯救世道人心的努力失败之后，让审美独自来解决主体正当性问题。尼采通过希腊悲剧起源的谱系学叙述提出的艺术形而上学在现代性审美批判中具有特殊的地位。它继承了席勒和德国浪漫派用艺术—审美来解决主体正当性问题的思路，同时又试图去应对叔本华悲观主义哲学所揭示的道德世界观解体的事实。他借助日神与酒神对立的观念来考察希腊艺术的辩证发展，并且把克服科学乐观主义和悲观主义的希望寄托于悲剧精神的再生，以古典学研究的形式表达了激进的现代性批判思想。尼采综合审美（感性）概念的双重含义，即超越论的形而上学意义和属于感官本能的生理学意义，提出一种旨在无条件肯定现世的生存的审美辩护；其中的若干核心观念或隐或显地贯穿于其后期的形而上学探索。在哲学审美论的范围内，尼采的艺术形而上学代表着从后启蒙时代审美理性主义向反启蒙理性主义的转变。

清末民初，哲学审美论观念传入汉语思想界，因王国维的阐发而立根，后经蔡元培、朱光潜、宗白华、李泽厚等人改造，成为20世纪中国美学根深蒂固的信条。中国现代美学的兴起，并非缘于对文学艺术的纯知识兴趣，而是为了因应古今社会变局所引发的现代问题，即"立人"的问题。这个"人"不是传统宗法伦理关系中的人，而是现代意义上的个人主体。其时，王国维热衷于德国审美论哲学，积极引介康德、席勒、叔本华、尼采的美学思想，并尝试用这些外来思想来会通中国传统审美经验，进而结合经验论观念以针砭时弊。王国维在主体论视野中进行的美学探索是中国现代美学的真正开端，他构建的审美理想论、艺术本体论和美育论框架对后世美学研究产生了重要影响。20世纪三四十年代以后新儒家将中国传统文化精神审美化的思路也可以追溯到王国维早年著述。中国现代审美论并非西方观念的简单移植,而是立足于社会现实问题、会通汉语传统思想形成的独具文化特色的理论。百年来中国文艺思想长期陷于自律与他律之争,而关乎人性、人道的美学的立场始终存在着。今天,从观念史角度审视中西审美论思想的缘起及其流变,既是为了正本清源,也是为了重续文艺理论和美学的人文之思。

第一章
哲学审美论问题缘起

康德初版于 1790 年的《判断力批判》，据说标志着德国人精神生活的一座"分水岭"，"藉之，德国 18 世纪最重要的观念和理想传给了观念论和浪漫派一代"。[1]康德希望以此书来结束他的批判事业，同时又随机从启蒙立场对当时德国宗教、政治领域的争论作了曲折的回应，而二者是纠缠在一起的。这使得第三批判较之前两个批判更加晦涩难解，乃至于康德为何写这本书，始终是一个问题。康德自己宣称，他要通过判断力批判，消除之前遗留的理论理性与实践理性之间的裂痕，从而使自由概念领域向自然概念领域的过渡成为可能。但是，"他所设想的此问题之解决究竟是什么，甚至问题本身究竟是什么，迄今仍是康德学界争执不休的话题"。[2]

政治思想史学者哈斯内（Pierre Hassner）注意到，康德的三大批判难得直接谈及政治，仅有的例外是《判断力批判》中的一个段落。"在那里他明确提出一种政治教诲，并且是借助于法权学说或历史哲学提出来的。"[3]哈斯内指的是《判断力批判》第 83 节"作为一个目的

---

[1] Cf. John H. Zammito, *The Genesis of Kant's Critique of Judgment*, Chicago and London: University of Chicago Press, 1992, p. 1.

[2] Allen W. Wood, *Kant*, Oxford: Blackwell Publishing Ltd., 2005, p. 151.

[3] Cf. Pierre Hassner, "Immanuel Kant", in Leo Strauss and Joseph Cropsey (eds.), *History of Political Philosophy*, Chicago and London: The University of Chicago Press, 1987, p. 581.

论系统的自然的最后目的"。从全书结构上说，这一节是从自然目的论转向道德目的论的关键，涉及文化的主题。其着眼点并非之前批判哲学专注的个体之"我"，而是人类种族或作为一个动物物种的"我们"。在此，康德讨论了人们相互关系中的法制状态，即公民社会和世界公民观念，尔后讨论趣味的文雅化，即"通过某种可普遍传达的愉快，通过在社交方面的磨砺与文雅化"，"使人对唯有理性才有权力施行的统治作好准备"。[4] 其实，早在《关于一种世界公民观点的普遍历史的理念》（1784年）里康德就探究过这类主题，并且论及人的"非社会的社会性"，即人一面有进入社会的爱好，一面又有个体化（孤立化）的倾向。[5] 社会性（Geselligkeit）是康德长期关心的论题，一直延续到他晚年的《论永久和平》（1795年）和《道德形而上学》（1797年）第一部"法权论的形而上学初始根据"；在《人类历史揣测的开端》（1786年）中，他把社会性称作"人类注定的最伟大目

---

[4] 参见康德《判断力批判》，邓晓芒译、杨祖陶校，人民出版社2002年版，第287—291页；AK V: 429-434. 引文依照科学院版（Akademieausgabe，简称"AK"）《康德全集》（*Kant's gesammelte Schriften*, hrsg. der Königlich Preußischen Akademie der Wissenschaften, Berlin: Georg Reimer /Walter de Gruyter & Co., 1900-1955）作了改动。以下康德著作引文凡有改动的，先标注中译本出处，并附原文卷次及页码。另外，本书所引康德三大批判除邓晓芒译本外，还参考了李秋零和韩水法的译文。

[5] 参见康德《关于一种世界公民观点的普遍历史的理念》，李秋零译，李秋零主编《康德著作全集》第8卷，中国人民大学出版社2013年版，第27—28页；AK VIII: 20-21. 本书综合已有中译本把"Neigung"（又译"偏好""禀好"）译作"爱好"，把"Geselligkeit"（又译"社交性"）译作"社会性"。

的"。[6] 就此而论，阿伦特的下述观点原则上是可以接受的：社会性是困扰康德终生的问题之一，康德阐明了人的基本的社会性并列举了社会性的两个要素：可传达性和公共性。[7]《判断力批判》首次在批判哲学范围内从主体之间的角度提出审美判断的普遍可传达性与人的社会性的经验联系："如果我们承认社会的冲动对人来说是自然的，承认对社会的适应性与偏好，即社会性，对于注定为社会造物的人的需要来说，是属于人道的特点，那么我们就免不了把鉴赏也看作对我们甚至能够借以向人人传达自己情感的东西的评判能力，进而看作对每个人的自然爱好所要求的东西加以促进的手段。"[8] 这是一条与贯穿于三大批判的先验哲学意图截然不同的路线。在第三批判里两者是并行的，康德想把它们捏合起来。《判断力批判》之复杂性盖源于此。其中缘由只能从康德的问题起点、批判哲学的性质和道德形而上学的最终意旨得到解释。

---

[6] 参见康德《人类历史揣测的开端》，李秋零译，《康德著作全集》第 8 卷，第 113 页；AK VIII: 110。

[7] 参见阿伦特《康德政治哲学讲稿》，贝纳尔编，曹明、苏婉儿译，世纪出版集团、上海人民出版社 2013 年版，第 22、33 页。术语有改动（Cf. Hannah Arendt, *Lectures on Kant's Political Philosophy*, ed. Ronald Beiner , Chicago: The University of Chicago Press, 1989, p.12, p. 19）。阿伦特把康德的共通感、扩展的思想方式等概念去先验化，与社会性论题衔接，则有悖康德的本义。关于这一点，该书编者贝纳尔在中译本前言中作了辩驳。

[8] 康德：《判断力批判》，第 139 页；AK V: 296—297。

第一节　康德与现代问题

康德《实践理性批判》（1788 年）"结论"里有一句著名的话："有两样东西，人们愈经常持久地加以思索，它们就愈使心灵充满常新而日增的惊赞和敬畏：我头上的星空和我心中的道德法则。"[9]这句话道出了现代思想的处境与抱负。前者是牛顿的宇宙，是经过一个半世纪的科学革命形成的自然知识体系。在这个机械论体系里，目的、目的论被剔除出去了。批判哲学首先是要为此类知识之普遍必然性寻找先天的条件、根据和原则。在《纯粹理性批判》（1781 年，1787 年）第二版序中，康德说，我们应以科学革命造就的今天的数学和自然科学为范例，反观使之受益的思想方法变革的本质方面，尝试"就这两门科学作为理性知识可与形而上学相类比而言对它们加以模仿"。他将自己的先验批判与哥白尼"最初的想法"相提并论："哥白尼在假定全部星体围绕观测者旋转时，对天体运动的解释已无法进行下去了，于是他试着让观测者自己旋转，反倒让星体停留在静止之中，看看这样是否有可能取得更好的成绩。"[10]哥白尼本来无意动摇托勒密的地心说及所蕴含的目的论观念，只是想修正其理论或技术上的缺陷，以符合

---

[9]　康德：《实践理性批判》，邓晓芒译、杨祖陶校，人民出版社 2003 年版，第 220 页；AK V: 161。

[10]　参见康德《纯粹理性批判》第二版序，邓晓芒译、杨祖陶校，人民出版社 2004 年版，第 15—16 页；AK III: 11-12。

希腊人关于天体做匀速圆周运动的信条，于是假定地球是运动的，结果却把整个地心体系给推翻了。[11] 问题是：康德如此煞有介事地谈论哥白尼究竟想说什么？他用的词是"类比"和"模仿"。康德显然明白，批判哲学从认识对象转向对认识的先天形式即感性直观与知性概念的考察，即从先验实在论转向先验观念论，跟哥白尼学说其实没有什么关系。他借此引入了关于物自身与无条件者的讨论。物自身是批判哲学脱身于莱布尼茨—沃尔夫体系的残留物，也是辨识二者区别的标记。它原是权辞，又称先验的客体，指作用于感官、通过直观产生表象的东西，存在却不可知，只是在现相（Phänomen）和本体（Noumenon）之分确立以后，才真正具有形而上学的意义。物自身作为消极意义的本体，不是感性直观的客体，知性不能加以任何合法的运用。在此意义上，"本体的概念只不过是一个限度概念，为的是限制感性的僭越"。若把物自身设想成积极意义的本体，则意味着它是非感性直观的客体，为此必须假定一种特殊的直观方式，即理智（智性）直观，可是我们没有这样的能力。[12] 无条件者指理性概念或先验理念。在"先验辩证论"中，康德试图借"绝对"一词的语用分析，将先验理念纳入物自身。[13] 第二版序接续这个话题，把无条件者归于物自身，称之为超感性地域（Feld des Übersinnlichen），作为实践知

---

[11] 参见科恩《科学中的革命》，鲁旭东、赵培杰、宋振山译，商务印书馆1999年版，第132—158页。

[12] 参见康德《纯粹理性批判》，第226—231页；AK III: 209-212。本书综合已有中译本，将与"本体"（Noumenon）相对的"Phänomen"（又译"现象"）译作"现相"，将与"物自身"（Ding an sich）相对的"Erscheinung"（又译"显象"）译作"现象"。

[13] 参见康德《纯粹理性批判》，第276—278页；AK III: 252-253。

识的客体。康德以稍稍笃定的语气重述了"纯粹理性的法规"部分的一个观点：理性批判就其阻止思辨理性的僭越而言总是消极的，对于理性的实践运用则会是积极的。两段论述并无实质差异，细处却有所引申。其一，物自身可思而不可知是定见，现在着重点倒过来了：物自身即便不能认识，至少必须能够思维。其二，批判对思辨理性的限制与理性的实践运用的拓展不止是此消彼长，机巧在于，正是批判阻止思辨理性超出可能经验的界限，才为理性的实践运用留下了空间并且清除了障碍物。其三，前述思想方法变革的本质可以概括成一点："我们关于物先天地认识到的只是我们自己放进它里面去的东西。"这是就理论知识而言的，但也延伸到了实践知识。出于主体自身的东西，对思辨理性来说，是范畴；对理性的实践运用来说，是自由的理念。康德把二者的衔接不甚恰当地比作从哥白尼关于运动和力的假设到牛顿最终确证的引力之间的必有联系。[14]

这篇序言写于1787年4月。之前康德写了《道德形而上学奠基》（1785年，以下简称《奠基》），为预告中的《道德形而上学》一书做准备。他重新拾起酝酿已久又一再耽搁的自然形而上学和道德形而上学写作计划。[15] 随即完成的是《自然科学的形而上学初始根据》（1786

---

[14] 参见康德《纯粹理性批判》第二版序，第15—23页。

[15] 这个计划康德在前批判时期就已经着手（参见康德《致约翰·亨利希·兰贝特》[1765年12月31日][1770年9月2日]以及《致约翰·戈特弗里德·赫尔德》[1768年5月9日]，李秋零编译《康德书信百封》，上海人民出版社2006年版，第17—19页，第26—28页，第24—25页）。关于康德道德形而上学写作计划的前后变化，详见 Lewis White Beck, *A Commentary on Kant's Critique of Practical Reason*, London and Chicago: University of Chicago Press, 1960 (Midway reprint 1984), pp. 3-18。

年),这本模仿数学方法写出来的书二百多年来备受冷落。在此前后,康德主要关心的仍然是道德形而上学问题,而作为《自然科学的形而上学初始根据》"姊妹篇"[16]的《道德形而上学》(1797年)却拖延十一年之久才出版。其间,康德遇到了什么问题?简单讲,是自然形而上学与道德形而上学基础的问题。康德曾经相信,通过《纯粹理性批判》,困扰他十余年的关于形而上学性质、对象和方法的疑惑已经解决。像贝克(Lewis White Beck)说的:"《纯粹理性批判》写成时,是被当作形而上学两部共有的入门原理,而到1785年道德形而上学的特殊基础被置于第一批判没有提及的自律概念之中。"《奠基》的成功,促使康德动手修订第一批判。尽管耗时一年,他也仅仅修订了与实践哲学问题基本无关的部分,余下章节(除"纯粹理性的谬误推理"一章)未作改动,不得已用一篇新的序言表明他对伦理问题的思考。[17]这可以解释第二版序中那些闪烁之词的由来。在随后几个月里,康德写出了《实践理性批判》,接着转向《判断力批判》的写作。批判哲学从此显出另一番光景。说康德"批判十年"(1781—1790年)后半期在同时酝酿几本书或者只在思考一件事情,意思是一样的。这件事便是:所谓"道德形而上学"究竟为何?至少在此期间,批判哲学论题的延展是由这个悬而未决的问题牵动的。因此,《道德形而上

---

[16] 康德自己的说法(参见康德《道德形而上学》,张荣、李秋零译,《康德著作全集》第6卷,第213页)。其实这是两部主题、内容并不对等的著作:《自然科学的形而上学初始根据》和《道德形而上学奠基》一样,属于导论或方法性质的;《道德形而上学》是体系本身。

[17] Cf. Lewis White Beck, *A Commentary on Kant's Critique of Practical Reason*, p. 14.

学》是理解批判哲学尤其是后两个批判的意图及意义的重要引导。如贝克所言："即便《道德形而上学》本身不是一部重要的有意思的著作，我们仍应该报之以感激之情。作为一个目标，它激励康德写出了另一些更伟大的杰作。"[18]

《道德形而上学》分为两部："法权论的形而上学初始根据"和"德性论的形而上学初始根据"。划分的依据是《实践理性批判》中提出的合法性（Legalität）与道德性（Moralität）区分。一个符合道德法则的行动依动机论可以有不同的价值：若是基于情感或爱好，行动具有合法性；若是为了法则本身或对法则的敬重，行动就具有道德性。鉴于义务概念客观上要求行动与法则相一致、主观上要求法则直接规定意志，前者是合乎义务的，后者是出于义务的；前者只是行动的合法性，后者同时包含意向的道德性。[19] 这个区分是就行动者即主体自身的意识而言的，而在《道德形而上学》中，合法性被引向主体之间。有两种立法：使行动成为义务并且使义务成为动机的，是伦理的立法；使行动成为义务但容许另一个与义务理念本身不同的动机的，是法学的立法。由此确定两个义务概念：内在的德性义务和外在的法权义务。法权（Recht），就行动作为行为能够互相影响而言，只涉及一个人对另一个人的外在的实践的关系；它仅仅表示一个人的任意（Willkür）与他人的任意而非愿望或需要之间的关系；在任意的交互关系中，完全不考虑任意的质料即每个人的目的及想要的客体，而只

---

[18] Lewis White Beck, *A Commentary on Kant's Critique of Practical Reason*, p. 18.
[19] 参见康德《实践理性批判》，第111—112页。本书综合已有中译本把"Sittlichkeit/sittlich"（又译"德性/德性的"）译作"道德/道德的"，而将"Tugend"（又译"德行"）译为"德性"。

问双方任意（被看作自由的）关系中的形式，以及一方的行动是否按照一条普遍法则与另一方的自由相一致。[20]康德把法权分为自然法权与公民法权，即私人法权与公共法权，后者包括国家法权、国际法权和世界公民法权，一一加以考察，从而把道德形而上学的触角伸向沃尔夫实践哲学体系所关心的法学、国家理论及国际法领域。

康德论题的延展缘于他思想中的一个人类学疑难。康德把自己的伦理学称作道德学说，以区别于幸福学说。后者基于经验的原则，前者则是依据自由的理念并被先天地认识的，不含丝毫经验成分。道德学说关心的是如何配当幸福的问题。然而，幸福原则与道德原则并不因此就是对立的。实践理性不要求人放弃索取幸福，只是要求谈到义务时应置之于不顾。"从某个方面说，关照幸福甚至也可以是一种义务，部分地因为幸福（熟巧、健康、财富之类）包含着履行义务的手段，部分地因为幸福的缺失（如贫穷）包含着违背义务的诱惑。"[21]此种"义务"在批判哲学范围内是难以解释的，却显示了康德基本的现代立场。他把伦理限定在与幸福相对的道德领域又对幸福网开一面，而且不排除双方在经验层次互相促进之可能。这一立场是至善（das höchste Gut）理想的前提，有其哲学理由。首先是形而上学的。现相与本体之分起初是针对认识论问题提出来的，而落脚在人的两重性：

---

[20] 参见康德《道德形而上学》，《康德著作全集》第6卷，第226—228、238页；AK VI: 218-220, 230。

[21] 参见康德《实践理性批判》，第127页；AK V: 93。这是康德一贯的见解。他在《道德形而上学奠基》中说："保证每个人自己的幸福是一种义务（至少是一种间接的义务）；因为身处一个各种焦虑的交织及各种未获满足的需要之中，对自己这种状况缺乏满意就会很容易成为一个巨大的违背义务的诱惑。"（杨云飞译、邓晓芒校，人民出版社2013年版，第19—20页。）

由道德法则确立的自由的原因性和由自然法则确立的自然的机械作用的原因性,并存于同一个主体即人身上;人与前者相关被设想成物自身(Ding an sich),与后者相关被设想成现象(Erscheinung),二者结合在主体的意志活动中。[22] 其次是道德心理学的。法则对于不以理性为意志唯一规定根据的存在者以命令的形式出现,意味着强制,因此是一条义务的法则。义务不是从外部加于意志的,而是藉由敬重的情感在法则与意志之间建立先天的联系:"义务是由敬重法则而来的行动的必然性。"敬重是一种道德情感,不同于感性对象引起的情感;它出自理性概念本身,是有限的理性存在者所特有的。[23] 最后是历史哲学和政治哲学的。康德做过一个尝试:既然意志的现象,即依照自然法则行事的全部人类活动根本无法预设任何理性的意图,可否从中发现一个自然意图,从而在宏观上把人类历史视为自然的一项隐秘计划的实施?在这个朴素的自然目的论框架内,康德表达了他最初的历史哲学和政治观点:包括人在内的一切造物的所有自然禀赋注定有一天要完全地合乎目的地发展起来;人身上旨在运用其理性为自己带来幸福或完善的自然禀赋,只应在类而非个体之中充分得到发展;自然用以发展其全部禀赋的手段就是它们在社会中的敌对,直到这种敌对最终导致一种合法则的秩序;自然迫使人类去解决的最大问题是建立一个普遍管理法权的公民宪政——完善的国家宪政以至世界公民状

---

[22] 参见康德《实践理性批判》,第5页;AK V:6。
[23] 参见康德《道德形而上学奠基》,第22—24页;《实践理性批判》,第110—112页。

态。[24]康德的相关论述时断时续,但是将法权论纳入道德形而上学体系却是深思熟虑的计划。[25]这样,他在认知、道德、宗教之外,又辟出另一方向。他晚年提出并归于人类学的"人是什么"[26]的问题,直接针对的是:一个合乎理性的社会如何可能?康德由此展开了现代问题即主体正当性问题的总体视野。

在现代思想中,主体有两层含义:一是形而上学的,指认识或道德主体;二是经验的,指政治与法律的权利主体,组成社会的基本单元。现代问题因而包括两个方面:一是主体如何成为认识和道德的最后根据;二是主体之间如何协同建立一个合乎理性的社会,一个好社会。批判哲学意在解决前一方面的问题,依此构想,批判之后的形而上学"不过是系统地整理出来的我们通过纯粹理性所拥有的一切的清单而已"。[27]后一方面的探究,马基雅维利以降,通常依附于某种人类学和心理学观点。在康德看来,法权概念尽可以运用于经验事例,而它所蕴涵的先天原则要求一个出自理性的体系。借助于扩展的自由概念,法权论和德性论一并构成道德形而上学体系。至此,康德终于把认识、道德与政治或法律问题置于同一主体哲学框架中来处理;易言之,现代问题的不同面向在康德接近完成的体系里二而一了,当然是以模糊

---

[24] 参见康德《关于一种世界公民观点的普遍历史的理念》,《康德著作全集》第8卷,第23—38页;AK VIII: 17-31。

[25] 康德在写作《判断力批判》间隙致友人的信中提到,即将开始撰写的《道德形而上学》里要详尽地探讨公民制度的先天原则(参见康德《致亨利希·容-施蒂林》[1788年3月1日之后],《康德书信百封》,第119页)。

[26] 参见康德《致卡尔·弗里德利希·司徒林》(1793年5月4日),《康德书信百封》,第199页;《逻辑学》,李秋零译,《康德著作全集》第9卷,第24页。

[27] 参见康德《纯粹理性批判》第一版序,第7—8页;AK IV: 13。

先验哲学与形而上学的界限为代价的。《奠基》及后两个批判论题的不断延展，从内部看，是为了解决之前批判留下的疑难；在外部则是由一个逐渐开启的总体视野引导的，其核心问题是自由及其现实性。

第二节 自由的迷局

康德把自由概念称为整座理性体系大厦的"拱顶石"。[28] 阿利森说："毫不夸张，康德的自由理论是他的哲学中最难于解释、遑论加以辩护的部分。"这还是就法哲学和政治哲学之外的自由论述而言的。[29] 在《纯粹理性批判》中，康德提出两个自由概念：先验的自由与实践的自由。先验的自由是宇宙论意义上的自行开始一个状态的能力。实践的自由指的是自由的任意，即独立于感性冲动的强迫、仅仅由出自理性的动因来规定的任意。关于二者的关系，康德的说法令人费解。一方面，实践的自由以先验的自由为根据；另一方面，先验自由的问题只涉及思辨知识，在讨论实践时完全可以当作毫不相干的问题放在一边。[30] 康德学界围绕这几段文字争论不清。[31] 即便康德的

---

[28] 参见康德《实践理性批判》，第 2 页。

[29] Cf. Henry R. Allison, *Kant's Theory of Freedom*, Cambridge: Cambridge University Press, 1990, p. 1.

[30] 参见康德《纯粹理性批判》，第 433—434、610—611 页。

[31] Cf. Henry R. Allison, *Kant's Theory of Freedom*, pp. 54-70.

表达并无矛盾，至少是不充分的。因为只有意志自律观念才能支撑那些想法。但是，康德此处关于任意的论述具有基础意义。他在自由的任意之外又区分了两种任意："一种任意就其（通过感性的动因）被病理学地刺激起来而言，是感性的；如果它能够成为病理学上受强迫的，就叫做动物性的。"动物性的任意属于感性的任意，而感性的任意不必是动物性的任意。自由的任意之独立只针对感性冲动的强迫，而不针对感性冲动本身。换句话讲，自由的任意虽由理性规定，却不必然排斥感性。紧接着，康德写道："人的任意虽然是一种感性的任意，但不是动物性的，而是自由的，因为感性并不使它的行动成为必然的，相反，人身上具有一种独立于感性冲动的强迫而自行规定自己的能力。"[32]

自由理论的展开基于一系列概念区分。首先是意志（Wille）与任意之分。贝克说，《实践理性批判》是两个不同的却未明确区分的意志及其自由概念的汇聚地：一个是主要出自《纯粹理性批判》的作为自发性的自由概念，另一个是从《奠基》承接来的作为自律、作为立法的自由概念。两种能力一概被冠以"意志"之名，并且在"意志自由"题下加以讨论。它们实际上是关于不同事情解答不同问题的理论。康德后来才正式把前者称作"任意"，把后者称作"意志"。甚至《道德

---

[32] 康德：《纯粹理性批判》，第 434 页；AK III: 363-364。在《道德形而上学》中，康德把这个观点进一步概括为："人的任意虽受冲动刺激但不受它规定……任意的自由是不受感性冲动规定的独立性，这是消极的自由概念。积极的自由概念是，纯粹理性能够自身就是实践的。"（《康德著作全集》第 6 卷，第 220 页；AK VI: 213-214）

形而上学》中所作的区分，也不免缠绕。[33]阿利森指出，康德在两种意义上使用"意志"一词：广义的"意志"指意愿（Wollen）能力；狭义的"意志"与"任意"相对，分别指这种能力的立法功能和执行功能。[34]康德的区分从欲求能力入手。欲求是存在者通过自己的表象而使该表象的对象具有现实性的能力。如果它与自己产生客体的行动能力的意识结合在一起，就叫做任意；否则，叫做愿望（Wunsch）。如果其内在规定根据是在主体的理性中发现的，则叫做意志。"意志就是欲求能力，不是与行动相关（像任意那样）来看的，毋宁说是与任意去行动的规定根据相关来看的，而且意志本身真正说来没有规定根据，就其能够规定任意而言，意志就是实践理性本身。"这个意志是立法的意志。"法则来自意志，准则来自任意。后者在人身上是一种自由的任意；仅仅与法则相关的意志……无关于行动，而直接关乎为行动准则立法（因此是实践理性本身），所以是绝对必然的，甚至是不能被强迫的。"[35]

如此，问题就涉及两个方面：一是任意事实上是如何被规定的，二是意志即实践理性如何规定任意。任意常常是他律的。当任意的规定根据是一个客体的表象以及主体对于对象的现实性的欲求，由此产生的是一条质料的实践原则，充其量能成为准则（Maxime）。在此情形下，任意的规定根据和实践原则必定是经验的。这种任意依赖于遵

---

[33] Cf. Lewis White Beck, *A Commentary on Kant's Critique of Practical Reason*, pp. 176-177.

[34] Cf. Henry R. Allison, *Kant's Theory of Freedom*, p. 129.

[35] 参见康德《实践理性批判》，第9页；《道德形而上学》，《康德著作全集》第6卷，第218—220、233页；AK VI: 211-213, 226。

从感性冲动或爱好行事的自然法则，只提供合理地遵从病理学法则的规范，是他律的。然而，任意确立的实践原则不必是他律的，若规定根据仅仅被看作对单个主体的意志有效，是主观的准则；若规定根据被认为对所有理性存在者的意志都有效，是客观的法则（Gesetz）。一个实践原则的质料是意志的对象。在他律的场合，质料成了意志的规定根据。现在还有另一种可能，把一切质料即所有意志的对象从规定根据中排除掉，看能否找到一个适合于普遍立法的根据。如果理性存在者要把自己的准则同时思考为实践的普遍法则，他就只能把这些准则思考为不是按照质料而仅仅按照形式包含着意志的规定根据的原则。准则在排除了质料以后，只剩下单纯的形式。于是，一个理性存在者要么根本无法将自己的准则思考为普遍法则，要么假定，唯有这个单纯形式才是适合于普遍立法的形式，从而使准则独立地成为实践的法则。要确证之，必须诉诸自由的理念。第一步是从普遍立法形式的理性性质演绎出先验意义上的意志自由："一个唯有准则的单纯立法形式才能充当其法则的意志，就是自由意志。"反过来讲，除非意志不自由，准则的质料才能成为意志立法的根据。第二步是回溯式的，从意志自由推定"立法的形式只要包含在准则中，就是唯一能够构成意志的规定根据的东西"。[36]

上述证明蕴涵一个前提："自由和无条件的实践法则是交替地互相归结的"，具体说，自由是道德法则的存在理由，道德法则是自由的认识理由。[37]康德相信这个命题能够避免自由与法则之间看似无

---

[36] 参见康德《实践理性批判》，第 21、24—25、33—37、44 页；AK V: 19, 21, 27-29, 33。

[37] 同上书，第 2、37 页。

法摆脱的循环。问题在于：我们对无条件的实践之事的认识从自由开始，还是从法则开始？从自由开始是不可能的。自由概念起初是消极的，我们既不能直接意识到，也不能从经验推论出来，因为经验提供的自然的机械作用的法则是自由的对立面。反之，我们一旦为自己拟定意志的准则就立即意识到的道德法则，是最先向我们呈现出来的，并且由于理性将它表现为一种不让任何感性条件胜过甚至完全独立于它们的规定根据，正好导向自由概念。在此，须辨明两点。其一，所谓"消极的"有两层含义，一是自由作为先验理念属于本体，是理论知识所不及的；二是意志（任意）对于客体（质料）与爱好的独立性。其二，由于道德法则连同其独立于感性冲动的规定根据呈现于意识而导向自由概念，意味着这种独立性是自由的充分条件。接着，对道德法则的意识是如何可能的？我们能够意识到纯粹的实践法则，是因为我们注意到理性用以颁布法则的必然性，以及理性向我们指出的对一切经验条件的剥离。纯粹意志的概念源于前者，正如纯粹知性的概念源于后者。这里，"道德首先向我们揭示了自由概念"。经验也证实了我们心中的概念秩序。假使一个人为自己淫欲的爱好找各种借口，一有机会就会付诸行动，而当机会来时，在屋前放一座绞架，待他淫乐之后行刑，他会不会克制自己的爱好呢？他的回答显而易见。然而，倘若问他，他的君主以同一种死刑相威胁，无理地要求他针对一个君主想以莫须有罪名加害的清白之人提供伪证，此时无论他如何爱惜性命，他是否认为克服贪生之念是可能的呢？他不敢肯定自己会不会去做，但是他必定毫不犹豫地承认，这么做对他来说是可能的。"所以他断定，他能够做某事是因为他意识到他应当做某事，他在自身中认识到了平时没有道德法则就会始终不为他所知的自由。"[38]

意志的立法并非外在于任意，而是经由任意推己及人从准则中抽取出普遍形式来实现的。实践理性的基本法则只有一条："要这样行动，使得你的意志的准则任何时候都能同时被看作一个普遍立法的原则。"这条法则要求应当绝对地以某种方式行事，是无条件的定言命令。为何一条仅用于实践原理的主观形式的法则可以设想为通过法则的客观形式规定的根据？康德认为，对于法则的意识是一个理性的事实，不可究诘。"为了把这条法则准确无误地看作被给予的，我们必须注意：它不是任何经验的事实，而是纯粹理性的唯一事实，纯粹理性借此宣布自己是原始地立法的。"[39] 贝克指出，此处有两个"理性的事实"，一个关乎法则的意识，一个关乎道德法则本身。另外，康德还用"事实"指意志自律。鉴于康德把自律的自由等同于道德法则，后两种用法可归并。但倘若这个显见的区分成立，就无法从前一个事实（我们意识到法则）转换到后一个事实（存在只能出自实践理性的法则）。贝克通过进一步区分理性的事实，试图证明："唯有理性自身给予理性自身的法则才能被实践理性先天地认识，并且是纯粹理性的事实"。[40] 这是康德实践哲学最含混不清的问题之一，只能尝试去理解。

康德区分了两个自由概念。消极意义的自由在此具体指道德法则对准则的质料（欲求的客体）的独立性。道德法则针对一切有理性和

---

[38] 参见康德《实践理性批判》，第38—39页；AK V: 29-30。
[39] 同上书，第39—41页；AK V: 30-31。
[40] Cf. Lewis White Beck, *A Commentary on Kant's Critique of Practical Reason*, pp. 167-169.

意志的有限存在者，甚至包括作为最高理智的无限存在者。人是有理性的存在者，又是受需要和感性动因刺激的存在者。在他身上能够预设一个纯粹意志，却不能预设神圣意志。神圣意志是不可能提出任何与道德法则相冲突的准则的意志。纯粹意志与法则的关系是以责任为名的依赖性，意味对行动的强制，如此行动就叫做义务。[41]二者的区别，近似于《中庸》所谓："诚者，天之道也；诚之者，人之道也。诚者，不勉而中，不思而得，从容中道，圣人也。诚之者，择善而固执之者也。"[42]系于法则的强制、责任和义务针对的是任意的行动，而非纯粹意志。在病理学上刺激起来的任意不免带有主观的愿望，常常与纯粹的客观的规定根据相对立，因而需要实践理性的某种抵抗作为道德强制。道德强制的目的不是让任意逆转，而是使任意保持不受病理学刺激规定的本然的自由状态。唯此，意志即实践理性是自己立法的——这是积极意义的自由。"道德法则……是通过一个准则必须能胜任的单纯普遍立法形式来规定任意的。""道德法则仅仅表达了纯粹实践理性的自律，亦即自由的自律，而这种自律本身是一切准则的形式条件，只有在这条件之下一切准则才能与最高的实践法则相一致。"[43]关于意志自律的所有可能的误解，都源于把两个自由概念认作自由的不同面向或环节，而在康德自由是一以贯之的。

接下来是自由的现实性问题。"道德法则仿佛是作为一个我们先天意识到并且确凿无疑的纯粹理性的事实而被给予的，即便认可在经验中找不到严格遵守法则的实例。"因此道德法则的客观实在性不能由

---

[41]　参见康德《实践理性批判》，第42—43页；AK V: 32。

[42]　朱熹：《四书章句集注》，中华书局1983年版，第31页。

[43]　参见康德《实践理性批判》，第44页；AK V: 33。

任何演绎来证明。但是，道德法则可以作为一个演绎原则证明自由的可能性，而且在认识到法则对自己有约束力的存在者身上证明自由的现实性。道德法则实际上是一条出于自由的原因性（先验自由）的法则。理论理性为了本身需要不得不假定自由的可能性，现在道德法则给原先被思辨哲学消极地设想为可能的原因性加上了积极的定义：一个藉意志准则的普遍合法则形式直接规定意志的自由理念具有实践上的客观实在性，从而把理性的超验的运用转变成内在的运用，即理性通过理念自身成为在经验领域起作用的原因。由于在经验中不可能给出与作为绝对自发性的自由理念相符合的例子，只有把一种自由行动的原因的思想应用于感官世界的存在者使之同时被看作本体，才能为此种思想辩护，不过不能在实践意图之外将它实在化。在此，自由理念的应用，仅限于把感官存在者的意志的规定根据置于纯粹（实践）理性之中，归入事物的理知秩序，而完全撇开这个原因概念在理论知识上的应用，甚至根本不理会这个原因概念对认识事物有什么规定作用。当然，理性必须以某种方式来认识意志在感官世界中行动的原因性，否则实践理性就不能现实地产生任何行为。然而，自由概念是理性从自己作为本体的原因性构造出来的，理性无需为认识它的超感性实存在理论上去规定它，也无需以此方式赋予它意义。这个概念的意义是通过道德法则获得的，虽然只是为了实践的运用。[44] 所以，那个虚构情境中的人面对君主的要挟会毫不迟疑地承认舍生取义对于他是可能的，可他无从知晓自己为何确信。我可能做，因为我意识到应当做，于是我能够做。此番逻辑先得靠人格理念来解释。

---

[44]　参见康德《实践理性批判》，第62—66页；AK V: 47-50。

义务决不取媚逢迎，而要求人服从，也不以任何激起人天生反感和让人畏惧的东西相威胁来打动人的意志，只是树立一条法则，法则自行进入人心。义务断绝与爱好的一切亲缘关系而使人自己给予自己的价值得以安身的渊源何在？在人格。人属于感官世界，又属于理知世界。人格是人作为理知世界存在者所具有的摆脱了自然机械作用的自由与独立的能力。道德即人格的价值。"道德法则是神圣（不可侵犯）的。人的确是够不神圣的，但其人格里的人性对于他必定是神圣的。在全部造物中，人所想要和能够支配的一切也可以仅仅被用作手段；唯有人，连带每一个理性的创造物，才是目的本身。他凭借自由的自律是神圣的道德法则的主体。"[45]人作为道德王国的成员，既是立法者，也是臣民。"因为这个道德法则是建立在他的意志自律之上的，而他的意志乃是自由意志，它依据自己的普遍法则必然能够同时与它应当服从的东西相一致。"[46]问题仍然是：为何我意识到应当做，就一定能够做？

　　"现在，虽然在感性的自然概念领域和超感性的自由概念领域之间横着一道巨大的鸿沟，以至于（通过理性的理论运用）从前者过渡到后者绝无可能，好像它们是两个不同世界……但是……自由概念应当使其法则所赋予的目的在感官世界中成为现实……因此，终究必须有一个把自然以为基础的超感性物与自由概念实践地包含的超感性物统一起来的根据……使依一方原则思想之方式向依另一方原则思想之方式的过渡成为可能。"[47]康德把这个任务交给了第三批判。

---

[45]　参见康德《实践理性批判》，第118—119、152页；AK V: 86-87, 110。

[46]　同上书，第113、180页；AK V: 132。

[47]　康德：《判断力批判》，第10页；AK V: 175-176。

第三节　先验哲学意图及其证明

自然概念领域与自由概念领域的分立是批判哲学预设的。知性和理性在同一个经验领地（Boden）实行不同的立法，互不相扰，形成各自的领域（Gebiet）。至少可以合理地设想，两种立法及其能力共存于同一主体之中是可能的。然而，两个领域施用于感官世界又不停地彼此牵制，不能构成一体。自然概念在直观中表现其对象，但不是作为物自身，只是作为现象；自由概念将其客体表现为物自身，但不是在直观中表现的。二者都无法获致关于自己的客体乃至思维的主体即物自身的理论知识。因此，对于全部认识能力来说，有一个无限制却不可及的超感性地域。现在要在这个原来用理念占领的地域寻找两个领域统一起来的根据。[48]

康德曾经把全部哲学问题概括为三个：我能够知道什么？我应当做什么？我可以希望什么？第一个是纯思辨的问题，第二个是纯实践的问题，第三个问题既是实践的又是理论（思辨）的。后来他给自己的哲学加上了"人是什么"的问题，并且说前两个问题分别由形而上学、道德和宗教来回答，而《纯然实践理性界限内的宗教》（1793年）旨在解决第三个问题。[49] 后面的说法容易引起误解，仿佛之前他

---

[48] 参见康德《判断力批判》，第 9—10 页；AK V: 175-176。

[49] 参见康德《纯粹理性批判》，第 611—612 页；《致卡尔·弗里德利希·司徒林》（1793 年 5 月 4 日），《康德书信百封》，第 199 页；《逻辑学》，《康德著作全集》第 9 卷，第 24 页。

没有系统处理过这个问题。在《纯粹理性批判》中，这个问题的提法是：如果我做了我应当做的，我可以希望什么？在此，理论与实践、自然与自由的对立，表现为幸福和道德性不一致。道德法则不顾及幸福而完全先天地规定所为所不为，问题在于：如何让有德性的人享有幸福，让不配当幸福的人拥有德性？既然理性命令行动应当发生，行动就必定能够发生，所以道德的系统统一必定是可能的；而自然的系统统一按照理性的思辨原则是不能证明的，因为理性就自由而言具有原因性，并非就整个自然而言具有原因性，理性的道德原则虽能产生自由的行动，却不能产生自然法则。只在理知的道德世界中，道德体系与幸福体系才不可分地结合在一起，从而每个人都有理由希望依其行为配当幸福的程度得到幸福。这是至善的理想："在此理念中，与最高的永福结合着的道德上最完善的意志是世间一切幸福的原因，只要幸福与道德（作为幸福之配当）具有精确的比例。"为此，需要一种道德神学。道德神学从作为世界必然法则的道德统一性观点出发，追究独立给予此法则以相应的效果及对人的约束力的原因，获致"一个唯一的、最完善的、理性的原始存在者的概念"。[50] 道德神学有别于自然神学。如《判断力批判》中所说："自然神学是理性从自然目的（只能经验地认识）推论出自然的至上原因及其属性的尝试。道德神学（伦理学神学）是从自然中的理性存在者的道德目的（能够先天地认识）推论出那个至上原因及其属性的尝试。"[51] 在恩宠之国（regnum gratiae）里，原始存在者以道德目的为最高目的，建立一个目的的系

---

[50] 参见康德《纯粹理性批判》，第 611—618 页；AK IV: 522-529。

[51] 康德：《判断力批判》，第 294—295 页；AK V: 436。

统统一，把实践理性和思辨理性结合起来。目的的系统统一势必导致事物的合目的性的统一。由此重审自然神学问题，从基于自由本质的统一的道德秩序开始，"把自然的合目的性引向必定先天地与物的内在可能性不可分地连结在一起的根据，进而引向先验神学……"道德法则出自实践理性本身，不假外求，仅因其内在的实践必然性才预设一个原始存在者，为赋予法则以效力。所以，道德神学只有内在的运用，即"通过我们适合于一切目的的体系来实现我们现世的使命"。[52]

在《实践理性批判》辩证论中，康德把问题归结于：至善在实践上如何可能？道德法则是纯粹意志唯一的规定根据，至善是藉意志自由先天必然地产生的客体，其可能性的条件也必须仅仅基于先天的知识根据。[53]在此前提下，康德演绎了实践理性的另两个公设：灵魂不朽和上帝存在，并且说："只有宗教加入其中，才有希望有朝一日按照我们所属意的堪当幸福的程度分享幸福。"[54]《纯然实践理性界限内的宗教》里讲得更直白："道德不可避免地导致宗教。"道德本身根本不需要宗教，不需要先于意志规定的目的表象；为了正当地行动，包含自由运用之形式条件的法则就足够了。但是，从道德中毕竟产生出一个目的，不是作为规定根据，而是作为法则规定任意的必然结果。至善的理念，把我们应有的所有目的的形式条件（义务）与一切取决于我们的目的同时和义务相称之物（幸福）统一于自身。为使至善成为可能，必须假定一个至圣全能的道德存在者。唯此，才能赋予出自

---

[52]　参见康德《纯粹理性批判》，第618—621页；AK IV: 529-531。

[53]　参见康德《实践理性批判》，第150、154—155页；AK V: 109, 112-113。

[54]　康德：《实践理性批判》，第177—178页；AK V: 130。

自由的合目的性与自然合目的性的结合以实践的客观实在性。"在这个立法者的意志中，(创世的)终极目的也就是能够且应当成为人的终极目的的东西。"[55] 然而，无论道德神学或宗教，都是理性所不及的，只要它没有从主体获得根据，仍旧是超验的，而不可能有内在的运用。"纯粹实践理性的辩证论"结尾部分想尝试解开这个迷局。我们的理性发现，依照单纯的自然进程，它不可能理解两种按截然不同的法则发生的世界事件之间的精确匹配与完全合目的性的联系。现在，另一种决定根据参与进来，要扭转思辨理性的游移不定。促进至善的命令在实践理性中是有客观根据的，至善的可能性在不违拗的理论理性里同样是有客观根据的。理性无法客观决定的是如何表象这种可能性的方式：是按照普遍的自然法则而无须主宰自然的智慧创世者，抑或仅仅靠这个创世者的预设？"现在，理性的一种主观条件出场了，即唯一在理论上对理性可能的同时对（从属于理性的客观法则的）道德性有益的，把自然王国与道德王国严格的协调一致设想为至善之可能性条件的方式。"[56] 这已经预示了批判哲学最后的目标。为道德神学寻求在主体中的先天条件和根据，或者说，在道德神学名目之下为至善的理想确立先验哲学的基础，是《判断力批判》的真正意图。按此意图，与自然神学乃至一切通过理性的不合法运用推论出自然目的的神学之虚妄不同，道德神学凭借反思判断力的先天原则——自然的合目的性而成为可能。

　　《判断力批判》是一本关于目的论的书。写作之初，康德曾设想把

---

[55]　参见康德《纯然实践理性界限内的宗教》，李秋零译，《康德著作全集》第6卷，第4—8页；AK VI: 3-6。

[56]　参见康德《纯粹理性批判》，第198—199页；AK IV: 145。

哲学分成三块：理论哲学、目的论、实践哲学，第三批判试图解决目的论的先天根据问题。[57] 后来康德还是有条件地回到传统的立场。他认可哲学只能分为理论哲学和实践哲学两个部分。主体有三种高级的即包含自律的能力：认识能力（知性）、愉快和不愉快的情感（判断力）、欲求能力（理性）。在此，"自律"有两层含义，一是三种能力不能再从一个共同根据推导出来，二是每一种能力都是先天立法的。不同于知性和理性，判断力虽然是立法的，却没有自己的领域，因而在形而上学体系中毫无地位，只是批判哲学不可或缺的部分。判断力的立法不是给自然颁定法则，而是为了反思自然给它自己颁定法则。判断力的先天原则是自然的合目的性。"自然的合目的性是一个特殊的先天概念，它只在反思判断力中有其根源。"藉之，自然被表现为好像有一个知性包含着经验法则多样统一性之根据似的。这种合目的性与技术上和道德上的实践合目的性完全不同，尽管是按与后者的类比来思考的。它既非自然概念，亦非自由概念，仅仅表现判断力的一个主观原则。依照自由概念的原因性在自然中找不到规定根据，自然概念也不能规定主体中的超感性物；反过来倒是可能的，就前者对后者产生的后果而言，依照自由概念的结果是终极目的（至善），它或它在感官世界的现象应当实存，为此我们预设它在自然中的可能性的条件，即作为感官存在物的主体的可能性的条件。"不顾及实践而先天地预设这个条件的能力，即判断力，提供了自然概念和自由概念之间的中介概念——自然的合目的性概念，使从纯粹理论的向纯粹实践

---

[57] 参见康德《致卡尔·莱昂哈德·莱因霍尔德》（1787年12月28日与31日），《康德书信百封》，第111页。

的、从遵照前者的合法则性向遵照后者的终极目的之过渡成为可能；因为借此，唯有在自然中并且与自然法则相一致才能成为现实的终极目的的可能性就被认识到了。"[58]

反思判断力分为两种：审美判断力是通过愉快和不愉快的情感对形式的（主观的）合目的性作评判的能力，目的论判断力是通过知性和理性对自然的实在的（客观的）合目的性作评判的能力。在判断力批判中，涉及审美判断力的部分是本质的，因为只有这种能力包含着判断力完全先天地用作对自然进行反思的基础的原则，即自然依其特殊的（经验的）法则对我们认识能力的形式的合目的性原则，没有这种合目的性，知性便无法与自然相容。审美判断力是一种依据规则而非依据概念评判事物的特殊能力。它对认识对象毫无贡献，因而必须仅仅列入主体及其认识能力的批判。与之不同，目的论判断力不包含任何先天原则，只在遇到某些唯有作为自然目的才可能的事物时，在自然的形式的合目的性原则已经使知性准备好把目的概念运用于自然之后，才包含着为了理性而应用目的概念的规则。目的论判断力是一般的反思判断力，按其应用属于哲学的理论部分，由于其特殊原则不像在学说中所必须的那样是规定的，它必定也构成批判的一个特殊部分。[59] 两种反思判断力的关系究竟如何，尤其目的论判断力批判意在

---

[58] 参见康德《判断力批判》，第 6、10、13、15、19—20、31—33 页；AK V: 172, 176, 179, 181, 185-186, 195-197。下文"判断力"一词除特别说明，均指反思判断力。

[59] 参见康德《判断力批判》，第 29—30 页；AK V: 193-194。

何为，是第三批判最难解的问题。[60]

审美判断包括鉴赏判断和崇高的判断。"鉴赏是藉无利害的愉悦或不悦对一个对象或表象方式作判断的能力。"其对象即美。就根据而论，没有任何主观目的或客观目的表象能够规定鉴赏判断。因为鉴赏是审美（感性）判断而非认识判断，不涉及对象的性状和概念，仅涉及表象力的相互关系。唯有表象中不带任何目的的主观合目的性形式，才构成鉴赏判断的规定根据。鉴赏本质上是想象力与知性的自由游戏。从客体方面看，它表象的是无目的的合目的性，从主体角度讲，则是自由的合法则性。[61]崇高的判断把游戏扩展到想象力和理性之间。崇高不容于感性形式，只关涉理性理念。理念虽不可能有适合的表现，却可以通过感性表现的不适合在心中激发起来。"崇高只在于自然表象中感性物由以被评判为适宜对之作可能的超感性运用的那种关系。"主体靠内心唤起的超感性理念，能够把形式上悖于目的的对象评判为主观合目的性的。但是，崇高概念所指示的绝非自然本身中的合目的物，仅仅是我们自然直观的可能运用中的合目的物。所以，必须把崇高理念和自然合目的性理念截然分开，而崇高的理论只是关于自然合目的性的审美判断的补充。[62]同样，依据审美判断力把主观合目的性运用于自然对象的先验原则，目的论判断力至少有理由悬拟

---

[60] 本章对此问题的探讨，仅限于目的论判断力与审美判断力及道德目的论直接相关的部分。

[61] 参见康德《判断力批判》，第 56—57、77—78 页；AK V: 221-222, 240-241。本书把"Geschmack"依上下文分别译作"鉴赏"或"趣味"，把"Interesse"分别译作"利害"或"兴趣"。

[62] 参见康德《判断力批判》，第 83—84、106 页；AK V: 245-246, 267。

地引入自然研究，当然并非据以解释自然现象，只是为了按照与目的原因性的类比将其置于观察与研究原则之下。[63]目的论判断力批判在先验哲学中的意义仅限于此。鉴赏判断由于完全蕴涵了反思判断力的先验原则，从而成为批判的范例。

鉴赏判断的二律背反表现为鉴赏是否基于概念与其普遍必然性之间的冲突。鉴赏判断必须与某个概念相关，否则不可能要求对每个人都必然有效。但是，它又无法从概念得到证明。概念要么是知性概念，要么是理性概念；前者可以通过相应的感性直观的谓词来规定，后者是作为一切直观基础的超感性物，不能从理论上进一步规定。其实，换个说法，冲突就不存在了。鉴赏判断不基于确定的概念，可毕竟基于一个不确定的概念，即关于现象的超感性基底的概念。它同时也被视为人性的超感性基底的概念，以此为规定根据的鉴赏判断必然对人人有效。这个超感性物的概念是审美（感性）理念。"审美理念不能成为知识，因为它是一个决找不到与之适合的概念的（想象力的）直观。理性理念决不能成为知识，因为它包含一个永远不能给予与之适合的直观的概念。"审美理念是一个想象力不能阐明的表象，理性理念是一个理性不能演证的概念。"正如对理性理念来说想象力及其直观达不到给予的概念，就审美理念而言知性通过其概念永远达不到想象力与给予的表象结合在一起的全然内在直观。"如此，有三种理念：首先是一般超感性物的理念，除了自然的基底外没有进一步的规定；其次是作为自然对认识能力的主观合目的性原则的同一超感性物的理念；第三是这个超感性物作为自由的目的原则以及自由与道德

---

[63] 参见康德《判断力批判》，第209—210页。

中的目的和谐一致的原则的理念。[64] 鉴赏是从一个先天根据来作判断的，但是鉴赏原则，即审美判断力的唯一原则，不是合目的性的实在论，而是合目的性的观念论。显示概念的实在性总是需要直观，而对于理性理念，绝不可能给出与之适合的直观。一切感性化的描绘要么是图型的，要么是象征的。在图型的描绘中，知性所把握的概念被给予相应的先天直观。在象征的描绘中，一个只有理性才能思维而没有与之适合的感性直观的概念被配以一种直观，判断力用仅仅和它在图型化中所观察到的相类似的方式来处理这种直观，即仅仅按程序规则而非直观本身，按反思的形式而非内容，使之与概念相合。在此意义上，"美是道德善的象征"。唯有在这种对每个人都自然而然的作为义务相期求的关系中，美才伴随着人人赞同的要求而让人喜欢，此时心灵意识到自身从感官的愉快感受提升起来，变得高贵了，对于别人也依他们判断力的相似准则来评定其价值。这是鉴赏所展望的理知之境，我们的高级认识能力正是为此而协调一致。"在鉴赏中，判断力……自认由于主体的这种内在可能性，又由于与之和谐一致的自然的外在可能性，而和主体自身中及主体之外的某种既非自然亦非自由却与自由之根据即超感性物连接在一起的东西相关联，在超感性物中理论能力与实践能力以共同的未知的方式结合成统一体。"[65] 在这个统一体中，创造的终极目的同时应当并能够是人的终极目的的。

终极目的是不需要任何别的东西作为其可能性条件的目的。一物若要必然地作为一个理智原因的终极目的而实存，须在目的秩序中是

---

[64] 参见康德《判断力批判》，第 185—191、193—194 页；AK V: 338-343, 346。
[65] 同上书，第 194、199—201 页；AK V: 346-347, 351-353。

无待的而只依从自己的理念。唯有从本体看的人，是这样的存在者。在它身上，我们能认识到一种超感性能力（自由），甚至能认识到自由原因性的法则，以及这种原因性的客体（世上的至善）。"唯有在人之中，当然只在作为道德主体的人之中，才能见到关于目的的无条件立法，因此唯有这种立法才使人有能力成为终极目的，整个自然在目的论上从属于它。"[66] 至善是道德与幸福精确地按比例的配置。德性是至上的善（das oberste Gut），仅此还不够，必须加上幸福，才成为完满的善（das ganze und vollendete Gut）。[67] 人乃至一切有限的理性存在者在道德法则之下为自己设立一个终极目的的主观条件是幸福，而我们能够作为终极目的去促进的自然的至善（das höchste physische Gut），就是与配当幸福的道德法则相一致的客观条件之下的幸福。但是，穷尽全部理性能力，我们都不可能把终极目的的两个要求表象为单凭自然原因结合起来并且与终极目的的理念相适合的。如果不把我们的自由系于自然原因性之外的另一种原因性（作为手段），终极目的的实践必然性概念就与其自然可能性概念不相容。"于是，为了预设一个与道德法则相符合的终极目的，我们必须假定一个道德的世界原因（创世者）；就为自己预设一个终极目的是必要的而言，我们也（在相同的程度上基于相同的理由）有必要假定一个道德的世界原因，亦即假定有一个上帝。"[68] 这个上帝不是自然的原因，自然法则无须上帝而永存。这个上帝也不是道德的立法者，道德法则无须上帝而为人先天地认识；相反，没有道德法则实现之需要，便没有上帝存在的意

---

[66] 参见康德《判断力批判》，第 292—294 页；AK V: 434-436。

[67] 参见康德《实践理性批判》，第 151—152 页；AK V: 110-111。

[68] 参见康德《判断力批判》，第 309 页；AK V: 450。

义。上帝不是人之上的超越者，而是人赋予自己的信念。有限的理性存在者因其内在地具有对无限的向往而具有终极性。

康德指出，这个唯一的创世者的概念是道德目的论完全独立地提供的。"以此方式，一种神学也就直接导向宗教，即导向我们的义务作为神的命令的知识；既然关于我们的义务及其中理性交付于我们的终极目的的知识最先确定地产生出上帝的概念，上帝概念在其起源中就已经与我们对此存在者的责任不可分了。"简言之，这个概念是内在于理性的，和从别处给予的创世者概念不同，后者必然使义务概念带有严刻的强制意味。"相反，如果对道德法则的高度敬重让我们完全自由地按照我们自己的理性规范看到我们命定的终极目的，我们就会以迥异于病理学恐惧的最真诚的敬畏，把某种与终极目的及其实现协调一致的原因接纳到我们的道德前景中来，并自愿地服从它。"支撑这一道德前景的是反思判断力的合目的性原则的运用，而伦理学神学不过是此运用之演绎的结果。康德写道："对于美的惊赞以及自然如此繁复的目的所引起的感动，这是一个反思的心灵在有理性创世者的清晰表象之前就能够体会到的，有点近似于宗教情感。因此，它们好像先是以一种类似道德的判断方式作用于（对未知原因的感激和尊敬的）道德情感，进而在它们引起的惊赞结合了比纯理论观察所能产生的多得多的兴趣时，通过激发道德理念作用于心灵。"[69] 第三批判的先验证明从审美经验分析开始，经先验演绎与辩证论，延展至目的论批判，终于道德神学。

---

[69]　康德：《判断力批判》，第 344—345 页；AK V: 481-482。

第四节　人类学证明

《判断力批判》最后一节所作的这个解释表明了此书方法上的基本特点。如《纯粹理性批判》（第二版）"先验感性论"开篇注脚里提示的，第三批判实际上是"部分地在先验意义上、部分地在心理学意义上"来处理审美（感性）问题。[70]在《判断力批判》导论末尾，康德指出，判断力所引起的认识能力的协调一致包含着愉快的根据，"这些认识能力在游戏中的自发性使自然合目的性概念适于成为自然概念领域与自由概念在其结果中之联结的中介，因为这种联结促进了心灵对道德情感的感受性。"[71]就此而论，第三批判接续了实践理性感性论的思路。[72]所谓"道德情感"指对法则的敬重。敬重是实践理性的

---

[70] 在这个著名的注脚里，康德转而有条件地接受鲍姆嘉通用"Ästhetik"指称鉴赏力批判的做法："为此我建议，要么再次弃用这个名称，把它留给真正科学的学说……要么与思辨哲学分享这一名称，部分地在先验意义上、部分地在心理学意义上来使用'Ästhetik'。"（康德：《纯粹理性批判》，第 26 页；AK IV: 51。）前半句中"真正科学的学说"指先验感性论，后半句字面上有两种可能的解释：一、先验感性论是在先验意义上使用该词，而鉴赏批判是在心理学意义上使用之；二、判断力批判是部分地在先验意义上、部分地在心理学意义上使用它。鉴于《判断力批判》旨在寻求反思判断力的先天原则，第二种解释才是正确的。

[71] 参见康德《判断力批判》，第 32 页；AK V: 197。

[72] 关于纯粹实践理性的逻辑和感性论的划分（与第一批判类比而言），康德说："实践的纯粹理性的分析论就完全与理论的纯粹理性类似地对其运用（转下页）

动机，即有限存在者的意志的主观规定根据，这个存在者的理性凭其天性并不必然符合客观法则。鉴于行动的一切道德价值之本质取决于道德法则直接规定意志，人的意志的动机只能是道德法则。道德法则作为动机在心中所起的作用是否定的，即在意志中排除感性冲动，而且拒绝一切感性冲动，并在一切爱好可能违背法则时中止之。如此，意志就仅由法则来规定，是自由意志。所有爱好一起构成私念（Selbstsucht），或者是自爱的，即贵己（Philautia）；或者是自满的，即独尊（Arrogantia）。前者叫做自矜（Eigenliebe），后者叫做自大（Eigendünkel）。"人按照其任意的主观规定根据使自己成为一般意志的客观规定根据的偏好，可称作自爱（Selbstliebe），这种自爱如果使自身成为立法的、成为无条件的实践原则，则可称作自大。"自矜天然地先于道德法则活络于心，实践理性只是中止它，将它限制在与道德法则相一致的条件内，成为理性的自爱。实践理性完全消除自大，因为与道德法则相协调的意向之确信是一切人格价值的首要条件，在此协调之前的任何自重的要求都是微不足道和毫无根据的。但是，道德法则毕竟是一种智性的原因性即自由的形式，由于它与主观的爱好相对立，削弱直至消除自负，它是最高敬重的对象，从而也是一种无经验渊源而被先天认识的肯定情感的根据。"所以，对道德法则的敬

（接上页）的一切条件的整个范围进行了划分，但却具有相反的秩序。理论的纯粹理性的分析论被分为先验感性论和先验逻辑，反之，实践的纯粹理性的分析论则被分为纯粹实践理性的逻辑和感性论……在前者那里感性论出于感性直观的双重性质还具有两个部分；在后者这里感性根本不被看作直观能力，而只被看作情感（它可以是欲求活动的主观根据），而在情感方面纯粹实践理性就不再允许任何进一步的划分了。"（康德：《实践理性批判》，第 123 页）

重是一种由智性的根据引起的情感,这种情感是我们唯一能完全先天地认识并见出其必然性的情感。"[73] 以敬重为唯一的道德动机,是因为理性的实践运用不可能借助于任何直观,却必须对主体的感性产生影响。既然敬重是对情感亦即对一个理性存在者的感性的作用,也就以感性和存在者的有限性为前提。这个存在者的主观任意并不自发地与实践理性的客观法则协调一致。"意志自由地然而结合着不可避免的却仅由自己的理性加于一切爱好之上的强制而服从法则的意识,就是对法则的敬重。"[74] 在康德看来,实践的自由是自由的任意,它出自任意的本性。人的任意虽是感性的,却是自由的。意志的立法并不一概排斥感性,只是断绝感性的立法企图,使任意免受病理学刺激的强迫,保全其自由本性。在此意义上,康德说:"人的任意受冲动刺激但不受其规定……它本身(在获致理性技能之前)是不纯粹的,却能够由纯粹意志规定去行动";甚至宣称:"仅仅与法则相关的意志,无所谓自由的或不自由的,因为它无关于行动……只有任意才能被称作自由的。"[75] 敬重引起的行动的必然性即义务,对于受感性刺激的主体意味着强制,但是这种强制是通过自己理性的立法来施行的,是实践理性的自我批准,而法则在主观上所产生的兴趣是纯粹实践的和自由的。"正是为了自由之故,每一个意志,乃至每个人自己的针对自己的意志,都被限制在与理性存在者的自律相一致的条件之下,就是说,不使这个存在者屈从于任何不依据从受动主体本身的意志中能够

---

[73] 参见康德《实践理性批判》,第 101 页;AK V: 73。

[74] 同上书,第 104、109—110 页;AK V: 76, 79-80。

[75] 参见康德《道德形而上学》,《康德著作全集》第 6 卷,第 220、233 页;AK VI: 213, 226。

产生的法则而可能的意图；因此，这个存在者绝不能只用作手段，而同时也应用作目的。"[76] 这是自由的自律的本义。若进一步诘问，则需要一种人类学观点来支持。

在《纯然实践理性界限内的宗教》中，康德指出，人有三种原初禀赋：动物性禀赋、人性禀赋和人格禀赋。前两种禀赋，或者不以理性为根源，或者以隶属于其他动机的理性为根源；在它们之上，可以嫁接各种各样的恶习。人格禀赋是一种易于接受敬重的情感、把道德法则当作任意的充足动机的素质，以无条件立法的理性为根源。所有这些禀赋不仅是善的，即它们与道德法则之间没有冲突，而且还是向善的，即它们促使人遵从道德法则。人的本性中同时有趋恶的倾向，分三个层次。第一是人的本性之脆弱，知其应为却不能为。第二是人心之不纯正，知其应为且能为，却不以法则为充足动机，附带别的动机。第三是人心之恶劣或败坏，把出自法则的动机置于其他非道德的动机之后，颠倒道德次序，是谓人心之颠倒。趋恶的倾向并非自然的，而是道德意义上的，属于作为道德存在者的人的任意。道德之恶必须出于自由，只有作为对自由的任意的规定才是可能的，于是倾向的概念被理解为任意的主观规定根据。无所不在的恶，使永久和平、世界公民观念与神学的千禧年说一样沦为笑谈。然而，恶的根据不在人的感性及其自然爱好之中。自然爱好与恶没有直接关系，毋宁说为德性提供了机会。恶的根据也不在于为道德立法的理性的败坏。理性在自身中取消法则的尊严并否定相应的责任，这是不可能的。道德法则藉由人的道德禀赋无可抗拒地加于人，不过，人由于同样无辜的自

---

[76] 参见康德《实践理性批判》，第 110—111、119 页；AK V: 80-81, 87。

然禀赋也依赖于感性动机，并且依据自爱的主观原则将其纳入自己的准则。如果他把感性动机作为本身足以规定任意的东西立为准则，而置心中的道德法则于不顾，那么，他就是道德上恶的。恶若是基于脆弱和不纯正，可判定为无意的罪；若是基于恶劣或败坏，则判定为蓄意的罪。康德关心的是人重新向善的可能性。人的原初禀赋是向善的，可人并不因此已经是善的，他听凭自由选择把禀赋所包含的动机纳入或不纳入自己的准则，成为善的或恶的。但是，人向善的动机存在于对道德法则的敬重之中，永远也不会丧失。在人身上重建向善的原初禀赋，就是建立道德法则作为所有准则的最高根据的纯粹性，必须通过人的意向中的一场革命来促成。[77]

在此，康德的矛盾是明显的。他一面说，善与恶是人的自由任意的结果，否则便无从归责；一面又说，"任意自由的概念，并不先行于对我们心中的道德法则的意识，而仅仅从我们的任意可由作为无条件命令的道德法则所规定推论出来的"。[78] 为此矛盾辩护是徒劳的。前者康德只在讨论道德归责时坚持，后者是他的一贯见解。康德认为，任意的自由不能界定为遵守或违反法则去行动的选择能力，虽然在经验中这方面的例子比比皆是；自由绝不能理解为理性主体能够作出与其立法理性相冲突的选择，尽管经验证实此类事情时常发生。[79] 正是基于这个观点，他在道德哲学中申言："使人有责任遵守道德法

---

[77] 参见康德《纯然实践理性界限内的宗教》，《康德著作全集》第 6 卷，第 24—38、44—48 页；AK VI: 26-39, 44-48。

[78] 同上书，第 44、50 页；AK VI: 44, 50。

[79] 参见康德《道德形而上学》，《康德著作全集》第 6 卷，第 234 页；AK VI: 226。

则的意向是：出于义务，而不是出于自愿的喜好，不是出于哪怕不用命令也乐于为之的努力，去遵守道德法则，而人一向能够处于其中的道德状态就是德性，亦即奋斗中的道德意向，而非自以为具有意志意向的完全纯洁性之中的神圣性。"[80] 德性的培育在于与自然冲动作斗争，在它们威胁道德性时有足够的能力制服之；它使人坚韧，并为意识到重获自由而快乐。[81] 在法哲学中，上述关于任意的自由的观点构成法权概念的基础。"法权是一个人的任意能够在其下依据一条普遍的自由法则与另一个人的任意相一致的条件的总和。"这个概念涉及任意外在运用的自由。法权论要说明什么是正当的，只针对行动，无关动机。为此需要一条法权法则："如此外在地行动，使你的任意的自由运用依据一条普遍法则能够与任何人的自由共存"。与意志自律的道德法则不同，这是一条主体之间的法则，各方共同依据的"普遍法则"实际上是均衡的原则。如果我的行动或我的任意的自由能够依据普遍法则与任何人的自由共存，就是正当的；相应地，对我行动的阻碍是不正当的，因为它不能与依据普遍法则的自由共存。于是，为了法权之实现，需要一种强制，以抵消自由之阻碍，使每个人的自由都保持在相容的限度内。因此，"严格的法权也可以表述为与每个人依据普遍法则的自由相一致的普遍交互强制的可能性"。[82] "自然唯有在其之下才能实现自己这个终极意图（按：指自然目的）的形式条件，就是人们彼此关系中的法制状态，在其中，交互冲突的自由所造成的

---

[80] 康德：《实践理性批判》，第 115—116 页；AK V: 84。
[81] 康德：《道德形而上学》，《康德著作全集》第 6 卷，第 495 页；AK VI: 485。
[82] 参见康德《道德形而上学》，《康德著作全集》第 6 卷，第 238—240 页；AK VI: 230-232。

损害是由一个叫做公民社会的整体中的合法的暴力来对付的；因为只有在这种状态中，自然禀赋的最大发展才可能发生。"[83] 以自由为根本的德性与交互主体性的培育，本质上是人性养成的问题。在《判断力批判》中，此一论题被置于审美与目的论的框架内，衍生出与先验哲学并行的另一条线索，即人类学证明。

  康德的基本意图仍然在先验哲学方面。他将美与善、快适加以比较。善是通过一个概念被表现为某种普遍愉悦的客体，相应的判断有权要求对每个人都有效。美的判断不依据概念，却要求普遍有效性。快适可称作感官的趣味，美可称作反思的趣味；前者只是作私人的判断，后者则是作公共的判断。鉴赏判断的普遍性不是逻辑的，而是审美的（感性的），叫做普适性或主观的普遍有效性，以区别于客观的普遍有效性。鉴赏判断并不假定人人赞同，仅仅向每个人要求赞同，所以只是假定一种就愉悦而言无须借助于概念的普遍同意。在鉴赏判断中，关于对象的评判必定先于愉快的情感；否则，愉快就是感官的快适。由于鉴赏判断不涉及概念，是主观的，其间可普遍可传达的不可能是知识或属于知识的表象，只能是表象力关系中所呈现的心灵状态，即想象力和知性在给予的表象里的自由游戏状态。对此表象的主观的审美的评判，先于愉快，并且是愉快的根据。但是，唯有在表象中的心灵状态能普遍传达的基础上，与我们称为美的对象的表象结合着的愉悦之普遍的主观有效性才得以成立。于是，感觉不依赖于概念的普遍可传达性是鉴赏判断所假定的，

---

[83] 康德：《判断力批判》，第 290 页；AK V: 432。

它对心灵的作用可以觉察到。[84]

鉴赏判断不仅是普遍有效的，而且是必然的。谁宣称某物是美的，他就想要每个人都应当赞许面前这个对象，同样宣称它为美的。所以，鉴赏判断必定有一条主观原则，通过情感而不通过概念普遍有效地规定什么是让人喜欢的或讨厌的。这条原则只能认作共通感（Gemeinsinn）。鉴赏判断所依据的情感不是私人情感，而是共同的情感。共通感不能建立在经验之上，因为它授权我们作出包含着应当的判断：不是说，人人都会与我们的判断相合，而是说，每个人应当与此一致。唯有以共通感这一理想基准为前提，鉴赏判断才是普遍必然的。[85] 在康德的时代，共通感（sensus communis）一词有流行的意义。例如，沙夫茨伯里追随人文主义者对罗马诗人的诠释，将共通感理解为公共福利和共同利益感："共同体或社会之爱，自然情感，人道，友善，或那种由人类共同权利与人类成员之间自然平等的公正感所产生的礼仪。"[86] 康德对诸如此类的用法不以为然，他认为："必须把共通感理解为一种共同的感觉亦即一种评判能力的理念，这种评判能力在反思中（先天地）考虑到每个他人在思维中的表象方式，以便使自己的判断仿佛依凭着全部人类理性，由此避开那种出自主观（易于被当成客观的）私人条件会对判断产生不利影响的幻觉。"[87] 康德想

---

[84] 参见康德《判断力批判》，第48—54页；AK V: 213-219。

[85] 同上书，第73—77页；AK V: 236-240。

[86] Cf. Anthony Ashley Cooper, Third Earl of Shaftesbury, *Characteristicks of Men, Manners, Opinions, Times*, Vol. 1, Indianapolis: Liberty Fund, Inc., 2001, pp. 64-66. 另参见伽达默尔《真理与方法——哲学诠释学的基本特征》上卷，洪汉鼎译，上海译文出版社1999年版，第30—31页。

[87] 参见康德《判断力批判》，第136页；AK V: 293-294。

借助于共通感的理念，解决先天审美判断如何可能的问题。

他随即转向社会性论题。审美判断不以任何兴趣为规定根据，这并不意味着它不能与兴趣结合在一起。鉴赏必须先和某种别的东西结合着，或者是经验的，即人的本性所固有的爱好，或者是智性的，即意志的能够由理性来先天规定的属性，从而使关于对象的纯反思的愉悦可以从对客体的存在的愉悦中找到进一步的根据。不过，所有这些兴趣的意义都取决于它们与纯粹审美判断的关系。美的经验兴趣只在社会中。对于注定为社会造物的人的需要来说，社会性是本质地属于他的，而鉴赏作为对情感之可传达的评判能力，不免成为促进自然爱好实现的手段。及至文明化的顶点，传达几乎成了文雅化爱好的主要工作，感觉唯有能普遍传达才被看作有价值的；情感普遍可传达的理念，几乎无限增加了原本微不足道且无显著兴趣的愉快的价值。但是，间接地通过对社会的爱好附着于美的经验兴趣本身无足轻重，要紧的在于那有可能哪怕间接地与先天鉴赏判断相关的东西上面。因为在后一形式中，鉴赏会揭示我们的评判能力如何提供一种从感官享受向道德情感的过渡，进而使人类一切立法所依赖的先天能力链条里的一个中介环节得以展现。问题是：这一过渡能否由纯粹鉴赏来推动？[88] 对美的兴趣不必是善良道德品质的表征，尤其对艺术美的兴趣根本不能充当忠实于甚至倾向于道德善的思想方式的证据。然而，对自然美怀有直接的兴趣任何时候都是一个善良灵魂的标志；若此种兴趣是习惯的，乐于与自然之静观相结合，就至少表明一种有利于道德情感的心境。一个人独自观赏一朵野花、一只鸟、一只昆虫的美的形

---

[88]　参见康德《判断力批判》，第 138—140 页；AK V: 296-298。

体,赞叹、喜爱,不忍它从自然里消失,尽管这对他没什么好处,或许还会带来些许损害,这个人就对自然美怀有一种直接的智性的兴趣。他不仅喜欢自然物的形式,也喜欢它的存在,并且不掺杂感性魅力。此种兴趣就亲缘关系来说是道德的,必须在稳固地建立起对道德善的兴趣之后才会产生。让康德疑惑的是,现在有两种与美有关的能力:一种是审美的判断力,对形式作无概念的判断,并在纯形式评判中感到普遍的愉悦,完全和兴趣无关。另一种是智性的判断力,为实践准则的纯形式(就其自行获得普遍立法的资格而言)规定先天的愉悦,使这愉悦成为每个人的法则;它不基于任何兴趣,却产生一种兴趣。对自然美怀有智性兴趣的人,或者其思想方式已经被教化成善的,或者特别易于接受这种教化。此论近似于汉语思想里的"比德"说。某些人兼有两种能力,是由于纯粹鉴赏判断与道德判断之间有类比关系,前者先天地把愉悦表现为适合于一般人性的,后者从概念出发做着同一件事,因而无须清晰、精妙、刻意的沉思,就引致对前一种判断对象如同对后一种判断对象一样的直接兴趣:不过前者是自由的兴趣,后者是基于客观法则的兴趣。[89] 依此而论,主体从感官享受向道德情感的过渡,要么绝不能由纯粹鉴赏来促进,要么必须从人性的角度重新考虑鉴赏的可能性。

在谈及美的艺术对崇高的表现时,康德说,在所有美的艺术中,本质的东西在于对观赏和评判来说的合目的性形式,这里愉快同时也是教养(文化),它使精神与理念相合,从而使精神能感受更多的愉快和欢乐。如果美的艺术不是或远或近地与本身带有自主愉悦的道德

---

[89] 参见康德《判断力批判》,第 141—144 页;AK V: 298-301。

理念结合起来，那么美的艺术的最终命运便是沦为消遣。[90]在"鉴赏的方法论"中，康德指出，就最高完善性而言，一切美的艺术的入门不在于规范，而在于让心灵能力通过所谓"人文学"（humaniora）的预备知识得到陶冶："或许因为人道一方面意味着普遍的同情感，另一方面意味着使自己最内在的东西得以普遍传达的能力；这些特点结合在一起构成与人性相适合的社会性，人类因而把自己和动物的局限区别开来。在某个时代和诸民族中，一个民族由以构成持久共同体的那种趋于合乎法则的社会性的强烈冲动，在同围困着统合自由（乃至平等）与强制（更多地出于义务的尊重和服从，而非恐惧）之重任的艰难险阻作斗争：这样的时代和这样的民族首先必须发明将最有教养部分的理念与较粗野部分相互传达的艺术，使前者的博大优雅与后者的天真独创相协调，以此方式找到较高的文化（教养）与知足的天性之间的中道，它构成作为普遍人类意识的鉴赏之正确的不为任何普遍规则所左右的准绳。"其理想是"把最高教养（文化）的合乎法则的强制与感到自身价值的自由本性的力量与正确性结合在同一个民族中"。这是康德从批判立场对革命时代精神所作的回应。审美判断力是主体先天禀有的能力，然而，在历史的意义上，无论对个人或民族来说，鉴赏总是有待文化去塑造和改进的。由于鉴赏在根本上是道德理念感性化的评判能力，正是从对道德情感更深切的感受性中引出了鉴赏宣称对人类都有效的愉快，因此，"创立鉴赏之正途就是发展道德理念和培育道德情感；唯有当感性与道德情感达成一致时，真正的鉴赏才

---

[90]　参见康德《判断力批判》，第 171—172 页；AK V: 325-326。

能具有确定不变的形式"。[91] 这是在人类合目的的文化中生成的理想的鉴赏，它反过来可以促进人性的成长。

　　在"目的论判断力的方法论"中，康德指出，人是世间唯一具有知性因而有能力自己为自己建立任意目的的存在者，如果把自然看作一个目的论系统的话，人按其使命是自然的最后目的。这个目的不可能是幸福。因为，即便自然完全屈从于人的任意，也绝不能为了与动摇不定的幸福概念和每个人任意设置的目的协调一致，而表现出任何确定不变的普遍法则。况且，自然决非把人当作特殊的宠儿，善待他胜过一切动物，并没有使他免于自然破坏作用的伤害，瘟疫、饥饿、水患、大小动物的袭击，等等。更有甚者，人身上自然禀赋的冲突将他置于自设的磨难中，统治的压迫、战争的残暴、同类之间相互毁灭，即便最仁慈的自然针对这个物种的幸福提出自己的目的，这个目的也不会在世间实现，因为人内在本性难于受外在自然感动。自然的最后目的只能是人的文化。"一个理性存在者一般地（因而以其自由）对随便什么目的的适宜性的生产，就是文化。"唯有凭借文化，作为道德存在者的人才成为超越自然之上的创造的终极目的。但是，并非任何文化都堪当此任。熟巧的文化一般来说是适宜于提升目的的最重要的主观条件，却不足以提升目的适宜性的本质方面，即促进意志去规定和选择自己的目的。"适宜性的后一个条件可称之为管教（规训）的文化，它是否定性的，在于把意志从欲望的专制中解放出来，由于这种专制，我们依附于某些自然物，无力自己作出选择；因为我们让冲动充当了我们的枷锁，自然赋予我们这些冲动只是充当引导，为了

---

[91] 参见康德《判断力批判》，第 204—205 页；AK V: 355-356。

我们身上的动物性规定不被忽视乃至受到伤害,然而我们毕竟有充足的自由,依理性目的的要求使冲动张弛收放有度。"在此,康德重提了他之前的历史和政治哲学观点。熟巧必得借人之间的不平等才能在其族类中得到发展。"随着文化的进步……磨难也在两方面同样剧烈地增长,一方面由于外来的暴行,另一方面由于内心的不满足;但这种引人注目的苦难是与人类种族的自然禀赋的发展结合着的,而自然本身的目的,虽不是我们的目的,毕竟在这里得到了实现。"所谓"自然本身的目的"就是:包括人在内的一切造物的所有自然禀赋注定要完全地发展起来。为了此种发展能合乎道德目的,需要人足够聪明去发现一种法制状态,即公民社会,并且足够明智自愿地服从它的强制。此外,还需要一个世界公民的整体,即所有处于彼此侵害的危险之中的国家的系统;没有它,战争便无可避免。为此必须对爱好加以规训,让人可以接受比自然本身所能提供的更高的目的。尽管趣味的文雅化直至理性化,用以添补虚荣的科学之奢侈,滋生了许多无法满足的爱好,贻害无穷;然而,自然的目的也是明白无误的,即那些更多属于我们身上的动物性而与我们更高使命的教化极端对立的爱好之粗野与暴戾越来越落下风,为人类的发展扫清了道路。"美的艺术和科学通过某种可普遍传达的愉快,通过在社交方面的磨砺与文雅化,即便没有使人在道德上更善,却使人文明起来,从而远胜于感官偏好的专制,由此使人对一个唯有理性才有权力施行的统治作好准备……并让我们感到隐藏在心中的对更高目的的适宜性。"[92]

批判哲学最后的人类学证明至此戛然而止。康德的初衷是沿袭实

---

[92] 参见康德《判断力批判》,第 287—291 页;AK V: 429-434。

践理性感性论的思路，将情感普遍可传达性的先天形式系于有限的理性存在者，在主体内部解决从感官享受到道德情感过渡的问题。他把共通感概念先验化，用以论证纯粹审美判断的可能性，从而服务于先验哲学的意图。接着，他把话题转向流行的共通感理论所关心的社会性，引申出一个卢梭式的教育主题。康德原则上接受卢梭关于科学和艺术助长奢靡且伤风败俗的观点，但同时从人类文化合目的发展的角度，赋予审美与艺术以人性教化的功能："理想的鉴赏具有一种从外部促进道德性的倾向。"[93] 此一断言虽缺少道德目的论和伦理学神学那样的论证力量，却开启了一条以审美自由为德性与交互主体性培育手段的思想道路，因此成为后启蒙时代哲学审美论的问题源头。

---

[93] 康德：《实用人类学》，《康德著作全集》第7卷，第238页。

第二章
审美自律论

审美自律论是现代思想特有的。文艺复兴以降，伴随着"人"的发现，艺术与宗教、道德、科学活动渐渐脱节，为自律观念的形成提供了历史背景。但是，审美自律论并非对艺术史经验的总结，而是基于主体正当性问题视野作出的认定。如阿多诺所说："在主体获得解放之前，艺术无疑在某种意义上更直接地属于社会，而不像后来那样。艺术自律，艺术日益独立于社会，是资产阶级的自由意识在起作用，这种意识本身与社会结构相关联。在此意识出现之前，艺术固然与社会统治力量和习俗发生冲突，却并不自以为是独立的。"[1] 哈贝马斯依从马克斯·韦伯关于现代社会合理化的论述，把启蒙时代的现代性计划概括为不同价值领域的分立："文化现代性的特征在于，宗教和形而上学中所表现的实质理性分裂成三个自律的领域，即科学、道德和艺术。由于统一的宗教和形而上学世界观的崩溃，这些领域走向分化。18 世纪以后，从旧世界观继承下来的问题被置于并归入有效性的特殊方面：真理、规范的正当性、真实与美。于是，它们可以当作知识问题、正义与道德问题或趣味问题来处理。"他还简略勾画了现代艺术史中自律观念的发展轮廓。美的范畴和美的对象范围最早确立于

---

[1] Theodor W. Adorno, *Aesthetic Theory*, trans. Robert Hullot-Kentor, London and New York: Continuum, 2002, p. 225.

文艺复兴；18世纪，文学、美术、音乐作为独立于宗教和宫廷生活的活动被纳入制度；19世纪中叶唯美主义艺术观兴起，鼓励艺术家遵照"为艺术而艺术"的宗旨去创作。"审美领域的自律因此变成一个有意的计划：天才的艺术家可以摆脱常规认识和日常行动的约束，赋予他在邂逅自己已解体的主体性时所产生的经验以真正的表现。"[2]

文艺复兴极大改变了艺术在社会文化中的地位，不过缺少相应的理论反思。克利斯特勒指出："与一种流传甚广的观点相反，文艺复兴没有提出一个美的艺术体系或综合的美学理论。""文艺复兴对美的思考仍然和艺术无关，并且明显受古代模式的影响。"美的艺术体系与现代美学形成于18世纪上中叶。巴托在《归于单一原则的美的艺术》（1746年）中拟定了一个现代艺术体系。美的艺术有别于机械艺术，以愉快为目的，包括：音乐、诗、绘画、雕刻和舞蹈。另外还有兼顾愉快和有用性的第三类艺术，包括论辩术和建筑术。巴托试图以"模仿美的自然"为共同原则来统摄这些艺术门类。[3] 鲍姆嘉通《美学》（1750/1758年）袭用"自由艺术"一词，但他显然对法国学界的议论有所敏感。他给美学的定义是："美学作为自由艺术的理论、低级认识论、美的思维的艺术和与理性类似的思维的艺术是感性认识的科学。"尽管此书只论及诗和论辩术，然而如他在一封书信里明示的，所谓

---

[2] Cf. Jürgen Habermas, "Modernity versus Postmodernity", trans. Seyla Ben-Habib, *New German Critique*, No. 22, Special Issue on Modernism (Winter 1981): 3-14.

[3] Cf. Paul Oskar Kristeller, "The Modern System of the Arts: A Study in the History of Aesthetics", *Journal of the History of Ideas*, Vol. 12, No. 4 (Oct., 1951): 496-527 & Vol. 13, No. 1 (Jan., 1952): 17-46.

"自由艺术"就是指"美的艺术",其内容与巴托所列的两类艺术基本相同。[4] 这个定义至少从形式上把美的概念与善的概念区分开来,排除了对艺术的实用的、道德的评价,将美和艺术当作认识论问题置于唯理论体系中加以探究。18 世纪 90 年代初,康德为解决之前批判留下的疑难,选择接续这一思路,在主体哲学框架内确证了审美自律论。

第一节　自律的概念

自律(Autonomi)是康德道德哲学的核心概念。"意志自律是意志因以自己就是自己(不依赖于意愿对象的任何性状)的法则的性状。"[5] 要解释这个定义,必须区分几对概念。首先是意志(Wille)与任意(Willkür)之分。阿利森指出,康德在两种意义上使用"意志"一词:广义的"意志"指意愿(Wollen)能力;狭义的"意志"与"任意"相对,分别指这种能力的立法功能和执行功能。[6] 按《道德形而上学》里的区分,二者同属于欲求能力:若它与自己产生客体的行动能

---

[4] 鲍姆加滕:《理论美学》,简明译、范大灿校,《美学》,文化艺术出版社 1987 年版,第 13 页。鲍氏《真理之友的哲学信札》的内容见于范大灿为该书所写的前言(第 5 页)。

[5] 康德:《道德形而上学奠基》,杨云飞译、邓晓芒校,人民出版社 2013 年版,第 80 页;AK IV: 440。

[6] Cf. Henry R. Allison, *Kant's Theory of Freedom*, Cambridge: Cambridge University Press, 1990, p. 129.

力的意识结合在一起，就叫做任意；否则，叫做愿望（Wunsch）。若其内在规定根据是在主体的理性中发现的，就叫做意志。"法则来自意志，准则来自任意。"[7] 简言之，任意是选择的能力，与行动相关；意志是立法的能力，亦即实践理性本身。接着是准则（Maxime）与法则（Gesetz）之分。准则是行动的主观原则，有别于客观原则即实践法则。一条实践原理，如果其规定条件只被主体视为对自己的意志有效，就是主体据以行动的准则；如果其规定条件被认作对每一个理性存在者都有效，则是主体据以应当行动的法则。[8] 最后是两个自由概念的区分。任意可以受纯粹理性规定，也可以只由爱好（感性冲动）来规定；前者是自由的任意，后者是动物的任意。人的任意虽受冲动刺激，但不受它规定，因而是自由的。"任意的自由是不受感性冲动规定的独立性，这是消极的自由概念。积极的自由概念是，纯粹理性能够自身就是实践的。"[9] 任意常常依赖于遵从感性冲动或爱好行事的自然法则，只提供合理地遵从病理学法则的规范，是他律（Heteronomi）的。在立法的场合，消极意义的自由表现为道德法则对准则的质料（欲求的客体）的独立性，积极意义的自由则表现为意志通过从准则中抽取出普遍立法形式来规定任意。"道德法则仅仅表达了纯粹实践理性的自律，亦即自由的自律，而这种自律本身是一切准

---

[7] 参见康德《道德形而上学》，张荣、李秋零译，李秋零主编《康德著作全集》第 6 卷，中国人民大学出版社 2013 年版，第 220、233 页；AK VI: 213, 226。

[8] 参见康德《道德形而上学奠基》，第 52 页；《实践理性批判》，邓晓芒译、杨祖陶校，人民出版社 2003 年版，第 21 页。

[9] 参见康德《道德形而上学》，《康德著作全集》第 6 卷，第 220 页；AK VI: 213-214。本书把"Neigung"（又译"偏好"、"禀好"）译作"爱好"。

则的形式条件,只有在这条件之下一切准则才能与最高的实践法则相一致。"[10]

在《判断力批判》(1790年)中,康德沿用"自律"一词,但意义有所改变。他认为,主体有三种高级的即包含自律的能力:认识能力(知性)、愉快和不愉快的情感(判断力)、欲求能力(理性)。在此,"自律"有两层含义:一是三种能力不能再从一个共同根据推导出来,二是每一种能力都是先天立法的。反思判断力包括审美判断力和目的论判断力,而在三种自律的能力中,与知性和理性并列的实际只是审美判断力。因为在康德看来,唯有这种能力包含着判断力完全先天地用作对自然进行反思的基础的原则。[11]知性和理性除了按逻辑形式能运用于不论何种来源的原则,还按内容有自己的立法,从而形成自然概念与自由概念两个领域。与之不同,判断力虽然是立法的,却没有自己的领域。判断力的立法不是给自然颁定法则,而是为了反思自然给它自己颁定法则,所以与其说是自律,毋宁说是再自律(Heautonomi)。判断力的先天原则是自然的合目的性。"自然的合目的性是一个特殊的先天概念,它只在反思判断力中有其根源。"藉之,自然被表现为好像有一个知性包含着经验法则多样统一性之根据似的。这种合目的性与实践的(技术的或道德的)合目的性完全不同,尽管是按与后者的类比来思考的。它既非自然概念,亦非自由概念,仅仅表现判断力的一个主观原则。[12]审美判断力是通过愉快和不愉快

---

[10] 参见康德《实践理性批判》,第43—44页;AK V: 33。

[11] 参见康德《判断力批判》,邓晓芒译、杨祖陶校,人民出版社2002年版,第11—13、29页。

[12] 参见康德《判断力批判》,第10—15、19—20页;AK V: 176-182, 184-186。

的情感对形式的（主观的）合目的性作评判的能力。审美判断只涉及客体表象中纯主观的或者说构成表象与主体关系的东西，亦即表象的审美性状。这种性状不能成为任何知识成分，只是与表象结合着的情感。如此，一个对象被称作合目的的，仅仅由于其表象直接与愉快相结合；而对象的形式在关于该形式的纯反思里被评判为愉快的根据。这愉快所能表达的无非是客体对于反思判断力中起作用的认识能力的适合性，具体说，是引起的想象力与知性的协调一致。[13]

主体的三种自律能力终究须通过它们各自具有的先天原则的性质及功能来认定。知性所包含的范畴和原理，对理论认识来说是构成性原则，由此达到普遍必然的理论知识。理性所包含的理念，在理论运用中是调节性的，尽可能促成知性知识的系统统一性；在实践运用中是内在的和构成性的，从而达到无条件地实践的知识。判断力关于自然合目的性的概念，作为认识能力的调节性原则，还属于自然概念；及至某些引起这一概念的对象的审美判断，就愉快和不愉快的情感而言，则是构成性原则。"认识能力的协调一致包含着愉快的根据，这些认识能力在游戏中的自发性使自然合目的性概念适于成为自然概念领域与自由概念在其结果中之联结的中介，因为这种联结促进了心灵对道德情感的感受性。"[14]

审美自律论的要义，在于把审美判断力确定为与知性和理性平行的先天立法的能力，至于后来作为自律论标签流传的"无利害的愉

---

[13]　参见康德《判断力批判》，第 24—26、29 页；AK V: 188-190, 193。

[14]　参见康德《纯粹理性批判》，邓晓芒译、杨祖陶校，人民出版社 2004 年版，第 509 页；《实践理性批判》，第 185 页；《判断力批判》，第 30—32 页，AK V: 195-197。

悦"、"无目的和合目的性"等，不过是枝节。由于《判断力批判》旨在寻求自然与自由统一的超感性根据，把对艺术和审美经验的考察嵌入先验哲学的问题框架，因而其论证思路仍然繁复、曲折。

第二节　审美特性

康德认为，审美判断包括鉴赏判断和崇高的判断。前者是评判美的能力，而后者只是我们借领会一个本来无形式不合目的的对象之机，意识到某种思维方式在人类本性中的基础，于是凭想象力加以主观合目的性的运用，并非因其形式对对象本身做出判断。所以，必须将崇高理念和自然合目的性理念完全分开。康德把关于崇高问题的探讨仅仅看作鉴赏分析之后的补充，并且排除在"纯粹审美判断的演绎"之外。[15]

"美的分析论"试图以鉴赏为范例论证审美判断的一般特性。康德的思路可分解成两个相反相成的方面，姑且称之为差别原则和类比原则。前者要解决的问题是：审美不同于认识和道德活动的性质是什么？后者的问题是：审美判断力作为与知性、理性并立的能力满足何种形式条件？"这种判断力在其反思中所注意到的那些契机我是根据判断的逻辑功能的指引来寻找的（因为在鉴赏判断中总还是含有对

---

[15]　参见康德《判断力批判》，第 37、84、121 页；AK. V: 204, 246, 280。

知性的某种关系）。"在具体论述中，这两个方面搅和在一起。究其原因，大致有几个。一是康德依据《纯粹理性批判》里的范畴表，从质、量、关系、模态四个契机对鉴赏判断进行分析，不顾及由此带来的缠绕。[16] 二是审美自律需满足的形式条件，在认识能力和欲求能力中常常是重叠的。再者，康德将三种能力并举，意在从主体内部解决感官享受到道德情感过渡的问题，为理性的最终统一做好铺垫。按上述理解，康德的论证过程可以还原为三个依次递进的论题。

其一，审美情感与感官情感及道德情感的区分。情感通常是与欲求能力和生命概念联系在一起的。欲求是存在者通过自己的表象而使该表象的对象具有现实性的能力；生命是存在者按照自己的表象去行动的能力；情感简单讲是感受愉快或不愉快的能力。情感习惯上也称为一种感觉，但不是那种将其规定用于认识一个对象的客观感觉。感觉（Empfindung）分两种：草地的绿色属于客观的感觉，是对感官（Sinne）对象的知觉；对绿色的快意属于主观的感觉亦即情感。愉快是对象或行动与生命的主观条件相一致的表象。[17] 和欲求必然相结合的愉快可称作实践的愉快，无论它是欲求的原因或结果。如果欲求

---

[16] 康德在此把原来范畴表里量与质的次序颠倒过来，变成质先量后，只在注释中简单交代一句："在考察中我首先引入的是质的功能，因为关于美的感性判断［审美判断］首先考虑的是质。"（康德《判断力批判》，第37页）

[17] 参见康德《道德形而上学》，《康德著作全集》第6卷，第218页；《实践理性批判》，第9页；《〈判断力批判〉第一导言》，《康德三大批判合集》，邓晓芒译、杨祖陶校，人民出版社2009年版，第538页；《判断力批判》，第41页；Lewis White Beck, *A Commentary on Kant's Critique of Practical Reason*, London and Chicago: University of Chicago Press, 1960 (Midway reprint 1984), pp. 90-91。术语稍有改动。

能力是由愉快作为原因必然地先行作出规定的，便是狭义的欲求；习惯性的欲求叫做爱好；而愉快与欲求能力的联结，一经知性按照一条对主体而言普遍的规则判定为有效的，就叫做兴趣。兴趣（利害）是理性用以作为原因规定意志的东西，既包括直接的纯理性兴趣，也包括间接的经验的兴趣。如果愉快只能作为结果继欲求能力的先行规定而起，则称为智性的愉快，相应的兴趣称为理性的兴趣。[18] 在康德看来，究其本义，一切情感都是感官的。但是，从实践理性感性论的角度考虑，客观法则必须在主体的感性中有所根据，这个根据不可能是直观能力，只能是情感，所以对道德法则的敬重也可以说是一种情感，即道德情感。[19] 在《判断力批判》中，愉快或不愉快的情感被提升到与认识能力、欲求能力并列的位置，如何界定其性质至关重要。

康德指出，鉴赏判断的表象在愉快或不愉快的情感之名下关联于主体的生命感。结合着利害的愉悦关心对象的实存，因而和欲求能力有关。鉴赏的愉悦只针对表象本身，对物的实存毫不在意。带有利害的愉悦要么是快适的，要么是善的。快适是在感觉中使感官喜欢的东西。快适的判断表达出对一个对象的兴趣，具体说，即通过感觉激起了对该对象的欲望。善是借助于理性由纯概念而使人喜欢的东西。善的愉悦始终包含一个目的概念，或者是间接的有利于善的，或者是直接的本身善的，因此至少可能包含着理性与意愿的关系，进而包含着对客体或行动的存在的兴趣。比较而言，快适是病理学地受制于刺激的愉悦，完全建立在感觉之上，其对象只在与感官的关系中才表现出

---

[18] 参见康德《道德形而上学》，《康德著作全集》第6卷，第218页；AK VI: 212；《道德形而上学奠基》，第109页，AK IV: 460。

[19] 参见康德《实践理性批判》，第103、123页。

来；善是纯粹实践的愉悦，总是基于对象的概念。与二者不同，美的愉悦一方面不依赖于任何确定的概念，却必须依赖于导向某个概念（合目的性概念）的关于对象的反思；另一方面，鉴赏是静观的，不关心对象的存在，仅仅把对象的性状与主体的情感相对照加以判断。所以，快适、美、善标志着表象与情感的三种不同关系。快适是使人快乐，美只是使人喜欢，善是让人尊敬、赞成。快意也适用于无理性的动物；美仅仅适用于人，即兼有动物性和理性的存在者；善则适用于一切理性存在者。三者分别与爱好、惠爱、敬重相关联。其中，只有美的愉悦是无利害的，既没有感官的利害也没有理性的利害来强迫赞许，因而是唯一自由的愉悦。[20] 在此，康德从心理学角度提出了审美自由的问题，这种自由不同于实践的自由和先验自由，仅仅是一种经验意义上的自由感。[21]

其二，审美判断与认识判断的类比。认识判断包括理论的判断和实践的判断即道德判断。前者以通过知性给予的一般自然概念为根据，后者以通过理性先天给予的自由概念为根据。实际上，康德时常将认识判断等同于更偏于知性的逻辑判断。感性（审美）判断与理论判断一样，可分为经验的和纯粹的。前者是关于快适的质料的感性判断，即感官判断；后者是关于美的形式的感性判断，即鉴赏判断。[22] 后一区分是基于"感性/审美"（ästhetisch）一词的多义性，康德偶尔又把感官判断称作感官的鉴赏，把美的判断称作反思的鉴赏，相当繁

---

[20] 参见康德《判断力批判》，第 37—45 页。

[21] 参见邓晓芒《论康德〈判断力批判〉的先验人类学建构》，《判断力批判》，第 392 页。

[22] 参见康德《判断力批判》，第 59、122 页；AK V: 223, 280。

琐。[23] 在此论题上，他的思路是：一边将鉴赏判断与感官判断区别开来，一边将鉴赏判断类比于认识判断，推定其特殊的普遍有效性和必然性。

鉴赏判断不是认识判断，因而不是逻辑的，而是审美（感性）的，其规定根据只能是主观的。但是，它毕竟与逻辑判断有相似性。美的愉悦无任何利害，不依赖任何私人条件，是完全自由的；鉴赏判断不借助于概念，却有理由要求对人人有效。感官判断和鉴赏判断都是在表象与愉快或不愉快的关系方面对对象所作的感性判断。感官判断建立在私人感受之上，是私人判断，虽然有时也遇到一致的情形，那不过是通过比较得来的。鉴赏判断是普适的公共的判断，内含一个普遍同意的假定，本质地具有普遍性，可称之为普适性或主观的普遍有效性。[24] 关键在于：在鉴赏判断中愉快感与对象之评判孰先孰后？康德视此问题为"理解鉴赏批判的钥匙"，是因为他试图比照欲求能力，着眼于判断的规定根据来分析的鉴赏的结构。如果对对象的愉快是先行的，愉快就是判断的原因和规定根据，到头来无非是感官感觉中的快意，仅仅对私人有效。相反，鉴赏判断以表象中的心灵状态的普遍可传达性为基础，以愉快为后果，对心灵状态作出评判。可是，唯有知识及其表象是客观的、能普遍传达的，而鉴赏是主观的、无概念的，所以关于表象的普遍可传达性的判断的规定根据只能在知识与表象力的结合点上，即由表象激发起来的认识能力相互关系中的状态，具体说，就是在想象力和知性的自由游戏中的情感状态。此种状

---

[23]　参见康德《判断力批判》，第49页。
[24]　同上书，第37—38、46—51页。

态必定对人人有效，从而必定能普遍传达。因此，在鉴赏判断中，对于对象或表象的主观评判先于愉快，并且是认识能力和谐之愉快的根据。由此引出两个问题：一是我们以何种方式意识到此种和谐，二是先天审美判断是否以及如何可能。关于前一个问题，康德认为，认识能力之间关系的主观一致性唯有凭感觉来觉知，所形成的意识是感性（审美）的，而非智性的。[25] 后一个问题则有待"纯粹审美判断的演绎"来处理。

审美判断不仅是普遍有效的，而且是必然的。审美的必然性不同于理论的和实践的必然性，后两者是客观的；它只能叫做示范性，亦即所有人都赞同一个看来无法指明的普遍规则之实例的必然性。鉴赏判断要求人人赞同：不是事实上赞同，而是应当赞同。所以，鉴赏判断必定具有一条主观原则，来普遍有效地规定什么是令人喜欢的或讨厌的。这条原则只能认作共通感，但与共通感（sensus communis）概念有时所指的普通知性有本质的不同：前者依据情感，而后者总是依据概念，尽管通常是模糊的概念。鉴赏判断不是基于概念，而是基于情感；这种情感不是私人的情感，而是共同的情感。于是，共通感不能建立在经验之上，因为它授权作出一个包含应当的判断。审美的必然性是一种主观的必然性，唯有在共通感的前提下，它才能表现为像客观原则那样的必然性。在此，共通感这一理想基准是预设的，至于是否有这样一种理念，以及它是一条经验可能性的构成性原则，还是一条出于更高的理性原则、为了更高的目的在我们心中产生的调节性原则，等等，同样要在先天审美判断是否以及如何可能的问题之下去

---

[25] 参见康德《判断力批判》，第51—53页。

讨论。[26]

其三，审美判断与目的概念的关系。《判断力批判》重新定义了目的及相应的合目的性概念："一个客体的概念，就其同时包含着该客体的现实性根据而言，就叫做目的，而一物与诸物唯按目的才可能之性状的协和一致，就叫做该物的形式的合目的性"；"目的是一个概念的对象，只要这概念被看作该对象的原因（即它的可能性的实在根据），而一个概念从其客体来看的原因性就是合目的性"。这个定义可以向多方面延展。在论及审美不同于实践活动的特征时，康德对目的概念的理解仍然沿用道德哲学里的基本含义，限定在欲求能力与对象关系的范围内。[27]一切目的若视之为愉悦的根据，就总是带有某种利害，来充当判断的规定根据。美的愉悦是无利害的。鉴赏判断不以任何目的为根据，无论是主观目的，还是客观目的的表象即善的概念。所以说，鉴赏判断是没有目的的。可是，它又包含着一种经由对象形式的反思而来的主观合目的性。鉴赏判断不涉及任何关于对象的性状以及对象内在的或外在的可能性的概念，只涉及在表象中被规定的表象力的相互关系。因此，唯有对象表象的不带任何目的的主观合目的性形式才构成鉴赏判断的规定根据。在此表象里，对主体认识能力游戏中的形式的合目的性的意识就是愉快本身，因为这种意识在审美判断中包含着主体激活其认识能力方面的能动性的规定根据，包含着一般认识能力方面（不限于确定的知识）的内在合目的的原因性，从而

---

[26] 参见康德《判断力批判》，第73—77页。

[27] 康德：《判断力批判》，第15、55页；AK V: 180, 220。在《道德形而上学奠基》中，康德把目的理解为意志自我规定的基础，包括只对个人有效的主观目的和对所有理性存在者都有效的客观目的（第61页）。

包含一个表象的主观合目的性的纯形式。这种愉快也绝非实践的，既不像从快适的病理学根据而来的愉快，也不像从被表象的善的智性根据而来的愉快。它自身有其原因性，亦即保持表象本身的状态和认识能力的活动而没有进一步的意图。鉴赏判断不受任何魅力和感动的影响，魅力和感动属于感性判断的质料的感觉。[28]

康德随即转向美与完善性概念的考察。美是主观的合目的性形式，不依赖于对象的客观合目的性。客观合目的性要么是外在的，对人而言就是有用性；要么是内在的，即对象的完善性。美的评判主观上无关兴趣，在客观方面不涉及对象的有用性。鉴赏判断也完全不依赖于完善性概念，美不会消融在完善性中。但是，莱布尼茨—沃尔夫学派，尤其是鲍姆嘉通把美等同于完善性，还带有一条附则：如果这完善性被含混地思维的话。对此观点的辩驳，表明了康德将审美活动从认识活动中彻底剥离出来的意图。评判一物为完善的，无论在质或量的意义上，都预先需要一个关于该物应当是什么的内在目的概念。鉴赏判断是基于主观根据的审美（感性）判断，其规定根据不可能是某个确定的目的概念。绝不能因为美是形式的主观合目的性，就把完善性设想成形式的客观合目的性。唯理论者按照逻辑形式在美与善的概念之间作出区分，似乎美是完善性的含混概念，善是完善性的清晰概念，二者在内容和起源上是一样的。如此，鉴赏判断和善的判断就同属于认识判断。在康德看来，审美判断在种类上是唯一的，不提供关于客体的任何清晰的或含混的知识，只把表象联系于主体心灵能力游戏中的情感的一致性，无目的的合目的性含义仅此而已。相反，一

---

[28]　参见康德《判断力批判》，第 55—62 页；AK V: 219-226。

切概念，清晰的或含混的，皆归于知性。[29]

在目的论判断力批判部分，康德确乎提到一种形式的客观合目的性的美。一切按原则画出的几何图形，都显出多样的令人惊叹的客观的智性的合目的性，不同于主观的感性（审美）的合目的性。古代几何学家陶醉于抛物线或椭圆的知识，并不知道地球上的重力法则，也不知道天体依重力在距引力点不同距离时的法则描画出自由运动的路线。柏拉图曾为此种物与心之间的超感性和谐感到鼓舞，努力超越经验概念而提升到理念，这些理念在他看来似乎只能由某种与一切存在物起源相联的共同的智性关系来解释。康德认为，与其将数学图形所显示的形式的客观合目的性称作美，不如称之为相对的完善性。发现此属性的是一种按照概念的智性的评判，而不是感性（审美）的评判。就美的本义和审美判断的性质而言，所谓智性的美是无理由接受的。[30] 至此，康德不仅把美感从与快感、道德感的纠缠中抽离出来，而且将美的概念和善的概念实质地分开，在主体哲学内部确定美学独立的地位，并由此与柏拉图主义的美的智性传统分路而行了。

---

[29] 参见康德《判断力批判》，第62—64、217页。鲍姆嘉通的相关论述如："美学的目的是感性认识本身的完善（完善感性认识）。而这完善也就是美。""根据由它的基本意义而得出的名称，感性认识是指，在严格的逻辑分辩界限以下的，表象的总和。"（鲍姆加滕：《理论美学》，《美学》，第14页）

[30] 参见康德《判断力批判》，第212—216页；AK V: 362-366。在讨论崇高问题时，康德也不赞成把崇高归于智性的美（第111页）。

第三节　审美判断力的先天原则

康德指出，对审美判断一般特性所作的分析是先验的说明，不同于生理学或心理学的说明。后一种分析，例如博克认为崇高的情感基于自我保存的冲动和恐惧，美基于爱，等等，是极为出色的，并且给经验的人类学研究提供了素材。但是，如果把愉悦完全置于魅力和感动所带来的快乐之中，就不必指望任何别人赞同我们的审美判断，因为人人都有权诉诸自己的私人感觉。相反，如果将它评价成可以同时要求每个人应当赞同的判断，它就必须以某种先天原则为基础。对此原则的先验探讨是本质地属于鉴赏批判的。[31]

审美判断作为立足于先天原则的判断，需要一个演绎，为它的必然性要求作合法性证明。在演绎中，前文提到的差别原则和类比原则仍然生效，而焦点转向先验逻辑："为了通过鉴赏判断的演绎找出这种法律根据，只有此类判断的形式特性，因而只就考察这些判断的逻辑形式而言，才能用作我们的指导线索。"鉴赏判断具有一个双重的逻辑特性：一方面有先天的普遍有效性，一种单称判断的普遍性，而非依据概念的逻辑普遍性；另一方面有一种基于先天根据的必然性，却不依赖于任何先天的论证根据。如果开始就抽掉判断的一切内容即愉快的情感，仅将其感性（审美）形式与客观判断的逻辑形式相比较，对鉴赏判断有别于认识判断的逻辑特性的解析，才会是充分的演绎。

---

[31]　参见康德《判断力批判》，第 117—119 页。

演绎的课题是：鉴赏判断是如何可能的？具体说，一个审美判断如何能要求有必然性？这个课题涉及纯粹判断力在审美判断中的先天原则。鉴赏判断是综合的，因为它们超出了客体的概念甚至直观，把决非知识的愉快或不愉快的情感作为谓词加于直观。鉴赏判断尽管谓词是经验的，然而就其要求人人同意而言却是先天的判断。于是，判断力批判的这一课题归于先验哲学的普遍问题亦即先天综合判断如何可能的问题之下。[32]

鉴赏判断演绎试图给出一个纯粹鉴赏判断的逻辑形式。困难在于，康德始终将鉴赏的愉快和评判本身当作两个要素。他之前为了坚持鉴赏判断有别于感官判断，认定评判先于愉快，并没有从先验的角度料理二者之间的联系。现在他指出，我们不能先天地把一种确定的情感与任何表象相结合，除非有一个在理性中规定意志的先天原则作为基础，像在道德情感中那样，愉快是这个先天原则的后果。这不适用于鉴赏判断，因为鉴赏和确定的法则概念无关；鉴赏的愉快应当先于一切概念直接与单纯的评判相结合。他通过进一步抽象，为演绎调校方向：在鉴赏判断中，不是愉快，而是与对象之单纯评判结合着的愉快的普遍有效性，先天地表现为适于判断力的普遍规则。演绎先要阐明，在一个纯粹鉴赏判断中对于对象的愉悦无非是其形式对于判断力的主观合目的性，可由两个条件推知：第一，愉悦与对象形式之单纯评判结合着，既不涉及对象的概念，也无关主体反思（评判）之外的任何官能。第二，我们感到这合目的性是与心中的表象结合着的，

---

[32] 参见康德《判断力批判》，第 120、122—123、129—130 页；AK V: 279, 281, 287-289。

不像经验的鉴赏止于内在地知觉到表象与愉快直接结合在一起，换句话说，在纯粹鉴赏判断里愉快的情感被认作主观合目的性。接着，既然就评判的形式规则而言，撇开一切质料，判断力只能针对自身之运用的主观条件，只能针对在所有人身上都可以预设的主观的东西，那么一个表象与判断力的主观条件的协和一致就必须能先天地设定为对人人有效；就是说，在一个感性对象之评判中愉快或表象对认识能力关系的主观合目的性是可以有权向每个人都要求的。[33]

演绎本身是一个空壳，却引出几个问题：其一，审美情感即主观合目的性可否理解为先天的情感？其二，审美判断要求对人人有效的主观的先天条件是什么？最后，审美区别于认识和道德活动的先天根据究竟何在？这些问题的解答构成审美自律论的先验证明。

首先须辨别的是鉴赏判断里评判或愉悦的既非感官亦非概念的性质。在演绎中，康德把感官感觉和概念一起作为质料排除在纯粹鉴赏判断之外。这是他的一贯见解：美是在单纯评判中（而不在感官感觉中，也不通过概念）令人喜欢的东西。在《纯粹理性批判》（第一版）里，感官感觉（Sinnesempfindung）指主体通过直观获取的有待知性加工的原始素材，相当于所谓客观的感觉。此处的定义是："如果把感觉作为知觉的实在而与认识联系起来，那么它就叫做感官感觉"，其质的特殊性原则上能够以同一种方式来传达。康德显然把快意之类的主观感觉也纳入感官感觉的范围，不过可传达方面要大打折扣。[34]他再次将美的愉悦与别种情感作比较，意在探究它们各自可传达性的

---

[33] 参见康德《判断力批判》，第 131—132 页；AK V: 289-290。

[34] 参见康德《纯粹理性批判》，第 4、166 页；《判断力批判》，第 52、107、133—134、146、150 页。

根据。快意是通过感官进入心灵的，人此时是被动的，可称之为享受的愉快。道德的情感是由于一个行动的道德性状而对自身主动性及其与自己使命的理念相符合的愉快。它要求概念，并且体现为法则的（而非自由的）合目的性，因而只能借助于理性甚至只能通过十分确定的实践理性概念来普遍传达。崇高的愉快以一种对自己超感性使命的情感为前提，这种情感不论多么模糊，毕竟有道德的基础。崇高感的普遍可传达性是绝无理由预设的，即便在某些场合顾及道德禀赋而对每个人有所要求时，也只能借助基于理性概念的道德法则。与它们不同，美的愉悦是纯反思的愉快。这种愉快不以任何目的或原理为准绳，伴随着对一个对象的领会，这领会是通过想象力（作为直观能力）并且与知性（作为概念能力）相关联，凭借判断力哪怕为了最普通的经验之故也必须实行的运作而获得的。经验判断为的是知觉到一个经验的客观概念，而审美判断为的是知觉到表象对于两种认识能力在其自由中的和谐的（主观合目的的）活动的适合性，亦即用愉快去感觉那种表象状态。康德指出，美的愉悦依据的条件是一般认识之可能性的主观条件，鉴赏所要求的两种认识能力的比例，也是在每个人身上都可以预设的普通的健全的知性所要求的。这是原则性的阐述，而要确证审美情感无须概念中介的普遍可传达性，还须对所谓普通人类知性即共通感加以考察。[35]

  康德不理会流行的共通感理论，认为"必须把共通感理解为一种共同的感觉即一种评判能力的理念，这种评判能力在反思中（先天地）考虑到每个他人在思维中的表象方式，以便使自己的判断仿佛依

---

[35] 参见康德《判断力批判》，第 133—135 页；AK V: 291-293。

凭着全部人类理性，由此避开那种出自主观（易于被当成客观的）私人条件会对判断产生不利影响的幻觉"。为此，需要一个与实践理性立法相似的形式抽取程序：把自己的判断依凭别人的虽非现实却是可能的判断，通过摆脱偶然地与自己的评判相联系的局限，置身于每个他人的地位；要做到这一点，必须尽可能去掉表象方式中的质料即感觉的东西，排除魅力和感动，只注意自己的表象或表象方式中的形式的特性。康德借普通人类知性的准则来解释鉴赏批判的原理。准则有三条：一是自己思维，二是在每个别人的地位上思维，三是任何时候都与自己一致地思维。第一、三条分别是知性和理性的准则。第二条应看作判断力的准则，亦即合目的性地运用认识能力的思维方式的准则。如果一个人置别人皆拘于其中的判断的主观私人条件于不顾，从一个唯有通过彼此易位才能规定的普遍的立场出发反思自己的判断，就表明他具有这种扩展的思维方式。上述形式抽取程序藉之得以完成。经此番剥离后仅留下形式的特性，即一个给予的表象中的情感之普遍可传达性本身。由此获得的是一个纯粹（先天）审美判断。尽管实际的审美判断不免带有经验的或智性的兴趣，但是它之所以具有必然性，仅仅因为它内在包含一个纯粹审美判断。在此意义上，"鉴赏就是先天地对（无须概念中介）与给予的表象结合在一起的情感的可传达性作评判的能力"。由于评判对象仅仅是情感的普遍可传达性，我们才能合理地推想，鉴赏判断中的情感何以仿佛义务那样要求于每个人。[36] 如此，康德在先验哲学的范围内把判断的普遍有效性问题转

---

[36] 参见康德《判断力批判》，第 135—138 页；AK V: 293-296。关于共通感概念在康德之前及同时代的流行意义，可参见伽达默尔《真理与方法——哲学诠释学的基本特征》，洪汉鼎译，上海译文出版社 1999 年版，第 23—39 页。

换成了情感的可普遍传达性问题，将审美判断的必然性与审美情感的先天性质相等同。若想避免这个论证可能陷入的循环，需要一个总体性理念来支撑。

这是"审美判断力的辩证论"的主题。感官判断的不一致不是辩证的。鉴赏判断的冲突，如果人人都诉诸自己的趣味而无意使判断成为普遍的规则，也不构成辩证论。所以，涉及鉴赏的辩证论不过是鉴赏批判（而非鉴赏本身）就其原则而言的辩证论，在此关于一般鉴赏判断的可能性根据不可避免地出现了相互冲突的概念。"因此，鉴赏的先验批判只包含一个可冠以审美判断力的辩证论之名的部分，如果遇到这种能力的诸原则的二律背反，使此能力的合法性乃至内在可能性成为可疑的话。"[37] 鉴赏判断的二律背反表现为：正题：鉴赏判断不基于概念，因为否则它就可以通过证明来决定；反题：鉴赏判断基于概念，因为否则它就不可能要求别人必然赞同。其实，换个说法，矛盾就不存在了。鉴赏判断不基于确定的概念，可毕竟基于一个不确定的概念，即关于现象的超感性基底的概念。它同时也被视为人性的超感性基底的概念，以此为规定根据的鉴赏判断必然对人人有效。这个超感性物的概念是审美理念。康德将审美理念与理性理念和知性概念相比。理性概念按照一条客观原则与概念相关，但给不出一个对象的知识；在此场合，它是一个超验的概念。与之不同，知性概念总能得到恰好相符的经验，因而是内在的。审美理念按照一条认识能力（想象力和知性）相互协和的纯主观原则与直观相关。"审美理念不能成为知识，因为它是一个决找不到与之适合的概念的（想象力的）直观。理性理念

---

[37] 参见康德《判断力批判》，第 184 页；AK V: 337。

决不能成为知识，因为它包含一个永远不能给予与之适合的直观的概念。"审美理念是一个想象力不能阐明的表象，理性理念是一个理性不能演证的概念。所谓演证是指在证明或定义中将概念同时表现于直观，阐明意味着将想象力的表象带入概念。"正如对理性理念来说想象力及其直观达不到给予的概念，就审美理念而言知性通过其概念永远达不到想象力与给予的表象结合在一起的全然内在直观。"[38]

这些规定可以通过艺术问题作进一步解释。康德认为，美的艺术是无目的而合目的的表象方式，它所引起的愉快是反思的愉快。不过鉴赏只是一种评判能力，而不是生产能力。美的艺术创造还需要天才。"天才是一个主体在其认识能力自由运用中的自然禀赋之典范的独创性。"它给艺术提供规则，赋予艺术精神。"审美意义上的精神是指心灵中激发活力的原则。但这个原则借以使灵魂活跃起来的东西，它为此目的所用的材料，就是把心中的各种力量合目的地置于感奋状态，即置于一种自行维持甚至为此加强这些力量的游戏之中。"这个原则不是别的，就是把审美理念表现出来的能力。审美理念是理性理念的对应物。诗人敢于把天国、冥界、永生、创世之类不可见的存在物的理性理念感性化，把死亡、嫉妒、恶习、爱、荣誉等等超出经验界限之外，在某种完整性中使之成为可感的，凭借的是审美理念能力能够完全表现于其中的诗艺。如果给一个概念附以想象力的表象，创造性想象力会远超于确定概念的思考，将概念作无限的审美扩展，并且使智性理念能力活动起来，在引发表象之际，让我们从中领略到比能够把握和说明的更多的意味。"审美理念是一个加入到给予概念之

---

[38] 参见康德《判断力批判》，第185—191页；AK V: 338-343。

中的想象力的表象，这表象在想象力的自由运用中与各部分表象的多样性结合在一起，以至于对它来说找不到任何指涉一个确定概念的表达，所以它让人想到许多概念之外的不可言说的东西，由而产生的情感使认识能力活跃起来，并使纯字词语言融会了精神。"[39] 艺术本身是有目的的，但是，在天才的作品中提供规则的并非其深思熟虑的目的，而是主体的自然（天性）。唯有天才的创造性所开启的这个主体一切能力的超感性基底，才能成为审美的无条件的合目的性的最后根据。于是，相应于知性、判断力和理性，有三种理念：首先是一般超感性物的理念，除了自然的基底外没有进一步的规定；其次是作为自然对认识能力的主观合目的性原则的同一超感性物的理念；第三是这个超感性物作为自由的目的原则以及自由与道德中的目的和谐一致的原则的理念。[40] 主体的三种高级的能力据此作出无条件的判断并规定自己的客体。

　　康德指出，前人要么把鉴赏的规定根据认作经验的，要么认作先天的，由此分出鉴赏判断的经验论和唯理论。依前者，美与快适无异；依后者，美与善无异。但是，鉴赏原则的唯理论可再分为合目的性的实在论与合目的性的观念论。实在论将判断中的合目的性设想成客观的目的，认为判断在理论上、逻辑上（哪怕在混乱的评判中）针对客体的完善性。观念论将它当作主观的合目的性，认为判断只从审美上针对它在想象力中的表象与判断力的根本原则在主体内的协和一致。鉴赏批判之正途是合目的性的观念论。我们评判自然美时在自己

---

[39]　参见康德《判断力批判》，第 149、157—163 页；AK V: 305-306, 313-318。
[40]　同上书，第 163、191、193—194 页；AK V: 317-318, 344, 346。

心里寻求美的先天准绳,审美判断力就评判而言是自己立法的,是自由的和以自律为根据的。自然给我们机会,让我们在评判某些自然物时知觉到心灵能力关系中的内在合目的性,并从超感性根据出发将它解释为必然的和普遍有效的。在美的艺术中,由审美理念而来的愉悦不必依赖于确定目的的实现;美的艺术必须不看作知性和科学的产物,而看作天才的产物,因而是通过与确定目的的理性理念本质不同的审美理念来获得规则的。"正如作为现象的感官对象的观念性是解释它们的形式能够被先天规定的唯一方式,在自然美和艺术美评判中的合目的性的观念论,是批判能够赖以解释一个要求对每个人先天有效(却并不把表现于客体的合目的性建立在概念上)的鉴赏判断之可能性的唯一前提。"[41]

第四节　美的艺术

美的艺术(Fine Arts, Beaux Arts)概念形成于18世纪上半叶。此前的艺术概念是从古代和中世纪流传下来的,分为两类,既涵盖手艺与科学,也包含后来称为美的艺术的东西。自由艺术(Liberal Arts)有七种:文法、修辞、逻辑、算术、几何、天文和音乐;机械艺术(Mechanical Arts)通常也有七种:制衣术、造房术、航海术、农艺、

---

[41]　参见康德《判断力批判》,第194—199页;AK V: 346-351。

狩猎术、医术和剧场术。巴托和鲍姆嘉通之后，在德语世界，门德尔松、苏尔泽、赫尔德等人对美的艺术问题进行了持续的探究，直到康德将其纳入批判哲学体系。[42]

康德对艺术和美的艺术的界定是条分缕析的。艺术与自然不同。"人们按法律程序只应把通过自由亦即通过以理性为其行动基础的任意而进行的生产称为艺术。"人们喜欢把蜜蜂合规则地建造的蜂巢称作艺术品，那毕竟是类比的说法；这是它们的本性或本能的产物，跟艺术无关。相反，人们把沼泽地里一块砍削过的木头当作艺术品而非自然物，是因为从中能见出一个目的，将它理解为人的作品。艺术与科学不同，或者说，能与知不同。艺术作为实践能力与理论能力不同，作为技术（如测量术）与理论（如几何学）不同。人们一旦知道该怎么做就能够做到的事，不是艺术，而是科学。"只有人们即使了如指掌却并不因此立刻拥有去做的熟巧之事，才在此种意义上属于艺术。"艺术也不同于手艺，前者叫做自由的艺术，后者也可以叫做雇佣的艺术。前者只作为游戏，亦即作为本身就令人快适之事合目的地得出结果；后者则是作为劳动强加于人的，它本身并不使人快适，只是靠其效果（如薪酬）来吸引人。康德关于自由艺术与雇佣艺术的论述涉及后来马克思主义的异化劳动问题。马克思在《1844 年经济学哲学手稿》中讨论人的生产与动物的生产的区别时，也举了蜜蜂、海狸、蚂蚁为自己营造巢穴或住所的例子。[43] 不过，针对狂飙突进运动领导者

---

[42]　Cf. Paul Oskar Kristeller, "The Modern System of the Arts: A Study in the History of Aesthetics".

[43]　参见马克思《1844 年经济学哲学手稿》，中共中央马克思恩格斯列宁斯大林著作编译局译，人民出版社 2000 年版，第 57—58 页。

过分强调游戏的观点，康德在艺术的自由与强制问题上持折中态度：一切自由的艺术都要求有某种强制或约束，即所谓机械成分，例如诗艺里语言的准确与丰富，韵律与节奏，否则，艺术中自由的赋与作品生命的精神便会消泯于无形。[44]

　　康德对艺术作了进一步区分。艺术，如果与某个可能对象的知识相适合，仅仅为了使该对象成为现实的而去行动，就是机械的艺术；如果以愉快的情感为直接的意图，就叫做审美的（感性的）艺术。审美的艺术分两种。快适的艺术以享受为目的，使愉快伴随作为感觉的表象；美的艺术是无目的而合目的的表象方式，使愉快伴随作为认识方式的表象。美的艺术是以反思判断力而不是以感官感觉为准绳的艺术，它所引起的情感是可普遍传达的愉快。[45]康德指出，美可以说是审美理念的表现。在美的自然里，对一个给予的直观的反思就足以唤起并传达客体所表现的理念；在美的艺术里，理念必须由关于客体的概念即作品应当是什么的概念来引发。

　　他提出一个美的艺术分类，划分的原则据说是随意的[46]，却相当独特。他将艺术与人的言语行为相类比。一个言语行为包含语词（发音）、表情（姿态）、声调（抑扬），分别对应于思想、直观、感觉，三者同时结合在一起构成完整的表达。于是，美的艺术分为三种：言语艺术、造型艺术和感觉游戏的艺术。言语艺术（redende Kunst）包

---

[44]　参见康德《判断力批判》，第 147—148 页；AK V: 303-304。

[45]　同上书，第 148—149 页；AK V: 305-306。

[46]　康德为此做了一个脚注："读者不会把对美的艺术的一个可能的划分的这种设想评判为有意作出的理论。这只是人们还能和还应当着手来做的好些尝试之一而已。"（《判断力批判》，第 166 页）

括论辩术和诗艺。"论辩术是把知性的事务作为想象力的自由游戏来促进的艺术；诗艺是把想象力的自由游戏作为知性的事务来操演的艺术。"感性和知性彼此不可或缺，要结合在一起则免不了强制和相互损害；而在言语艺术中，两种能力的结合与和谐必须显得是自发的，并非有意的。在此，一切做作、刻板的东西都应避免，因为美的艺术必须在双重意义上是自由的艺术：一方面不受强迫、不为薪酬而工作，一方面心无旁骛，不为别的目的所动。[47]

康德对造型艺术（bildende Kunst）的论述颇多令人费解之处，用词的分别也是德语特有的。他把造型艺术同时称作"在感官直观中表现理念的艺术"。它要么是感官真实的艺术，要么是感官幻象的艺术。前者是塑形艺术（Plastik），后者是绘画（Malerei）。这里"幻象"（Schein）一词仅仅是指绘画在平面中呈现三维物体的方式。塑形艺术诉诸视觉和触觉，触觉并不着眼于美；绘画只诉诸视觉。审美理念在想象力中为二者确立了基础，而构成理念之表现的形象（Gestalt）或者是在形体的广延里给出的，或者是按形体在眼里呈现的方式给出的；就前者而言，要么是和现实目的的关系，要么是这目的的外观（Anschein），被当作反思的条件。塑形艺术包括雕塑艺术（Bildhauerkunst）和建筑艺术（Baukunst）。雕塑用形体如同事物在自然中可能存在的那样来展示事物的概念，当然，作为美的艺术要考虑审美的合目的性；建筑则展示唯有通过艺术才可能的事物的概念，这些事物的形式不是以自然而是以一个任意目的为规定根据的，而按此意图所做的展示毕竟也是在审美上合目的的。前者的主要意图只是表

---

[47] 参见康德《判断力批判》，第 166—167 页；AK V: 320-321。

现审美理念，人、神、动物等的雕像皆属此列；后者主要关心人为对象的用途，这作为条件使审美理念受到限制，例如为公共用途而建的庙宇、凯旋门、纪念塔之类。有点奇怪的是，康德把家具也归入建筑艺术，因为据说它包含着建筑作品的本质的东西，即适合于某种用途。绘画艺术把感官幻象人为地与理念结合着来展示，可分为对自然作美的描绘的艺术和对自然物进行美的组合的艺术。前者是真正的绘画，后者是园林艺术（Lustgärtnerei）。园林是用形体来展示其形式的，为何算作绘画艺术？康德解释道，园林艺术所用的花草、树木、流水、山丘等都取自自然，但在编排这些材料时并不考虑它们本身的目的，只是为了适合于某种理念。此类形体组合跟绘画一样仅供眼睛去看，触觉感官从中得不到任何直观表象。依照此理，他将把室内装饰物、穿着饰品、花坛等等也归入广义的绘画。[48]

关于感觉的美的游戏的艺术（Kunst des schönen Spiels der Empfindungen），康德指出，感觉只能由外部产生，而游戏必须是可普遍传达的，所以这种艺术所涉及的无非是感觉所属之感官的不同紧张程度的比例，亦即感官的调子，如音调、色调，由此分别出听觉和视觉两种感觉的游戏，即音乐和色彩艺术。康德采用问题化的处理方式，牵扯音乐乃至后来才出现的抽象绘画的本质问题。感官在运用于客体的知识方面是没有缺陷的，它们凭借先天直观形式构成作为知识素材的感官感觉。现在这两门艺术只涉及感官的调子，我们无法断定一种色彩或一个音调（声响）仅仅是快适的感觉，抑或本身就是诸感觉的美的游戏，进而带有审美评判中的形式的愉悦。光的振动速度或

---

[48] 参见康德《判断力批判》，第 167—170 页；AK V: 321-324。

空气的振动速度，似乎远远超出我们在知觉中直接评判时间划分比例的一切能力，因此有两种可能的解释。首先，从身体的角度看，唯有这些颤动对我们身体有弹性的部分（听觉和视觉器官）的作用才被感觉到，而当中的时间划分未被发觉和引入评判，因此与颜色和音调结合着的只是快意，而非组合的美。其次，从知觉的角度看，如果考虑到音乐中振动的比例及其评判所显示的数学成分，并类比地来评判色彩的对比，如果有分辨能力的人在色阶和音阶的不同强度中知觉到质的变化，而色阶和音阶的数目对于可把握的区别来说是确定的，那么这两种感官的感觉就应看作在多种感觉游戏中的形式评判的结果。就音乐而论，要么把它解释为诸感觉（通过听觉）的美的游戏，要么解释为快适的感觉的游戏。唯有按前一种解释，音乐才完全表现为美的艺术，而按后一种解释，它至少部分地表现为快适的艺术。[49] 关于音乐的本质问题，康德一直举棋不定。音乐除了引起属于感觉质料的魅力或感动外，是否还包含某种别的东西？和声与旋律通过感觉的成比例搭配（可归于数学关系），依照乐曲中构成主导情绪的主题，表现一种思想丰富又不可言说的整体性审美理念。唯有依附于数学形式，音乐才能表达纯反思与感觉游戏结合在一起的普遍有效的美的愉悦。然而，音乐所产生的魅力和激动跟数学毫不沾边，它只是借助于这个不可或缺的条件，将各种印象统合组织起来，协调与之相合的情绪，达成一种惬意的自我享受。如果按照给予心灵的教养来估量美的艺术的价值，以在判断力中汇集的认识能力的扩展为尺度，那么，音乐在

---

[49] 参见康德《判断力批判》，第 170—171 页；AK V: 324-325。

美的艺术里地位最低，因为它仅仅用感觉来做游戏。[50]

此外，康德还谈及各种美的艺术的结合：论辩术可以和绘画性表演结合在戏剧中，诗可以和音乐结合在歌唱中，歌唱可以和绘画性表演结合在歌剧中，音乐里感觉的游戏可以和形象的游戏结合在舞蹈中，如此等等。[51]

在康德的美的艺术的价值排序中，诗艺居于首位；其次是造型艺术，不过是以贬低音乐为前提的。在认识能力的扩展方面，造型艺术远远走在音乐前面，它把想象力置于与知性相适合的自由游戏中，由此形成的作品将知性概念用作持久的自荐的工具，去促进这些概念与感性结合，因而仿佛促进了高级认识能力之斯文（Urbanität）。两类艺术选取完全不同的道路：音乐是从感觉到不确定的理念，造型艺术是从确定的理念到感觉。前者只是短暂的印象，后者则是持存的印象。想象力能够唤回后一类印象并以此为乐，而前一类印象若不由自主地被想象力复现出来，与其说使人快适，不如说让人厌烦。接下去，康德扯远了。音乐缺少斯文，音乐尤其乐器声四处扩散，影响邻居，好像在强迫人，从而损害到音乐聚会之外的别人的自由；这不是对眼睛说话的艺术所做的事，因为人若不想看见的话，把眼睛移开就行了。有人提议在家里做祈祷也要唱圣歌，他们不曾考虑此等喧闹的仪式给公众带来多大的负担，因为他们逼迫邻居们要么一起来唱，要么放下正在思考的事情。[52]

在造型艺术中，康德把绘画放在优先位置，部分由于它作为素

---

[50] 参见康德《判断力批判》，第 175—176 页；AK V: 329。
[51] 同上书，第 171 页；AK V: 325。
[52] 同上书，第 175—176 页；AK V: 329-330。

描艺术是一切造型艺术的基础，部分由于它能比其他造型艺术更深地涉入理念的领域，相应地更多扩展直观的范围。[53] 素描之所以是本质的，在于它的形式构成特性。色彩能让感觉生动起来，却不能使对象成为美的；色彩属于魅力，只有接受美的形式的制约和规范才会变得优雅。素描与音乐作曲一样构成纯粹鉴赏判断的真正对象。色彩与音调的纯粹性乃至其多样性及对比似乎也有益于美，但它们不是将自身的形式意味附加在绘画和音乐之上，而是服务于对象的，使当下的形式更准确、更明晰、更适于完全直观，并且凭自身的魅力使表象生动起来，唤起和保持对对象的注意力。此外，本不属于作品的装饰附件，例如画框、雕像的衣着或宫殿周围的柱廊，也可以凭借其形式为鉴赏增益。如果饰件本身不具有美的形式，像金质画框那样仅靠魅力来博得人们对画的喝彩，则会损及真正的美。[54]

关于美的艺术，康德有一个奇特的观念："美的艺术是一种同时像是自然的艺术。"美的艺术作品，由于其形式中的合目的性似乎摆脱了一切有意规则的强制或约束，仿佛只是自然的产物。因为它所引起的不基于概念却可以普遍传达的愉快，是建立在认识能力合目的的游戏中的自由情感之上的。"美是在单纯评判中（而不在感官感觉中，也不通过概念）令人喜欢的东西。"简单讲，审美情感是鉴赏判断中的纯反思的愉悦。艺术总有一个产生出某物的确定意图。若此物仅仅是伴有愉快的主观感觉，作品在评判中就只是借助于感官感觉而令人喜欢的；若其意图针对产生一个确定的客体，当意图凭借艺术实现时，

---

[53] 参见康德《判断力批判》，第 176—177 页；AK V: 330。
[54] 同上书，第 61—62 页；AK V: 225-226。

该客体就只是通过概念而令人喜欢的。这两种情形中的艺术都是机械的艺术，而非美的艺术。"所以美的艺术作品里的合目的性，尽管是有意的，却不显得是有意的；就是说，美的艺术必须看似自然，虽然人们意识到它是艺术。"要使艺术作品酷肖自然，既需苦心经营，又得不露痕迹，不显匠气；质言之，艺术家必须达到从心所欲不逾矩的境界。[55] 这只有靠天才才能做到。

康德指出："为了把美的对象评判为美的对象，需要鉴赏，但为了美的艺术本身，即为了制作这类对象，则需要天才。"[56] 天才有几个特性。一是独创性。天才是一种制作不能给出确定规则的东西的才能，而不是精于某种按规则可学之事的素质。二是典范性。天才的作品必须是示范的，它们本身不是通过模仿产生的，却必须被别人用来模仿，即用作评判的准绳或规则。三是自发性。天才无法科学地指明自己是如何完成作品的，它是作为自然给出规则的。因此，创造者把作品归功于他的天才，他自己并不知道理念是如何出现在它面前的，就连有意或无意想出这些理念并且在可模仿的规范中将它们传达给别人，也不是他所能控制的。四是天才为美的艺术而不是为科学制定规则。"在科学中最伟大的发明者与最辛劳的模仿者及学徒都只有程度上的区别，相反，他与在美的艺术方面有自然天赋的人却有种类上的区别。"[57]

关于鉴赏与天才的关系，康德特别看重艺术作品中天才的作用。在讨论了天才与审美理念的关系之后，他再次对天才概念作了归纳。

---

[55]　参见康德《判断力批判》，第 150 页；AK V: 306-307。

[56]　康德：《判断力批判》，第 155 页；AK V: 311。

[57]　参见康德《判断力批判》，第 151—153 页；AK V: 307-309。

其一，天才是一种艺术才能，而不是科学的才能，在科学中已明确了解的规则必须先行并规定程序。其二，天才以作品的确定概念即目的为前提，因而以知性为前提，但为了展示这个概念也以关于材料即直观的表象为前提，因而以想象力和知性的关系为前提。其三，天才与其说是实现预定目的时在一个确定概念的展示中，不如说是在为此意图而蕴含丰富的审美理念的表现中显示出来的，从而使想象力呈现为既不受规则约束又合目的地展示概念的能力。最后，想象力与知性合乎法则的自由协和之中不做作、不经意的主观合目的性，是以两种能力的适当比率为前提的，而这不是靠遵循科学规则或机械模仿规则所能做到的，只能由主体的自然（天性）产生出来。在上述意义上，"天才是一个主体在其认识能力自由运用中的禀赋的典范的独创性"。[58]

然而，在天才与鉴赏的关系上，康德反过来强调规则对自由的约束作用。他指出，若问在美的艺术中天才与鉴赏、想象力与判断力何者更重要，只能说后者比前者重要。因为前者使艺术配称为有灵气的艺术，而后者使艺术配称为美的艺术，是不可或缺的条件。为了美起见，理念的丰富与独创并非必需的，必需的倒是想象力在自由中与知性的合法则性相适合。因为想象力的一切丰富性在无法则的自由中所产生的无非是胡闹，而判断力却是使想象力适应于知性的能力。"鉴赏正如一般判断力一样，对天才加以规训（或管教），狠狠地剪掉它的翅膀，使它受到教养或磨砺；但同时它也给天才以引导，知道应当在哪些方面和多大范围内扩展自己，以保持其合目的性……"在一件作品中，若两者不可兼得，则宁可舍弃天才，也要保全判断力，宁可

---

[58]　参见康德《判断力批判》，第162—163页；AK V: 317-318。

牺牲想象力的自由和丰富，也不允许损害知性。"所以，美的艺术需要想象力、知性、精神和鉴赏。"[59]

　　康德这些话是针对狂飙突进运动的激进主张而发的，显得有点过火。天才的概念在18世纪中期英法批评界被广泛使用，借以反对片面强调模仿与规则的新古典主义美学。对此概念在德语世界流行影响甚大的英国诗人、批评家爱德华·杨认为，天才是第二创世者，一个普罗米修斯式的角色，他不模仿古人和别的作家，只模仿自然。天才不受博雅之类规范指导，凭直觉靠神赐的能力直接进行创造。赫尔德曾经指出，鉴赏与天才从来不是对立的，究其本性，它们决不会相互败坏。天才是自然力量的聚集，它出于自然之手并先于鉴赏的形成；若鉴赏只有通过天才即通过迅疾、活跃的自然力量才能产生，它也必须指望在自然力量中持存，否则不过是空气中的一声回响；鉴赏没有天才便不存在，而天才只有滥用其力量才会损害鉴赏；鉴赏是在荒凉的无常之海上驾驭天才力量的船舵。[60] 赫尔德此处所言除了天才与鉴赏孰先孰后之外，其他方面，尤其是关于天才的理解，与康德的观点并无实质区别。不过，由于康德将此论题置于审美自律论的框架内，用以论证审美—艺术不同于认识、道德活动的性质及其先天原则，因而意义深远。

　　康德关于美的艺术的论述草草收场。他区分美的艺术与快适的

---

[59]　参见康德《判断力批判》，第164—165页；AK V: 319-320。

[60]　Cf. Johann Gottfried Herder, "The Causes of Sunken Taste among the Different Peoples in Whom It Once Blossomed", *Selected Writings on Aesthetics*, trans. & ed. Gregory Moore, Princeton and Oxford: University Press, 2006, pp. 309-311, "Introduction" (by Gregory Moore), p. 17.

艺术，是基于他对审美情感性质的认识。他把审美情感理解为无利害的愉悦，不同于感官情感和道德情感，是唯一自由的愉悦。他的美的艺术分类带有随意性。鲍桑葵指出，康德对自己的分类并不十分重视。在各项中，论辩术和园林艺术不应归入美的艺术。前者显然受实用意图支配，后者不处理真正的表现材料。将分类法追溯至此，是因为言语艺术与造型艺术之区已经被奉为一条原则，在以后的德国哲学中一直起着作用，产生了极不自然的结果，困难之一就是不知道该把音乐放在何处。[61] 在造型艺术方面，他把家具制作归入建筑艺术有些离奇，但是他举了细木工的例子，实际触及艺术与手艺之间的含混或重叠地带，这是19世纪后半期工艺美术运动（the Arts and Crafts Movement）关心的主题。他视素描为一切造型艺术的基础，这是常识，但是他将素描的结构性与音乐的结构性相类比，并且把色调、音调本身的表现意味与它们作为绘画和音乐要素所起的作用分开来看，尤其联系他在别处关于几何图形显示的智性的美的论述[62]，他似乎敏感到另一些问题。这些问题跟那个时代的艺术经验毫无关系，可今天看来意义不同。他把园林归入绘画艺术也令人诧异，但是他显然注意到艺术作品的构成方式与呈现或观看方式之间的微妙差别。或者是心不在此，或者由于目力所限，他的这些观点都没有深入下去。康德对天才的论述是划时代的，而他关于鉴赏与天才结合的议论则是小题大做。他试图在正酝酿的古典与浪漫之争前保持折中，事实上却偏向于后者。在他看来，"天才虽然不是同训练和思考毫无关系，却的确是

---

[61] 参见鲍桑葵《美学史》，张今译，商务印书馆1987年版，第363—364页。
[62] 参见康德《判断力批判》，第212、216页。

一种植根于自然中的天赋。它表现出自然的无意识的创造力,并且是美的艺术所特有的器官"。[63] 这个观点在后康德时代持续发酵。例如谢林说:"艺术家……是心不由主地被驱使着创造自己的作品的,他们创造作品仅仅是满足了他们天赋本质中的一种不可抗拒的冲动……激起艺术家的冲动的只能是自由行动中有意识事物与无意识事物之间的矛盾,同样,能满足我们的无穷渴望和解决关乎我们生死存亡的矛盾的也只有艺术。"[64] 在新一代观念论者和浪漫派心里,康德的天才论既是目标也是靶子。

韦尔施(Wolfgang Welsch)论及自美学学科成立到德国浪漫派兴起的观念变化时说,鲍姆嘉通是将美学作为一个贴身婢女引入科学女主人殿堂的,数十年之后,她却从灰姑娘变成认识论的女王。[65] 其间,最重要的环节是康德的审美判断力批判。康德不仅把审美特性阐释为先验的,而且把审美判断力与知性、理性并列为主体自律的能力,从批判哲学的立场论证了其独特的先天原则。从此,审美—艺术独立于认知和道德活动而具有自足的意义,成为现代思想中根深蒂固的信条。后康德时代以降,在主体哲学内部关于美学问题的形形色色的纠葛与争执都与这个地基没有挪动有关。在此意义上,审美自律论可以说是现代美学的真正开端。

---

[63]　鲍桑葵:《美学史》,第362页。

[64]　谢林:《先验唯心论体系》,梁志学、石泉译,商务印书馆1997年版,第266页。

[65]　参见韦尔施《重构美学》,陆扬、张岩冰译,上海译文出版社2002年版,第58—59页。

第三章
审美国家观念

在当代西方思想史界，席勒的《审美教育书简》（1795年）时常为人论及。在这部书简里，席勒提出审美国家观念，用以支撑人性和谐与人类团结的理想。这是一个迄今仍有争议的话题。例如，德曼（Paul de Man）和伍德曼西（Martha Woodmansee）等人指责席勒的审美国家直接或间接地为20世纪德国法西斯主义奠定了基础，或者说它假借美学提出一个总体化的政治意识形态，或者说它促进了一种逃避政治的审美意识形态，使德国知识界对现实政治世界中的危险信号视而不见。[1]伊格尔顿（Terry Eagleton）认为，席勒的思想提供了某种新的资产阶级领导权理论的重要成分，同时也激烈地反对这个新兴社会秩序所造成的精神荒芜。[2]哈贝马斯说："席勒用康德哲学的概念来分析自身内部已经发生分裂的现代性，并设计了一套审美乌托邦，赋予艺术一种全面的社会—革命作用。""席勒把艺术理解成了一种交往理性，将在未来的'审美国家'里付诸实现。"[3]这些议论都是基于论

---

[1] Cf. David Aram Kaiser, *Romanticism, Aesthetics and Nationalism*, Cambridge: Cambridge University Press, 2004, pp. 39-41.

[2] 参见伊格尔顿《美学意识形态》（修订版），王杰、付德根、麦永雄译，中央编译出版社2003年版，第102页。

[3] 参见哈贝马斯《现代性的哲学话语》，曹卫东等译，译林出版社2004年版，第52页。术语有改动（Cf. Jürgen Habermas, *Der Philosophische Diskurs der Moderne*, Frankfurt am Main: Suhrkamp Verlag, 1985, S.59）。

者自己的立场和问题。本章试图厘清审美国家观念的由来、意图及论证结构，在此基础上探究其多重解释的可能性与限度。

第一节　哲学人类学路线

席勒《审美教育书简》是一部政治学文献[4]，这毫无疑义，问题在于它提出的是何种政治理论。第二封信开头写道："当今，道德世界的事务有着更切身的利害关系，时代的状况迫切地要求哲学精神探讨所有艺术作品中最完美的作品，即研究如何建立真正的政治自由。"[5] 把自由政治制度叫做艺术作品并非隐喻。所谓"艺术"包含两层意思：一是传统的概念，即技艺。康德也说过，人的两项发明可视为最困难的——统治艺术和教育艺术。[6] 席勒试图将二者置于同一论题之下去处理。二是晚近的用法，指美的艺术。在此，席勒选择了一条僻径，"为审美世界寻找一部法典"。他替自己选择所做的辩护沿袭康德美学中的人类学路线。[7] 稍微不同的是，席勒的写作适逢法国革命血雨腥

---

[4] Cf. Josef Chytry, *The Aesthetic State: A Quest in Modern German Thought*, Berkeley: University of California Press, 1989. p. 77.

[5] 席勒：《审美教育书简》，冯至、范大灿译，《席勒经典美学文论》，生活·读书·新知三联书店 2015 年版，第 208—209 页。

[6] 参见康德《教育学》，《康德著作全集》第 9 卷，中国人民大学出版社 2013 年版，第 446 页。

[7] 关于康德美学所包含的两条论证路线即先验哲学证明与人类学证明的论述，参见本书第一章。

风之际，普遍的幻灭感让他相信："人们在经验中要解决的政治问题必须假道美学问题，因为正是通过美，人们才可以走向自由。"[8]

查特里（Josef Chytry）指出，席勒的思想从属于主导法国革命一代的本体与政治自由问题的大脉络，而他羞于谈论具体社会政治问题是魏玛审美人文主义的通例。席勒的审美国家受温克尔曼的希腊世界观激发，在维兰德、赫尔德和歌德为首的魏玛审美人文主义者圈子里孕育产生。查特里将此观念生成概括为三步：基本形态（温克尔曼的雅典）、准审美社群（歌德的魏玛）以及席勒的审美国家论。[9]这一思想史线索对理解审美国家的概念意义和理论性质十分重要。

审美国家（ästhetische Staat）一词出现在书简末尾，即第二十七封信的后半部分，同义语有：审美假象王国（Reich des ästhetischen Scheins）、游戏和假象王国（Reich des Spiels und des Scheins）、美的假象王国（Reich des schönen Scheins）、美的假象国家（Staat des schönen Scheins），此外，还有美的王国（Reich der Schönheit，第二十三、二十六封信）。从这类用法看，席勒无意在国家（Staat）和王国（Reich）之间做出区分。与审美国家或游戏和假象王国并举的有两个概念：一个是法权动力国家（dynamische Staat der Rechte）或力的王国（Reich der Kräfte），另一个是义务伦理国家（ethische Staat der Pflichten）或法则王国（Reich der Gesetze），分别对应于第三封信里提到的自然国家（Naturrstaat）和德治国家（sittlicher Staat）。[10]拜泽尔（Frederick C. Beiser）对几组概念作过分

---

[8] 席勒：《审美教育书简》，《席勒经典美学文论》，第 211 页。

[9] Cf. Josef Chytry, *The Aesthetic State: A Quest in Modern German Thought*, pp. xii-xiii, p. 70.

[10] 参见席勒《审美教育书简》，《席勒经典美学文论》，第 212—216、（转下页）

析。"他（按：指席勒）把自然国家描述成一个法权国家，因为人人都要求追求自己利益而不受他人干涉的权利。这些权利是凭借法律通过惩罚违法者来行使的。席勒称此国家为'动力的'，因为它关乎自然力。自然力有两种：驱使个人相互联系的需要和用于执法的强制。动力国家只涉及个人的外在行动，不涉及其动机或性格。"伦理国家大体就是康德所谓"目的王国"。目的王国，按《道德形而上学奠基》中的界定，"指的是不同的理性存在者通过共同的法则形成的系统联合"。目的王国有两条根本原则。其一是定言命令的第二个公式：每一个理性存在者应当被始终当作目的而绝不仅仅当作手段来对待。其二是定言命令的第三个公式，即自律的原则：每一个理性存在者都应当依照可以成为普遍法则的准则行动。自律的本义是自己立法、自己遵守，在目的王国里，人人都是立法者，也是臣民。"动力国家的统治原则是力，伦理国家的统治原则是道德法则，而审美国家的统治原则是趣味。"[11]以上分析颇为简洁，但忽略了康德赋予目的王国的神学意义，而席勒的思考正是从扬弃康德的道德目的论开始的。

（接上页）332、356、369—372 页（GE: 10-15, 164-165, 196-197, 214-219）。引文依据德英对照版（German text and English translation，简称"GE"）《审美教育书简》（Friedrich Schiller, *On the Aesthetic Education of Man in a Series of Letters*, edited and translated with an introduction, commentary and glossary of terms by Elizabeth M. Wilkinson and L. A. Willoughby, Oxford: Clarendon Press, 1967, reprinted in 1982）作了改动。以下该著引文凡有改动的，先标注中译本出处，并附原文页码。

[11]　Cf. Frederick C. Beiser, *Schiller as Philosopher: A Re-Examination*, Oxford: Clarendon Press, 2005, pp. 162-163. 另参见康德《道德形而上学奠基》，杨云飞译、邓晓芒校，人民出版社 2013 年版，第 69—80 页。

席勒认为，人生来就在国家里。在人做出自由选择之前，强制力按自然法则将他置于自然国家之中。自然国家源于力，受盲目的必然支配，此时人只是物质的人，待理性养成后，道德的人凭借理性在其人格中提出的至高无上的终极目的（Endzweck），通过自由选择，把各自独立地位换成彼此间的契约地位。"一个已经成年的民族把它的自然国家改组成为道德国家的尝试，就是这样产生并取得正当性的。"[12] 在此，席勒对康德的道德目的论做了历史化处理。道德目的论旨在解决自然与自由最终统一的问题。康德所谓"终极目的"指的是至善的理想，即幸福与德性的协和一致。在他看来，一方面，终极目的只能系于作为道德存在者的人，"唯有在人之中，当然只在作为道德主体的人之中，才能见到关于目的的无条件立法，因此唯有这种立法才使人有能力成为终极目的，整个自然在目的论上从属于它"；另一方面，至善唯有在作为目的王国的立法首领（至上根据）的原始存在者的统治下才是可能的，由此建立起一种道德神学："道德神学（伦理学神学）是从自然中的理性存在者的道德目的（能够先天地认识）推论出那个至上原因及其属性的尝试。"[13] 席勒对道德神学不置一词，反倒接续了康德之前提出的人类学方向。康德在自然目的论的范围内推定自然的最后目的是人的文化。"一个理性存在者一般地（因而以其自由）对随便什么目的的适宜性的生产，就是文化。"但是，并非任何文化都能够提升理性存在者对道德目的的适宜性。熟巧

---

[12]　参见席勒《审美教育书简》，《席勒经典美学文论》，第 213—214 页；GE: 10-13。

[13]　参加康德《判断力批判》，邓晓芒译、杨祖陶校，人民出版社 2002 年版，第 292—295、301—302 页；AK V: 434-436, 443-444。

的文化是适宜于提升目的的最重要的主观条件，却不足以促进意志去规定和选择自己的目的。熟巧必得借人们的不平等才能在其族类中得到发展，为了对付交互冲突的自由所造成的损害，需要人与人相互关系中的法制状态，即公民社会乃至世界公民整体的强制或约束。此外，还有一种管教的文化，它对爱好加以规训，把意志从欲望的专制中解放出来，让人可以接受比自然本身所能提供的更高的目的。"美的艺术和科学通过某种可普遍传达的愉快，通过在社交方面的磨砺与文雅化，即便没有使人在道德上更善，却使人文明起来，从而远胜于感官偏好的专制，由此使人对一个唯有理性才有权力施行的统治作好准备……并让我们感到隐藏在心中的对更高目的的适宜性。"[14] 康德此番议论游离于先验哲学意图之外，且语焉不详，而席勒接过这个话题，开拓出一条以审美和艺术为人性教育手段的思想道路，因而成为后启蒙时代审美论的真正源头。

席勒试图借助上述人类学视角来分析审美经验，并融入现实批判的内容，提出一种社会改造理论。为此，他对康德的原则做了两点修改：一是坚持人性二元论，把在先验哲学范围内讨论的至善理念弃于一边，去除了道德目的论的神学尾巴。席勒所谓"终极目的"指的是自由的理智（freie Intelligenz），具有道德的必然性，却没有现实性。所以，他宣称：物质的人是现实的，而道德的人是悬拟的（problematisch）。[15] 二是将康德的道德哲学论题转换为社会政治哲学论题。在康德，道德世界、道德王国、目的王国、恩宠之国是同义

---

[14] 参见康德《判断力批判》，第 287—291 页；AK V: 429-434。

[15] 参见席勒《审美教育书简》，《席勒经典美学文论》，第 213—215 页；GE: 10-13。

语,通常与自然王国相对而言。"在自然王国中,有理性的存在者虽然从属于道德法则,但除了依照我们感官世界的自然进程外,不指望其行为有任何别的结果。"道德世界是"与一切道德法则相符合的世界(如同它按照理性存在者的自由而能够是的那样,以及按照道德性的必然法则所应当是的那样)"。这个理知的世界概念抽掉了一切道德阻碍——爱好或人类本性的软弱与不纯正,在此世界中,德性与幸福成比例配置的至善理念被设想为必然的。[16]席勒把康德在道德目的论意义上使用的王国一词变成了政治理论中的世俗国家概念。于是,自然国家等同于物质社会,德治国家等同于道德社会。席勒认为,自然国家适宜于物质的人,他给自己制定法则与力相适应;德治国家系于道德的人,只是理想。若要废弃前者代之以后者,"就得为了悬拟的道德的人而牺牲现实的物质的人,就得为了一个仅仅是可能的(纵使道德上必然的)社会的理想而牺牲社会的存在"。"这样,人还没有来得及用自己意志紧握法则,理性就已经从人脚下把自然的梯子撤走了。"言语之间流露出对道德乌托邦和革命的恐惧。他把社会改造比喻为修理钟表,而修理国家这架活的钟表必须让它走动,在机器转动的情况下更换齿轮,"绝不可为了人的尊严而使人的生存陷入险境"。因此,必须在人的自然性格与道德性格之外造就第三种性格,"为不可见的道德性提供感性的保证","开辟从纯粹力的统治过渡到法则统治的通道"。[17]

---

[16] 参见康德《纯粹理性批判》,邓晓芒译、杨祖陶校,人民出版社2004年版,第614—616页;AK III: 524-527。

[17] 参见席勒《审美教育书简》,《席勒经典美学文论》,第214—216页;GE: 12-15。

席勒的政治理论是改良主义的，基于其人类学或人性论立场。他坚持二元论，认为人既有感性天性，又有理性天性，由此产生两种相反的力：感性冲动和形式冲动。"监视这两种冲动，确定它们各自的界限，是文化（教养）的职责。"[18] 席勒对康德的道德论持怀疑态度。"在康德的道德哲学中，义务的理念表现出一种严酷无情，它吓跑了所有妩媚女神，而且可能轻而易举地就诱使软弱的知性，在黑暗的和修道士的禁欲道路上去寻找道德的完美。"席勒觉得，康德的自由精神固然遭人曲解，而他把影响意志活动的两种原则严苛对立起来，恰好为这种曲解提供了有力的理由。[19] 康德认为，人是理性存在者，又是受爱好或感性动因刺激的存在者。在人身上能够预设一个纯粹意志，却不能预设任何神圣意志。神圣意志属于作为最高理智的无限存在者。所以，道德法则示人以定言命令的形式，意味对行动的强制，依此行动就叫做义务。[20] 席勒指出，人的意志所作的规定永远是偶然的，意志在义务和爱好之间是完全自由的，只有在绝对存在者那里物质的必然与道德的必然才能是吻合的。[21] 席勒所提到的对康德严格主义的指责或曲解都是在狭义的道德哲学领域发生的，而他则把质疑带入人与国家关系之中，亦即将康德在主体内部讨论的问题引向主体之间。国家旨在以客观的标准的形式把各个主体的多样性统成一体，有

---

[18] 参见席勒《审美教育书简》，《席勒经典美学文论》，第266—269、272—273页；GE: 78-81, 84-87。

[19] 参见席勒《秀美与尊严》，《席勒经典美学文论》，第156—157页。

[20] 参见康德《实践理性批判》，邓晓芒译、杨祖陶校，人民出版社2003年版，第42—43页；AK V: 32。

[21] 参见席勒《审美教育书简》，《席勒经典美学文论》，第218页。

两种可能的方式：或者是国家消除个体，纯粹的人制服经验的人；或者是个体变成国家，时代的人净化成观念的人。在片面的道德评价中，只要理性的法则无条件地生效，理性就满足了；但在完全的人类学评价中，活生生的感觉同样重要。"倘若道德性格只靠牺牲自然性格来保持自己的地位，那就证明还缺乏教化；倘若一部国家宪法只有通过泯灭多样性才能促成一体性，那样的宪法就还是非常不完善的。"理想的国家应当兼顾理性的法则与自然的法则，既成就人的道德性格，又保全其自然性格。实现这个理想要靠教化，唯有在教化的基础上，理性所要求的一体性与自然所要求的多样化才能相容于社会，促进人性的全面发展。"因此，只有在有能力和有资格把强制国家变换成自由国家的民族里才能找到性格的完整性。"[22]

席勒将社会改造的目标寄托于通过教化塑造完全的人，是因为他把个体的成长等同于民族乃至人类的自我完善。人始于感性，终于理性，从限制走向无限。"因此，感性冲动发生作用比理性冲动早，因为感觉先于意识。感性冲动先行这一特点，是我们了解人的自由的全部历史的钥匙。"正如他借钟表之喻宣示过的，为了在社会改造中不出现断裂，必须发明第三种性格，现在他将感性向理性的过渡比作天平：天平盘空着时是平衡的，两边放着重量相等的东西也是平衡的。这是一种中间状态："如果我们把感性规定的状态称为物质状态，把理性规定的状态称为逻辑和道德状态，那么，这种实在的主动的可规定性状态就必须称为审美状态"。他特别解释道，一切出现于现象中的事物，都可以按它和主体的四种关系来考虑：或者与感性状态（生

---

[22] 参见席勒《审美教育书简》，《席勒经典美学文论》，第218—222页；GE: 16-23。

存和健康）有关，这是其物质状态；或者与知性相关，是其逻辑性质；或者与意志相关，是其道德性质；此外，还可能与各种力的整体相关，这是其审美性质。于是，教育分为四种，健康教育、知性教育、道德教育以及趣味和美的教育，"最后一种教育的意图是在尽可能的和谐之中培育我们感性与精神的力的整体"。[23]

如此，现实社会政治问题就变成了人的审美教育问题。席勒并没有抽去题中应有的历史内容，只是沿着人性论方向作了简化处理，进而走上一条现代性审美批判与重建之路。

第二节 现代性批判与重建

席勒把现时代描绘成一个自然国家的基础正在崩溃而自由政治的道德条件尚未形成的时代。"时代精神徘徊于乖戾与野蛮、矫饰与粗鄙、迷信与无信仰之间，暂时还能抑制这种精神的，仅仅是恶之间的平衡。"[24] 席勒对时代精神的批判是刻薄的，却并不消极。在他看来，现代人更像一切处于文明进程中的民族，在通过理性返回自然之前，必然会由于拘泥理性而脱离自然。他拿现代人与希腊人相比。希腊人不仅具有我们时代所缺少的纯朴，甚至在我们自以为独擅的艺术

---

[23] 参见席勒《审美教育书简》，《席勒经典美学文论》，第 314—317 页；GE: 138-143。

[24] 同上书，《席勒经典美学文论》，第 221—226 页；GE: 24-29。

（人为）方面也可以成为我们的榜样。他从认识论和伦理学角度解析温克尔曼的希腊世界与现代世界的差别，认为希腊人是整体论和有机论的，而现代人是还原论和机械论的。"前者的形式得之于结合一切的自然，后者的形式得之于区分一切的知性。"席勒辩证地看待现代科学进步与社会发展的后果，他的批判只针对这些变化所导致的个体心性解体的弊病。一方面经验扩展和思维确定性要求精密的科学划分，另一方面国家功能的复杂化也要求严格划分等级和职业，但是，这也扯断了人的天性的内在联系，分裂了本来处于和谐状态的人的各种力量。"直觉知性和思辨知性敌对地分布在各自不同的领域，怀着猜疑和嫉妒守护各自领域的界限。"[25]

席勒的现代性批判集中于国家组织形式、角色伦理和科层制，涉及后来马克思主义者关心的异化问题。首先是人的社会生活的瓦解。现代国家是一个由无数没有生命的部分组成的机械生活整体。国家与教会、法律与习俗分裂开来，享受与劳动、手段与目的、努力与报酬相互脱节；每个人都是束缚在整体上的碎片："他耳朵里听到的永远只是他推动的那个齿轮发出的单调乏味的嘈杂声，他永远不能发展他本质的和谐。"为了勉强维持整体的抽象，个别的具体的生活被逐渐消灭；国家对于公民成为无法感知的异己之物，治人者与治于人者冷漠相待；积极的社会交往因无助而萎靡，继之以道德的自然状态。[26]席勒讲的这个今天看来有点老生常谈的人类堕落的寓言，道出了后启蒙时代人的自我意识：现代人是孤独的个人。与此相应的是人性的割

---

[25] 参见席勒《审美教育书简》，《席勒经典美学文论》，第 227—230 页；GE: 30-33。

[26] 同上书，《席勒经典美学文论》，第 230—233 页。

裂。要发展人的各种禀赋，除了使它们彼此对立，别无他法。人身上的力，纯粹知性、经验知性、想象力乃至理性，都企图独自立法，穷尽事物的真理。力的片面运用虽不免把个体引向迷误，却将人类引向真理。只有把全部精力聚焦于一点，把整个生命汇集于一种力，才能引导这种力越过自然为其所设的限制。若不是理性在某个主体身上独立出来，脱离一切物体，用极度抽象武装主体的目力使其瞥见无条件者，人的思维力绝不会创立微分学或纯粹理性批判。然而，力的分割培育虽有益于世界整体，却给相关个体带来痛苦。某种精神力的充分发挥固然可以造就非凡之人，但唯有所有精神力的均衡调和才能造就幸福而完全的人。人不可能注定得为了某种目的而忽略自己，自然也不可能为了自身目的就夺走理性为此的目的给人规定的完善。所以，需要一门教育的艺术来恢复被人为破坏的我们天性中的完整性。[27]

他把现时代理解为启蒙了的时代：知识已经发现并交给了公众，足以纠正我们的实践原则；自由探索精神已经消除了堵塞通向真理的虚妄概念，根除了狂热与欺骗；理性已经拆穿了感官错觉和诡辩伎俩；哲学最初曾让我们背弃自然，如今又热切地要我们回归自然。可是，为何偏见的统治还如此普遍，人的头脑还如此昏庸？有何心障阻碍人去接纳真理？他引用贺拉斯的一句话："sapere aude"（勇于

---

[27] 参见席勒《审美教育书简》，《席勒经典美学文论》，第235—237页；GE: 40-43。关于人的禀赋的片面发展，康德曾经表达过这样的观点：人身上旨在运用其理性为自己带来幸福或完善的自然禀赋，只应在类而非个体之中充分得到发展；自然用以发展其全部禀赋的手段就是它们在社会中的敌对，直到这种敌对最终导致一种合法则的秩序（参见康德《关于一种世界公民观点的普遍历史的理念》，李秋零译，《康德著作全集》第8卷，第23—38页；AK VIII: 17-31）。

为智）。[28] 康德在《回答这个问题：什么是启蒙？》（1784年）中说："启蒙是人类走出其自我招致的未成年状态。未成年状态即不经他人引导就无力运用自己的知性。若原因不在于缺乏知性，而在于不经他人引导就缺乏决心与勇气运用之，此种状态就是自我招致的。sapere aude！要有勇气运用你自己的知性！这就是启蒙的格言。"[29] 在席勒看来，要克服由怠惰和怯懦造成的承受教化的障碍，必须有勇气与感官和谬误进行斗争。一切知性启蒙仅仅因为回溯到性格而赢得尊重是不够的，还必须从性格出发，打通由心及脑的道路。因此，培育感觉能力是时代更为紧迫的需要。[30] 启蒙不止是知性的觉醒，还须有感受方式的革命。

席勒提出一种关于现代心性的哲学人类学学说。他认为，在人身上可以抽象出两个终极概念：一是持久不变的人格（Person/Persönlichkeit），一是变动不居的状态（Zustand）。人格与状态是康德针对人作为智性实体所做的区分。他在理论哲学中联系笛卡尔的"我思"命题讨论过这对概念，并且将人格界定为超时间的心理同一性。在道德哲学里，他通过与二者的关系来分辨实践规则的不同性质：践行的实践规则关系人格，制止的实践规则关系人的状态，例外的实践规则涉及人与他人的交互关系。这里的人格是指道德禀赋。两个人格概念的差别在于：道德人格是一个理性存在者在道德法则之下的自由，心理学的人

---

[28] 参见席勒《审美教育书简》，《席勒经典美学文论》，第242—244页；GE: 48-51。

[29] 康德：《回答这个问题：什么是启蒙？》，李秋零译，《康德著作全集》第8卷，第40页；AK VIII: 35。

[30] 参见席勒《审美教育书简》，《席勒经典美学文论》，第244—245页。

格是意识到自身在其存在的不同状态中的同一性的能力。[31]席勒综合人格的两方面,并且联系上文提到的神圣意志与纯粹意志之分以及费希特的自我概念展开论述。他指出,人格与状态,自我及其规定,在必然存在者或绝对主体中是一体的,而在有限存在者身上是分开的。对人而言,人格保持恒定,状态却在改变。"我们存在,并不是因为我们思考、意愿、感觉;也不是因为我们存在,我们才思考、意愿、感觉。我们存在,是因为我们存在;我们感觉、思考和意愿是因为在我们之外还有些别的存在。"席勒把人的存在与人的意识分离开来。人格基于一个绝对的以自身为根据的存在的理念,即自由。状态不是由人格生成的,只是随之而起的依附性存在;它基于变化所需要的条件,即时间。神性是永恒不变的。人是恒定与变化的结合体,但在其人格中带有趋向神性的禀赋,以昭示一切可能事物之现实性与显现一切现实事物之必然性为己任,不过这条通往神性的无尽之路是在人的感性中开启的。[32]

席勒指出,我们受两种力或冲动驱使去完成这双重任务:使我们身内的必然转化成现实,让我们身外的现实服从于必然的法则。其一是感性冲动。它源于人的物质存在或感性天性,使人成为质料,用变化或实在填充时间。此种状态叫做感觉。其二是形式冲动,来自人的绝对存在或理性天性。它使人得以自由,在千变万化的状态中保持人

---

[31] 参见康德《纯粹理性批判》,第288—303、319页;《实践理性批判》,第90—91页;《纯然理性界限内的宗教》,李秋零译,《康德著作全集》第6卷,中国人民大学出版社2013年版,第25—26页;《道德形而上学》,张荣、李秋零译,同前书,第231页。

[32] 参见席勒《审美教育书简》,《席勒经典美学文论》,第260—265页;GE: 72-77。

格。它扬弃时间和变化，要求真理与法权。[33] 在他看来，这两种冲动是矛盾的，但并不针对相同的对象，不可能彼此冲突。感性冲动无意把变化原则扩展到人格领域，形式冲动也不要求状态恒定和感觉同一。文化（教养）给予两者同样的合法性，使之互不僭越：既防止感性受自由的干涉，又确保人格不受感性的支配。前一方面要靠培育感觉能力，后一方面要靠培育理性能力。[34] 席勒认为，两种冲动之间和谐的本源的人性理念，唯有在人的生存臻于尽善尽美之际才能实现，人在时间进程中能够越来越接近它，却永远不会达到。他随即提出一个设想：假使在某个场合，人同时有了双重经验，既意识到自己的自由又感觉到自己的生存，既觉得自己是质料又明白自己是精神，就会在身内唤起一个新的冲动，即游戏冲动。它指向的目标是："在时间中扬弃时间，使生成与绝对存在、变化与同一相协调。"席勒将所有弥合人性分裂的功能赋予游戏冲动，落脚点在心理学。康德比较愉悦情感之不同性质时说：快适是使人快乐，美只是使人喜欢，善是让人尊敬、赞成；三者分别与爱好、惠爱、敬重相关联。席勒说得更曲折："当我们怀着情欲去拥抱一个理应鄙视的人时，我们痛苦地感到自然的强迫；当我们敌视一个我们不得不敬重的人时，我们痛苦地感到理性的强迫。但是，如果一个人既赢得我们的爱好，又博得我们的敬重，感觉强制与理性强制就消失了，我们开始爱他，也就是说，我们的爱好与我们的敬重同时一起游戏。"[35] 这是一条现代人自我救赎的窄路。

---

[33] 参见席勒《审美教育书简》，《席勒经典美学文论》，第 266—269 页；GE: 78-81。

[34] 同上书，《席勒经典美学文论》，第 272—273 页；GE: 84-86。

[35] 参见席勒《审美教育书简》，《席勒经典美学文论》，第 278—282 页；GE: 94-99；康德《判断力批判》，第 44—45 页。

第三节　审美乌托邦

席勒指出,感性冲动的对象是生活(Leben),指一切质料存在以及一切直接呈现于感官的东西。形式冲动的对象是形象(Gestalt),包括事物的一切形式特性以及事物对思维力的一切关系。游戏冲动的对象,可称之为活的形象(lebende Gestalt),指现象的一切审美特性,即广义的美。美作为人性的完满实现,既不是纯粹的生活,也不是纯粹的形象;它是两种冲动的共同对象,亦即游戏冲动的对象。康德曾经把游戏(Spiel)解释成审美判断中知性与想象力协调一致的自由情感状态。席勒依日常语用将游戏界定为"一切在主观和客观上皆非偶然却不受外在与内在强迫之事",进而指出,在游戏即美的直观中,心灵处在法则与需要的中间位置,它分身于二者之间,又摆脱了双方的强制。人对快适、善、完善是严肃的,却与美游戏。"只有当人是完全意义上的人,他才游戏;只有当人游戏时,他才是完整的人。"席勒说,这个道理将支撑起审美艺术乃至生活艺术的大厦。它在希腊人的情感中早已存在并起着作用。"不管是自然法则的物质强制,还是道德法则的精神强制,都由于希腊人更高的必然性概念而消失了,这个概念同时包括两个世界,而希腊人的真正自由就是来自这两个世界的必然性之统一。"[36]

---

[36]　参见席勒《审美教育书简》,《席勒经典美学文论》,第 283—290 页;GE: 100-109。

所谓"真正自由"指的是审美自由。席勒把从自然国家转变为伦理国家等同于物质状态向道德状态的过渡，进而化约为感觉向思维、感性向理性的过渡。心灵从感觉过渡到思维需要经过一个中间心境，在此心境中，感性和理性同时活动，心灵既不受物质的强制也不受道德的强制，因而是一种自由心境，即审美状态。[37]感性的人要成为理性的人，首先必须成为审美的人。文化（教养）之要务是在美的王国所及的范围内造就审美的人。"人要想有能力而且有本领从自然目的的狭窄圈子里把自己提高到理性目的的高度，他必须在受自然目的支配的时候就已经为了适应理性目的而训练自己，必须以一定的精神自由——即按照美的法则——来实现他的物质规定。"[38]无论个体或人类的发展都要依次经历三个阶段：物质状态、审美状态和道德状态。"人在物质状态中只承受自然的力量，在审美状态中他摆脱了这种力量，在道德状态中他控制了这种力量。"物质状态即霍布斯意义上的自然状态，席勒将其理解为人类学现象：人从来就没有完全处于这种动物状态，也从来没有完全脱离这种动物状态，因为一切人的天性中都同时包含最高级的理性自由和最低级的动物性。他据此对康德提出的旨在确证至善之实践可能性的三个公设——自由、不朽、上帝存在表示怀疑。席勒指出，人性要靠人的自由来决定，理性在人身上被辨认出来缘于它要求绝对，其本意是让人挣脱时间的限制，从感性世界上升到理念世界。然而，理性的首次出现却使人的感性依赖性变得没有了边界。由于感性统治时代不可避免的曲解，理性的要求会指向物

---

[37] 参见席勒《审美教育书简》，《席勒经典美学文论》，第316页；GE: 140-141。
[38] 同上书，《席勒经典美学文论》，第329—332页。

质生活，不是使人独立，而是让人陷入奴役之中。这种冲动，若用于思维和行动会把人引向真理和道德，而当人处在动物状态时，只能产生无尽的欲念或需要。所有无条件幸福的体系都由此而来，无论其对象是今朝，还是一世或永恒。在此情形下，道德法则仅仅在禁止和反对感性自爱的兴趣（利益），从而被认作外在的东西。人只感到理性的强制和自己臣仆式的反抗，觉察不出理性赋予的无限自由与身为立法者的尊严，所以在解释道德现象时不免走上一条寻找神性而舍去人性的道路。基于这种现实感，席勒对康德所谓"道德神学"或者不理解，或者不以为然。他说："毫不奇怪，那种以抛弃人性为代价的宗教就是这样起源的，人也不认为那些并非系于永恒的法则具有无条件的永恒的约束力。人面对的不是一个神圣的存在，只是一个强力的存在。因此，他的崇神精神是使他卑下的恐惧，而不是提升自我评价的敬畏。"[39]

席勒的质疑针对道德目的论的非历史倾向，他保留了批判哲学关于自然与自由、感性与超感性的区分，但是排除了康德式的道德论出路，代之以审美论的解决方案。他指出，审美心境是自然的赠予，凭借偶然机缘，感官与精神、感受力与创造力才得以均衡发展，从而构成美的灵魂和人性的条件。审美心境产生了自由，而不是出于自由或源于道德。人摆脱动物状态进入人性状态的标志是：喜爱假象（Schein），爱好装饰与游戏。对审美假象的兴趣是人性的真正扩展和人迈向文化（教养）的决定性一步。这首先证明了外在的自由，亦即

---

[39] 参见席勒《审美教育书简》，《席勒经典美学文论》，第335—343页；GE: 170-181。康德的有关论述，参见《实践理性批判》，第180—183页。

想象力不受需要约束的自由;其次,也证明了内在的自由,即主体自主、自决的力量。"物的实在是(物)自己的作品,物的假象是人的作品。一个欣赏假象的人,不再以他接受的东西为快乐,而以他创造的东西为快乐。"审美假象不同于逻辑假象。逻辑假象把自身混淆于实在和真理,只是欺骗。审美假象决不等同于实在和真理,把假象当作假象来欣赏才是游戏。审美假象是正直的,它公开放弃对实在的一切要求;同时又是自主的,它不需要实在的任何帮助。只在一种情况下,人拥有假象世界的主宰权:在理论上绝不把假象当作实存,在实践中绝不把假象加于实存。"不论在哪个个人或哪个民族身上,有正直而自主的假象就可以断定他们有精神、趣味以及与此有关的一切优点——在那里,我们将会看到支配现实生活的理想,看到荣誉战胜财产,思想战胜享受,永生的梦想战胜生存……"[40]席勒认为,审美的创造冲动能够在力的王国与法则王国之间,建立起一个游戏和假象的王国,使人摆脱一切强制:"如果说,在法权动力国家中,人与人以力相遇,人的活动受到限制,而在义务伦理国家中,人与人以法则的威严相对立,人的意愿受到束缚,那么在美的交往范围内,即在审美国家中,人与人只能作为形象彼此相见,人与人只能作为自由游戏的对象相互对立。通过自由给予自由是这个国家的基本法则。"

至此,席勒却突然止步了。书简最后写道:"但是,真的存在这样一个美的假象国家吗?到哪里去找?按照需要,它存在于每一个优雅的灵魂中,而实际上,就像纯粹的教会和纯粹的共和国一样,人们

---

[40] 参见席勒《审美教育书简》,《席勒经典美学文论》,第 351—358 页;GE: 190-199。

大约只能在少数选众圈子里找到——在那里，指导行为的，不是对外来习俗的笨拙模仿，而是自己美的天性；在那里，人以勇敢单纯和宁静天真因应纷繁世事，既不必为了维护自己的自由去损害别人的自由，也不必为了显示优美而丢弃尊严。"[41]

第四节　审美与政治之辩

如拜泽尔指出的，《审美教育书简》以乌托邦图景结束有些突兀。之前，席勒孤立地谈论理想的人，仿佛它是自足的，现在却说，其本性须在审美国家中实现。"尽管席勒倾向于自由主义，不信任政府权力，但他仍认为个人是政治动物，只有在社会和国家里才能实现其本性。就此而言，我们也应把席勒归入共和主义传统。"[42] 席勒匆匆勾画审美乌托邦之后戛然而止，尤其令人费解。整部书简始终透着一种现实感，但是面对时代迫切的政治议题，席勒不愿像世人那样在经验中纠缠，而宁肯以康德主义的方式提出问题：人如何配当政治自由？具体说，如何培育自由的人性？于是，政治自由问题就被置换成了介于形而上学和心理学之间的意志自由问题。这是两个性质不同的问题，后者关涉主体，前者关乎主体之间。政治自由或社会自由，按密

---

[41]　参见席勒《审美教育书简》，《席勒经典美学文论》，第 362—372 页；GE: 204-219。

[42]　Cf. Frederick C. Beiser, *Schiller as Philosopher: A Re-Examination*, pp. 161-162.

尔（John Stuart Mill）的说法，指的是社会所能合法地施用于个人的权力的性质和限度。[43] 康德在晚年的《道德形而上学》中论述了自由与法权的关系，这里的自由是指主体外在运用的自由，有别于道德自由，在此意义上，"法权是一个人的任意能够在其下依据一条普遍的自由法则与另一个人的任意相一致的条件的总和"，"严格的法权也可以表述为与每个人依据普遍法则的自由相一致的普遍交互强制的可能性"。[44] 此书在席勒写作书简时尚未出版。席勒依据批判哲学中的自由概念来讨论审美与政治自由的关系，其间有一个理论错位，最后他似乎意识到从意志自由是推论不出政治自由的。

康德批判哲学至少提出三种自由概念。其一，先验的自由是宇宙论意义上自行开始一个状态的能力，属于纯粹先验理念，与经验毫无关系。其二，实践的自由是自由的任意（Willkür），即独立于感性冲动的强迫、仅仅由出自理性的动因来规定的任意，可以做进一步区分：消极的自由概念是任意不受感性冲动规定的独立性，积极的自由概念是意志（Wille）自律。任意是选择的能力，与行动相关；意志是立法的能力，亦即实践理性本身。接着，康德陷入矛盾之中。他一面说，善与恶是人的自由任意（选择）的结果，否则便无从归责；一面又说，"任意自由的概念，并不先行于对我们心中的道德法则的意识，而仅仅从我们的任意可由作为无条件命令的道德法则所规定推论出来的"。事实上，前者康德只在讨论道德归责时坚持，后者是他的一贯见解。他认为，任意的自由不能界定为遵守或违反法则去行动的选择

---

[43] 参见密尔《论自由》，许宝骙译，商务印书馆2005年版，第1页。

[44] 参见康德《道德形而上学》，《康德著作全集》第6卷，第238—240页；AK VI: 230-232。

能力，自由绝不能理解为理性主体能够做出与其立法理性相冲突的选择，因此两个自由概念是相容的。最后是审美自由，指鉴赏判断中认识能力之和谐的自由的愉悦。[45]

康德自由理论是《审美教育书简》的基石，不过席勒似乎无心料理其中的复杂纠葛，只是勉强分殊自由概念的多重含义，有时不免缠绕。当他说人的道德性格是自由的并且从未显现过，自由是自然的作用而非人的作品，不受任何东西影响[46]，他显然认可自由的先验性质。而他真正关心的，首先是道德自由，他特别强调这种自由与政治自由的实质联系；其次是审美自由，他试图凭借对审美自由的创造性解释，沟通前两者。席勒选择这条道路，是因为他对自由还有一层独特的认识。在《论崇高》（1801 年）中，他借用莱辛诗剧《智者纳坦》里的一句台词来形容他所理解的自由："没有人必须接受必须。"人是有意志的存在者，理性是意志的永恒规则。自然是按理性运行的，一切别的事物都得接受必须，唯有人通过意识和意志依据理性行动。因此，强制是与人性相违背的。强制或者来自外部，是别人加于我们的；或者来自内部，即出于懦弱。自由的本义是不受强制。可惜，人在力的王国中并不居于至尊地位。虽然他可以通过知性提升自己的力量，面对死亡却无能为力，仅凭这一点，自由便是虚无。但是，文

---

[45] 参见康德《纯粹理性批判》，第 433—434、610—611 页；《纯然实践理性界限内的宗教》，《康德著作全集》第 6 卷，第 44、50 页（AK VI: 44, 50）；《道德形而上学》，同上书，第 220、234 页（AK VI: 213-214, 226）；《判断力批判》，第 45、53 页。关于康德自由理论较详细的讨论，可参见本书第一章。

[46] 参见席勒《审美教育书简》，《席勒经典美学文论》，第 215—216、314 页；GE: 14-15, 138-139。

化（教养）会让人重获自由，帮助人实现其全部概念，就像《审美教育书简》里说的，自由能够靠自然手段通过给人以完全性得到恢复。有两种方式：一是现实主义的，用强制对抗强制，人作为自然控制自然；二是理想主义的，人脱离自然，从而消灭强制的概念。前者靠物质教养（文化）。人培育自己的知性和感性，或者按照自然本身的法则使自然力成为意志的工具，或者在无法驾驭的自然力的后果面前保全自己。然而，人对自然力的操纵是有限度的，超出这个限度，人不得不屈从于它们的权势。好在还有后一种方式，靠的是道德教养（文化）。假使人没有相当的力量去对抗自然力而又想不接受强制，唯一的办法只能是彻底废除对他不利的比例关系，从概念上消灭他事实上必须接受的强制。"从概念上消灭强制不是别的，就是自愿地屈从于它。""有道德修养的人，也只有这样的人，是完全自由的。他或者胜过强势自然，或者与之相一致。自然加于他的一切不再是强制，因为在触及他之前已经变成他自己的行动；而且动力自然也奈何不了他，因为他自动地与自然所能及的一切都脱离了关系。"此可谓逆来顺受的自由。席勒认为，这种情操是惯于驯服的道德和宗教传统教给我们的，但他不想求助于神学观念，而要诉诸人的自由选择和深思熟虑。在人的天性中，"存在着一种通往道德禀赋的审美倾向，这种倾向是由某些感性的对象引起的，通过情感的净化可以养育成为理想主义的心灵生机"。[47]

---

[47] 参见席勒《论崇高》，《席勒经典美学文论》，第 375—378 页（Cf. Friedrich Schiller, „Über das Erhabene", in *Sämtliche Werke*, hrsg. Gerhard Fricke und Herbert G. Göpfert, München: Hanser, 1962, S. 792-794）；《审美教育书简》，同上书，第 314 页（GE: 138-139）。

这个自由概念明显带有逃避主义乃至犬儒主义的色彩，所以前述德曼和伍德曼西的批评并非空穴来风，只是他们都没有抓住这一点。德曼指责席勒将康德先验哲学心理学化从而歪曲了康德的思想，而且认定《审美教育书简》为文化民族主义的源头。他认为，席勒所谓审美教育是自由人性教育体系的基础，也是文化（教养）概念的基础，后者通向一种"集体的群众的艺术观念"或"国家文化"。德曼还拿席勒观点与戈培尔的一段话作比较。他承认戈培尔的话是对席勒审美国家的严重误读，接着又说，这种误读原则与席勒误读康德并无本质区别。凯泽（David Aram Kaiser）为此写道："除了德曼观点不准确之外，我还要谴责这种学术上不诚实的做法，德曼仅仅激起席勒牵连纳粹主义之类狭隘的成见，而不是真正做分析坐实这一指控。为避免私见，我只想指出德曼转弯抹角地暗示席勒等同于戈培尔的做法，至于说这种指控出自德曼之手有何讽刺意味，则留待读者自己去发现。"凯泽要论证席勒是如何延续康德自由主义路线的。伍德曼西没有牵扯国家社会主义，她认为席勒的审美国家代表一种逃离实际政治介入的意识形态。她描画了一个精英主义和反民粹主义的席勒形象：席勒感觉见弃于公众，于是构造一个自律的审美领域的论述作为自救之道。伍德曼西的问题是：审美教育的目的是创造一个理想的政治国家，抑或审美国家本身就是应当追求的目的？她进而提出两点指控：其一，席勒对审美领域的论证是精英主义和损坏个体自律的，因为它否定个人主观艺术判断的有效性；其二，尽管有种种说辞，《审美教育书简》的构想并不是实际政治的。凯泽质疑此种批判的根据。他支持伍德曼西结合物质史细节来审视美学理论基本前提的思路，即试图论证现代审美领域概念的产生源于18世纪后期阅读物生产、分配和消费的深远变化，但是他反对把写作者自己的动机当作理解审美自律概念乃至文化发展的原初视域，因为这样就将现代美学起源简化成个人酸葡萄心理的产物，从而忽略了一点：由于文化民主化对作家与读者之间关系的影响，审美领域概念的发展是不可避免的。针对现代市场对文化生产与消费的影响问题，凯泽引入法兰克福学派的批判理论，尤其是哈贝马斯的公共领域学说。在哈贝马斯看来，文学市场在资产阶级公共领域的形成中起了关键作用，文学公共领域为政治公共领域铺设了道路。"伍德曼西对席勒批判的讽刺意味在于，她试图将席勒归入一个形式主义的、反人道主义的美学派别。而席勒的美学论述明确地表示旨在促进人道主义，特别是一种康德式的个体自决模式。席勒审美教育论述的全部目的不是否定个人主体性，而是发展之。席勒把现代主体性看作一个发展的过程，他认为正是通过审美领域的自律，个体才能发展成为完全的自由的主体性。"[48]

凯泽从当代理论视角为席勒所作的辩护是有说服力的。关键在于：贯通整部书简的审美自由论述究竟意在何为？席勒说，人身上有一种通往道德禀赋的审美倾向，能够让人最终从概念上消灭强制，亦即自愿地屈从于它。这个自由概念，消极地理解，无非是自欺欺人，其逻辑如伯林（Isaiah Berlin）形容的："我腿上有个创伤。有两种办

---

[48] Cf. David Aram Kaiser, *Romanticism Aesthetics and Nationalism*, 2004, pp. 39-43; Paul de Man, "Kant and Schiller", in *Aesthetic Ideology*, Minneapolis: University of Minnesota Press, 1996, pp. 129-162; Martha Woodmansee, "Aesthetic Autonomy as a Weapon in Cultural Politics: Rereading the Aesthetic Letters", in *The Author, Art, and the Market: Rereading the History of Aesthetics*, New York: Columbia University Press, 1994, pp. 57-86.

法可以摆脱我的痛苦。一种是医治创伤。但是如果痊愈太困难或不确定，还有第二种办法。我可以锯掉我的腿来摆脱创伤。如果我能训练我不去想那种肢体健全的人才拥有的东西，我也不会感到缺少这种东西。"[49] 不过，席勒显然在积极意义上谈论这种自由。他所谓"审美倾向"指游戏冲动。在游戏中，"当心灵与理念相结合时，一切现实的东西都失去了它的严肃性，因为它变得微不足道了；当心灵与感觉相遇时，一切必然的东西就放弃了它的严肃性，因为它变轻了"。[50] 这种摆脱内外强制的经验是审美经验，由此带来的自由感即审美自由。之前席勒关于审美自由的论述都针对主体自身，而在最后一封信里，其目标转向主体之间。"动力国家只能使社会成为可能，因为它是以自然来抑制自然；伦理国家只能使社会成为（道德的）必然，因为它使个别意志服务于普遍意志；唯有审美国家能使社会成为现实，因为它是通过个体的天性来实现整体的意志。"审美国家的着眼点是人与人之间交往即人类团结的问题。席勒指出，需要迫使人置身于社会，理性在人心中培植社交的原则，而只有美才能赋予人社交的性格。只有趣味能够给社会带来和谐，因为它在个体身上建立和谐。一切其他形式的表象都在分裂人，唯独美的表象使人成为整体。一切其他形式的交往都会分裂社会，因为它们只涉及个体的私人感受或私人技能，唯独美的交往能使社会统一，因为它涉及所有人的共通感。"趣味把认识

---

[49] 伯林：《两种自由概念》，《自由论》，胡传胜译，译林出版社2003年版，第205页。

[50] 参见席勒《审美教育书简》，《席勒经典美学文论》，第287页；GE: 104-105。

从科学的玄奥中带到共通感的开放天空之下，把各个学派的私产转变成整个人类社会的共同财富。"[51]

现代审美论主张用一种审美的（感性的）宗教取代传统宗教，弥合分裂的现代精神。《德国唯心主义的最初的体系纲领》（1796—1797年）宣称："最后的理念是把一切协调一致的理念，这就是美的理念，美这个词是从更高一层的柏拉图的意义上来说的。我坚信，理性的最高方式是审美的方式，它涵盖所有的理念。只有在美之中，真与善才会亲如姐妹……"[52] 哈贝马斯指出，较之谢林、黑格尔和荷尔德林的憧憬，席勒《审美教育书简》已经先行了一步。席勒把艺术看作一种深入到主体间关系中的交往形式，认为艺术本身是通过教化使人达到政治自由的中介。他强调艺术的公共特征——艺术应当发挥交往、建立共同体和实现团结的力量，从而将艺术理解为交往理性的真正体现。席勒触及了青年马克思所讨论的异化问题，但是他对异化现象的理解限于批判的历史哲学范围，他把理性的实现想象成遭到破坏的共通感的复兴。哈贝马斯特别指出，席勒审美乌托邦的目标不是生活关系审美化，而是理解关系革命化，因此完全不同于超现实主义者和达达主义者让艺术溶解于生活的企图。"对席勒来说，只有当艺术作为一种交往形式，作为一种将分散的部分重组成和谐整体的中介，发挥

---

[51] 参见席勒《审美教育书简》，《席勒经典美学文论》，第 369—372 页；GE: 214-219。

[52] 参见谢林《德国唯心主义的最初的体系纲领》，刘小枫译，刘小枫选编《德语现代美学文选》上卷，第 131—133 页。这个断片公认代表谢林、黑格尔、荷尔德林三人的共同想法，至于究竟出自何人之手，并无定论。

催化作用,生活世界的审美化才是合法的。"[53] 按照这一理解,席勒的审美国家观念并非任何意义上的国家理论,审美乌托邦也不是道德乌托邦或政治乌托邦的替代物,它本质上是一种立足于现代性批判的社会改造理论,其合理性及现实意义应得到重新认识。

---

[53] 参见哈贝马斯《现代性的哲学话语》,第 52—58 页。译文有改动(Cf. Jürgen Habermas, *Der Philosophische Diskurs der Moderne*, S.59-64)。

第四章
从理智直观到审美直观

在当代西方思想界，德国观念论已失去往日的显赫地位，唯独其中关于美和艺术的部分是例外，因为今天许多美学问题舍此便无从谈起。1735年鲍姆嘉通提议用"Aesthetica"（感性学）来命名一门研究低级认识能力的科学。实际上，之前二十余年，经沙夫茨伯里、艾迪生、杜博、哈奇生等人阐发，现代美学的轮廓已然可见。[1] 但是，在德语世界，鲍姆嘉通的命名之举另有意味，它在流行的莱布尼茨—沃尔夫体系里打进了一个楔子，从此哲学家可以名正言顺地讨论自由艺术或美的艺术，那些不愿意多谈新古典主义和莎士比亚、弥尔顿的批评家也终于找到了畅想民族文学的出口。鲍姆嘉通《美学》（第一卷，1750年）问世十五年后，赫尔德感慨道，德意志在颂歌、戏剧、史诗方面缺少独创的天才，好在自己生活在"哲学的世纪"。对于一个成熟的文学传统来说，诗的灵感与政治统一是必需的，而缺少这二者的民族应该去充分地理解艺术的本性以及艺术繁荣所处的历史文化条件。"德意志人的领地不在诗，而在美学。"[2] 其时，德国思想界正兴起一场

---

[1] Cf. Paul Guyer, "The Origins of Modern Aesthetics: 1711–35", in Peter Kivy (ed.), *The Blackwell Guide to Aesthetics*, Blackwell Publishing Ltd., 2004, pp. 15-19. 广义的德国观念论（唯心主义）指从康德到黑格尔的德国古典哲学，狭义的仅指康德以后的部分，本书取广义的用法。

[2] Cf. Johann Gottfried Herder, *Selected Writings on Aesthetics*, trans. & ed. Gregory Moore, Princeton, N. J.: Princeton University Press, 2006, "Introduction" (by Gregory Moore), p. 1.

"美学热",以世纪之交新一代观念论者登场为顶点,由此形成一种影响深远的审美论思想。

哲学审美论试图借助艺术—审美来解决主体正当性问题,其基本观点是:"艺术与情感不仅是哲学的中心论题,而且必须纳入哲学思想的根基之中。"[3] 审美论问题源于康德,《判断力批判》(1790年)最后部分从人类学角度提出以审美和艺术为人性教育手段的设想,席勒接续这一思路,勾画了一个审美乌托邦方案。德国浪漫派审美论关于艺术在文化革新中扮演核心角色的信念就来自席勒的《审美教育书简》(1795年)。[4] 然而,无论康德或席勒只挑明了方向,审美论的认识论基础则是由费希特、荷尔德林、哈登贝格(诺瓦利斯)、施勒格尔兄弟和谢林确立的,焦点在康德预置的直观问题。

第一节 所谓"不透之论"

"不透之论"是牟宗三评论康德所谓理智直观(intellektuelle Anschauung,牟译"智的直觉")时的用语。康德认为,人有感性直观而无理智直观,后者只属于原始存在者。牟宗三说:"康德于自由意志

---

[3] Cf. Sebastian Gardner, "Philosophical Aestheticism", in Brian Leiter & Michael Rosen (eds.), *The Oxford Handbook of Continental Philosophy,* New York: Oxford University Press Inc., 2007, p. 76.

[4] 参见拜泽尔《浪漫的律令——早期德国浪漫主义观念》,黄江译、韩潮校,华夏出版社2019年版,第138页。

外，还肯认有一绝对存在曰上帝，而两者又不能为同一，便是不透之论。如果两者真不能为同一，则自由意志必受委屈而处于自我否定之境，必不能在其自身即自体挺立者。……康德只讲一个作为设准的自由意志，于此并不透彻。而儒者讲本心、仁体、性体，则于此十分透彻。""本心仁体既绝对而无限，则由本心之明觉所发的直觉自必是智的直觉。"[5] 牟宗三持论未尽确当，但他对康德直观说的辨识是中肯的。

康德直观说要义有二。其一，直观唯涉可感之事。在《纯粹理性批判》（第一版，1781 年）中，康德否弃了鲍姆嘉通的提议，用先验感性论指称一门关于感性的先天原则或纯直观的科学。[6] 纯直观包括空间和时间两种形式，前者是外感官的形式，后者是内感官的形式。其中，时间较之空间涵摄更宽，是一切现象（Erscheinung）的先天条件。人的直观永远是感性的，在感性直观中呈现的是现象而非物自身（Ding an sich），于是，空间和时间具有两重性：一是经验的实在性，即作为直观的先天形式对一切可能的经验都是客观有效的；二是先验的观念性，即它们仅仅是直观的主观条件，并非对象本身的属性。[7] 康德认为，感性和知性、直观和概念是人类知识的两个来源，二者不可或缺，亦无分轻重："知性不能直观，感官不能思维。只有从它们的互相结合中才能产生出知识来。"[8]

---

[5] 参见康德《纯粹理性批判》，邓晓芒译、杨祖陶校，人民出版社 2004 年版，第 49—50 页（AK III: 72-73）；牟宗三《智的直觉与中国哲学》，中国社会科学出版社 2008 年版，第 167—168 页。

[6] 参见康德《纯粹理性批判》，第 25—26 页；AK III: 49-50。

[7] 同上书，第 27、31—32、37—38、46 页；AK III: 51-52, 55-56, 60-62, 69。

[8] 同上书，第 51—52 页。

其二，理智直观属神。在康德，理智的或智性的（intellektuell）是指通过知性得来的知识，这些知识也关涉感官世界；理知的（intelligibel）指某类对象只能通过知性来表现，是任何感性直观达不到的。[9]"知性不能直观"是对人而言的，在1770年的教授就职论文中，康德就明确了这一点，并且设想一种主动创造对象的神的直观。[10]《纯粹理性批判》先验感性论末尾原则地重申了上述观点：本源的直观或理智直观只属于原始存在者，而决不属于一个按其存在和直观都不独立的存在者。[11]康德拒绝理智直观的概念，却没有放弃对此问题的讨论，因为这关乎现相（Phänomen）与本体（Noumenon）之分的本义。现相是诸现象的统一体，通过感性直观被给予、凭借知性被思维，本体则只能通过理智直观来把握。消极意义的本体，是指把本体理解为不是感性直观的客体；积极意义的本体，是指把本体理解为非感性直观即理智直观的客体。在知识的范围内，本体只有消极的意义。[12]

康德为直观设限是一贯的，旨在表明自己有别于唯理论和经验论的哲学立场，他称之为先验的观念论与经验的实在论。[13]在《判断力批判》（1790年）导言中，康德从这一立场阐明了批判哲学最后的课题：自然概念在直观中表现其对象，但只是作为现象；自由概念将

---

[9] 参见康德《未来形而上学导论》，李秋零译，《康德著作全集》第4卷，中国人民大学出版社2013年版，第320页；AK IV: 316。

[10] 参见康德《论可感世界与理知世界的形式及其原则》，李秋零译，《康德著作全集》第2卷，第402—403页。

[11] 参见康德《纯粹理性批判》，第50页；AK III: 72-73。

[12] 同上书，第226—227页。

[13] 同上书，第324—326页。

其客体表现为物自身，却不是在直观中。二者都无法获得关于物自身（作为客体和主体）的理论知识。他把打通这个超感性地域的任务交给了美学与目的论。[14]

先验感性论开篇提到，感性直观是一种被动接受刺激形成表象的能力。若止于此，认识判断可以依靠知性的能动综合来完成，而基于感性并不诉诸知性概念的审美判断则无从谈起。康德认为，唯有接受性与自发性相结合，知识才是可能的。在《纯粹理性批判》第一版里，这种自发性被描述为至少部分地先于概念运用的综合。他指出，心灵有三种本源的而非派生的能力，即感官、想象力和统觉，它们包含一切经验之可能性的条件。感官对表象的杂多作先天概观，想象力对杂多进行综合，统觉把综合统一起来。感官在知觉中展示现象，想象力在联想和再生中展示之，统觉在再生的表象与其所由给定的现象之同一性意识中展示之。上述三种能力的运用既是经验的，也是先验的。就后一方面而言，一切可能经验的知识统一性最终归于纯粹统觉即自我意识本身的同一性。"现在，在一个主体中杂多之统一是综合的，因此纯粹统觉提供了在一切可能直观中杂多的综合统一性原则。"统觉的综合统一性是以想象力的综合为前提的。想象力的综合包括再生的和生产的，前者是经验的，只有后者能够先天地发生。"所以，想象力的纯粹的（生产的）综合之必然统一的原则先于统觉而成为一切知识特别是经验之可能性的基础。"康德把纯粹（先验）想象力界定为介于感性和知性之间的先天综合能力。"我们有一种作为人类灵魂基

---

[14] 参见康德《判断力批判》，邓晓芒译、杨祖陶校，人民出版社 2002 年版，第 9—10 页；AK V: 175-176。

本能力的纯粹想象力,它为一切先天知识奠定了基础。借助于它,我们把直观的杂多与纯粹统觉的必然统一性条件二者结合起来。两个极端,即感性和知性,必须借助于想象力的这一先验机能而必然地发生联系……"[15]《纯粹理性批判》第二版(1787年)重写了以上内容。海德格尔详细分析过其中关于想象力论述的变化。他指出,与第一次亮相比,在第二版中,为了讨好知性,先验想象力被排斥在一旁且改变了意义。"在第一版中,一切综合,即综合本身源出于想象力,而想象力是一种既不可归溯于感性,也不可归溯于知性的能力,但现在第二版中,知性独占了一切综合之源头的位置。"[16]康德重新给想象力下了定义:"想象力是把对象即便不在场也在直观中表象出来的能力。"再生的想象力的综合服从经验的联想规律;生产的想象力的综合则是先验的,是知性对感性直观对象的形象的综合,不同于知性范畴的理智综合。[17]不过,第二版纯粹知性概念的图型法部分论及先验想象力的文字未做任何修改。

康德美学从界定目的和合目的性概念开始。"一个客体的概念,就其同时包含着该客体的现实性根据而言,就叫做目的,而一物与诸物唯按目的才可能之性状的协和一致,就叫做该物的形式的合目的性"。规定判断力把特殊事物归摄于知性的先天法则之下,形成普遍

---

[15] 参见康德《纯粹理性批判》,第85、124—126、130页;AK IV: 74, 86-88, 91。"生产的"(produktiv)、"生产"(Produktiion)又译"创造的"、"创造",下文有时使用后一译法。

[16] 参见海德格尔《康德与形而上学疑难》),王庆节译,上海译文出版社2011年版,第152—154页。术语略有改动,书中对相关问题所作的存在论解释不在本章讨论范围。

[17] 参见康德《判断力批判》,第101页;AK V: 119-120。

的自然概念。此外，自然尚有各种各样的形式未通过知性范畴得到规定，我们必须预设这些杂多的系统统一性，否则，经验的知识就无法形成一个经验整体，也不会有按照经验的法则的自然秩序，更不会有系统地不断前进的自然研究。问题是如何领会此种"合法则的统一性"。如果假定一种自身直观的神的知性，它并不表象被给予的对象，而是通过表象同时就给出或产生对象本身，那么合法则的统一性可以理解为某种必然的意图，即目的。然而，人类知性不能直观，对于合法则的统一性，只有凭借反思判断力将其表象为客体（自然）与主体认识能力协调一致的合目的性。在此意义上，"目的是一个概念的对象，只要这概念被看作该对象的原因（即它的可能性的实在根据），而一个概念从其客体来看的原因性就是合目的性"。[18]正如感性直观是对于现象的直观，人类知性是一种推论的知性，规定判断力把直观所给予的特殊纳入知性概念之下，而反思判断力将其中未被规定的某种性状识别为与知性能力的协调一致。这种偶然的协调一致必须诉诸一种直觉的（intuitiv）或直观的（anschauend）知性，从而与目的相关，才能够表象为必然的。神的知性是原型的理智（intellectus archetypus），人类知性是摹本的理智（intellectus ectypus）。因此，介于知性和理性之间的判断力有可能把物质世界仅仅当作现象，而把某种属于物自身的东西（系于理智直观）设想为我们所无法认识的自然的超感性实在根据。关于此种作为自然的超感性基底的目的论联结，我们一切可能的洞见都被切断了，而"按照人类认识能力的性状（按：即主观合目的性），有必要在某种作为世界原因的原始知性中去为此

---

[18] 参见康德《判断力批判》，第 14—15、18—22、55 页（AK V: 179-180, 183-186, 220）；《纯粹理性批判》，第 97 页（AK III: 115）。

寻求至上的根据"。[19] 这是唯有审美判断力才能触碰的地域，于是康德把迄无定论的想象力配置给了它，以完成批判哲学最后的工作。

在《纯粹理性批判》中讨论一般先验判断力时，康德赋予想象力特殊的功能。他指出，纯粹知性概念与经验的直观并非同质的，要将直观归摄于概念之下，必须借助一种既是理智的又是感性的先验的图型，这种图型是想象力的产物。"知性的图型法通过想象力的先验综合所导致的无非是一切直观杂多在内感官中的统一，因而间接导致作为内感官（某种接受性）对应机能的统觉的统一。"[20] 以纯粹想象力为根基的图型法要处理的是主体（范畴）与客体的关系，而在审美判断力中，想象力的目标转向了主体内部。问题依然在于：想象力究竟是直观能力还是隶属于知性的综合能力？事实上，《判断力批判》始终把想象力认作一种先天直观能力，同时又赋予它某种独立于感觉和概念的综合功能。康德指出，审美判断缘于对直观对象的形式的领会，它不涉及概念，因而与客体无关，只关乎主体；在此领会中，想象力（或与知性相结合）将表象联系于主体的情感，其规定根据只能是主观的。[21] 他从两个层次来探究审美判断的规定根据。

首先是心理学层次。康德认为，规定鉴赏判断的愉悦是无利害、无概念和无目的的，并且是普遍必然的，因为这种情感不同于任何感性的

---

[19] 参见康德《判断力批判》，第 260—265 页；AK V: 405-410。

[20] 参见康德《纯粹理性批判》，第 138—140、143 页；AK III: 133-135, 138。

[21] 参见康德《判断力批判》，第 25、28、37—38、127、134 页。关于想象力综合的性质，《判断力批判》实际上部分地回到了《纯粹理性批判》（先验感性论）第一版的立场。另外，下文对"心理学"和"先验哲学"的区分是依照《纯粹理性批判》（第二版）先验感性论开篇脚注里的说法（参见康德《纯粹理性批判》，第 26 页）。

或理智的愉悦,仅仅是由想象力与知性的协调一致引起的,确切地说,就是两种表象力的自由游戏本身。"鉴赏是与想象力的自由合法则性相关的对一个对象的评判能力。"鉴赏中的想象力作为可能直观的任意形式的创造者是生产的、主动的,尽管它总束缚于客体的确定形式,仍可以理解为自由地与知性合法则性相协调。不过,"想象力的自由合法则性"似乎是矛盾的说法,因为只有知性才提供法则,除非把它设想为无法则的合法则性,以及想象力和知性不借助任何确定概念而达成的主观的谐和,从而与知性的自由合法则性(或无目的的合目的性)及鉴赏判断的感性(审美)特性共存。[22]进一步讲,鉴赏判断与逻辑判断的主观条件是判断力本身,将判断力运用于具体表象要求想象力和知性的协调一致。在逻辑判断中,想象力通过图型化把直观归摄于知性概念之下;鉴赏判断则建立在想象力以其自由而知性以其合法则性相互激活的情感之上,从而形成认识能力自由游戏的主观合目的性表象并做出评判。前者诉诸概念,后者诉诸概念能力:"鉴赏作为主观的判断力包含着一种归摄原则,但不是把直观归摄于概念之下,而是把直观或表现的能力(即想象力)归摄于概念能力(即知性)之下,如果前者在其自由中、后者在其合法则性中协调一致的话。""审美的合目的性就是判断力在其自由中的合法则性。"只有审美的愉悦是想象力独自把心灵维持在自由的活动之中。反之,一个由感官感觉或知性概念规定的判断,虽然是合法则的,却不是自由的判断力做出的。[23]

其次,从先验哲学的立场看,鉴赏判断的规定根据在于某种超感性物的不确定概念,即审美理念。理念是一种按照某个原则与对象相

---

[22] 参见康德《判断力批判》,第77—78页;AK V: 240-241。

[23] 同上书,第111、128—129页;AK V: 270, 286-287。

关却永远不能成为该对象的知识的表象。审美理念按照一条认识能力（想象力和知性）相互协调的纯主观原则与直观相关，理性概念按照一条客观原则与概念相关，两者都不能成为知识，但是理由不同：审美理念是一个永远找不到与之适合的概念的想象力的直观，理性理念是一个永远不能给予它相应直观的超验的概念。"我们可以把审美理念称作一个不能阐明的想象力表象，而把理性理念称作一个不能演证的理性概念。""正如对理性理念来说想象力及其直观达不到给予的概念，就审美理念而言知性通过其概念永远达不到想象力与给予的表象结合在一起的全然内在直观。"[24]康德直观论的"不透"性质至此臻于极致。不过，他敏感到一个例外——艺术创造。想象力与知性的自由游戏在天才的艺术家身上表现为一种创造的精神："审美意义上的精神是指心灵中激发活力的原则。但这个原则借以使灵魂活跃起来的东西，它为此目的所用的材料，就是把心中的各种力量合目的地置于感奋状态，即置于一种自行维持甚至为此加强这些力量的游戏之中。"在此状态中，想象力作为生产的认识能力把各种不同的表象自由地组合在一个概念（包括理性理念）之中，以审美（感性）的而非逻辑的方式使之超出经验的限制，在某种完整性中成为可感的。审美理念虽不可名状，却可以通过感性的无限扩展将其意蕴加于概念的表象，达到言有尽而意无穷的效果。他把这种创造的能力称作天才，认为不可教、不可学，是自然（天性）或禀赋使然，实际上等于放弃了对此问题的进一步探究。[25]

---

[24]　参见康德《判断力批判》，第 189—191 页；AK V: 342-343。
[25]　同上书，第 158—162 页；AK V: 313-317。

康德关于天才的论述表明他对正在兴起的浪漫派艺术理想的认可，但是，从理论意图来说，他借用流行的天才概念只是为了论证审美判断普遍必然性的先天根据，而对新艺术提出的认识论问题不以为然。他关心的是从审美情感到道德情感的过渡亦即至善理想之实现的主观条件，因此断定美是道德的象征，而将艺术与真理问题弃于一边。在此意义上，可以说，康德把现代美学领入了主体哲学的庭院深处，却止步于堂奥前。

第二节　理智直观的歧义

18—19世纪之交，理智直观成为新一代观念论者热衷的话题。费希特的知识学摒弃康德的物自身观念，以绝对主体即自我为出发点，希望从彻底的先验观念论（唯心论）立场把批判哲学改造成科学的形而上学体系。为此，必须找到一条绝对无条件的原理。在《全部知识学的基础》（1794年）里，他避开康德纯粹统觉说专注的"我思"而转向"我在"，认为自我应理解为一种本原行动（Tathandlung），在此规定之下，"自我是自我"的命题意谓"自我存在"："自我设定自己，而且是凭着这个由自己所作的单纯设定而存在的；反过来，自我存在着，而且凭着它的单纯存在，它设定它的存在。——它同时既是行动者，又是行动的产物；既是活动着的东西，又是由活动制造出来的东西；行动与事实，两者是一个东西，而且完全是同一个东西……"[26] 在《知识学新说》(1797—1798年)中,费希特将自我的本原行动衍绎为理智直观:"理智直观是对于我在行动以及我行动之所为的直接意识;我由以得知某物,因为此物是我所为。"在他看来,"只有通过自身能动的自我的理智直观才可能的行动概念,是唯一把为我们存在的两个世界即感官世界和理知世界统一起来的概念"。[27] 理智直观是贯穿谢林哲学的重要问题。在《论自我作为哲学的本原》(1795年)中,他用理智直观来表示绝对自我设定自己的方式:"自我在理智直观中被自为地规定为纯粹的自我";同年的《独断论与批判主义哲学书简》还提到"世界的理智直观",指一种凭借两个对立原则的瞬间统一在心里产生的直观。[28]《先验唯心论体系》(1800年)把理智直观提升到思辨哲学官能的高度。"理智直观是一切先验思维的官能。因为先验思维试图通过自由使原本非客体的东西成为自己的客体;它预设一种创造某些精神行动同时又直观这些行动的能力,从而使客体的创造和直观本身绝对为一,而这种能力正是理智直观的能力。"[29] 这些议论都是继康德直

---

[26] 参见费希特《全部知识学的基础》,王玖兴译,梁志学编译《费希特文集》第1卷,商务印书馆2014年版,第500、505页;康德《纯粹理性批判》,第89—91页。

[27] 参见费希特《知识学新说》,《费希特文集》第2卷,第687、691页。译文有改动(J. G. Fichte, *Gesamtausgabe der Bayerischen Akademie der Wissenschaften*, hrsg. Reinhard Lauth, Hans Jacob und Hans Gliwitzky, Stuttgart-Bad Cannstatt: Frommann, 1964-, Bd. IV: I, S. 217, 220)。

[28] Cf. F. W. J. Schelling, *Sämtlichen Werke*, hrsg. K. F. A. Schelling, Stuttgart: Cotta, 1856-1861, Bd. I: 1, S. 181, 285. 以下《谢林全集》(*Sämtlichen Werke*)简称"SW",引文凡有改动的,先标注中译本出处,并附原文卷次及页码。

[29] 谢林:《先验唯心论体系》,梁志学、石泉译,商务印书馆1997年版,第35页;SW I: 3: 369。

观说而发的，但是立场和方向迥异。

关于康德、费希特和谢林的理智直观论是否有连续性，当代西方思想史界存在争议。格拉姆（Moltke S. Gram）认为，康德用一个名称涵盖三个不同的论题，进而否定了三种理据各自独立的理智直观说。一是康德难以接受莱布尼茨—沃尔夫体系将知性概念运用于物自身的传统，于是把理智直观作为不依赖任何感性条件洞悉物自身的能力加以拒绝。二是康德从批判的立场探讨了理智概观一切现象之总体的可能性，并且论及一种创造自身对象的理智直观。第三种理智直观是某种对认知行动与其对象之同一性的认识。费希特主张人拥有理智直观能力和上述各项无关，他的问题是人能否达到对自我的直接意识，在此理智直观有了新义。如费希特指出的，康德所谓理智直观是凭借概念对物自身的直接意识，而他自己则将其理解为对自我行动的直接意识而无关概念。谢林起初沿袭费希特的观点用理智直观表示自我对自身行动的洞察，在随后的自然哲学里又引入一种对自然的理智直观，最终还断言凡此类直观皆包含认识主体对客体的创造。按照谢林的定义，理智直观是在特殊里见出普遍、在有限里见出无限并将两者结合于生命统一体的能力。格拉姆由此得出结论：无论在康德思想内部，还是在康德与费希特或费希特与谢林之间，这个术语的用法无连续性可言。"因此，任何旨在表明后康德观念论者与康德关于理智直观形成共同战线的尝试，都是徒劳的。"[30]

格拉姆论证的含混之处在于，他虽然提及康德的第三种理智直

---

[30] Cf. Moltke S. Gram, "Intellectual Intuition: The Continuity Thesis", *Journal of the History of Ideas*, Vol. 42, No. 2 (Apr.-Jun., 1981): 287-304.

观,却语焉不详。他所详论的康德的三种用法实际只涉及前两种,不过把第二种一分为二。埃斯蒂斯（Yolanda Estes）从此缝隙入手,联系晚近的研究结果,对格拉姆的观点提出异议。在他看来,康德探讨了五种理智直观的可能性：对积极意义的本体的直观、原型理智的创造性直观、对自然总体的直观、对主体自身行动的统觉,以及道德法则和自由相衔接的直观。"尽管格拉姆忽略了而康德拒绝了最后两种理智直观,但是费希特都接受了。"康德在讨论先验统觉和自由的现实性时分别提到这两种理智直观,前者是我们无法达到的对自身能动或自我规定的主体的意识,后者是我们不具有的关于意志自由的直接意识。埃斯蒂斯指出,在耶拿时期的知识学中,费希特用理智直观来表示四个不同的观念。一是真正的理智直观,指通过道德行为获致的对自由的直接的非感性认识。二是纯粹的自我性,即本原行动,指自我返回自身的纯粹行动或以自我行动为本质的存在者。三是哲学的自我反思。先验哲学家对客观世界进行抽象、构建自我概念并将此举识别为返回自身的行动,由此得到的关于返回自身行动的明晰认识便是自我反思。四是方法论意义的内在直观,它要求哲学家关注自我反思的两个方面：自我的概念和伴随着概念建构的行动。谢林关于理智直观的用法看似多变,其实常常归于两种：对自我的哲学直观以及原型理智的创造性直观。他早年著作把理智直观描述为对自我意识中主体与客体统一的直接认识。这种自由生产的直观表现逻辑同一性原理。此等主观的自我直观与客观的世界直观并存,将先天的主观直观投射于世界之上,二者都包含从意识活动到无意识状态的转换。在《先验唯心论体系》中,理智直观更着重意识与无意识的统一,尤其指创造性直观,它通过整体来把握内在于确定的自然现象以及某些自然目的论规定的原型。鉴于各种理智直观说之间的复杂关系，埃斯蒂斯建议，当今学者不妨兼容非连续性和连续性的观点。[31]

第三节　审美论转向

以上辩驳所呈示的断面实际上反映了德国观念论从批判主义到主观主义再到绝对主义的转向。谢林《论自我作为哲学的本原》深受费希特影响而旨趣略异，连黑格尔晚年也承认，其中自我已经被肯定为原始同一性。[32]不过，此书反复申说的无条件者（das Unbedingte）或绝对者（das Absolute）与谢林后来的意思及黑格尔的相关提法相去甚远。在绝对观念论诞生途中，荷尔德林先行了一步。"当谢林、施勒格尔、诺瓦利斯还在费希特的魔法之下，当黑格尔忙于把康德的观念运用于宗教，荷尔德林已经成为知识学的批判者，正奋力超出其限制。"[33]荷尔德林《判断与存在》（1795年）从思维和存在问题入手质

---

[31] Cf. Yolanda Estes, "Intellectual Intuition: Reconsidering Continuity in Kant, Fichte, and Schelling", in Daniel Breazeale and Tom Rockmore (eds.), *Fichte, German Idealism, and Early Romanticism*, Amsterdam and New York: Rodopi, 2010, pp. 165-178.

[32] 参见黑格尔《哲学史讲演录》第四卷，贺麟、王太庆译，商务印书馆2009年版，第380页。

[33] Frederick C. Beiser, *German Idealism: The Struggle against Subjectivism, 1781–1801*, Cambridge, MA and London: Harvard University Press, 2002, p. 375.

疑知识学的第一原理。他把主客体的绝对统一叫做存在,认为唯当主体与客体完全地统一,不为分殊而伤其本质,始可言及存在,如在理智直观中那样。依此而论,"自我是自我"确立的同一性不等于绝对存在,因为这个自我是凭借主体之我与客体之我相区别才可能的。荷尔德林将"自我是自我"归于判断。他对"Urteil"(判断)作了一个可疑的词源学解释:"Ur-Teilung"(初—分),进而把判断定义为本来统一于理智直观的主体与客体的原始分离(ursprüngliche Trennung)。"在分(Teilung)的概念中已包含了客体与主体之间相互关系的概念,以及由客体和主体作为部分(Teil)所构成的整体的必要前提条件。"[34] 荷尔德林的理智直观概念与他在《许佩里翁》(1796 年)、《恩培多克勒之死》(1796—1800 年)等作品里表达的审美论思想是一致的。拜泽尔(Frederick C. Beiser)指出,荷尔德林的绝对观念论不仅假定绝对者的存在,不仅否认绝对者的主观地位,而且肯定正确认识绝对者是可能的。"对荷尔德林来说,绝对者不只是费希特所谓行动的理想,也不只是康德所谓信仰的对象;毋宁说,绝对者是一种特殊经验的对象,一种出自审美官能的直观或情感的对象。"[35] 由此可以理解《德国唯心主义最初的体系纲领》(1796—1797 年)所宣示的主张:"理性的最高活动是审美的活动,它拥抱一切理念,真与善只有在美之中才亲如姊妹。哲学家必须具有和诗人一样多的审美力量。没有审美感的人

---

[34] 参见荷尔德林《判断与存在》,《荷尔德林文集》,戴晖译,商务印书馆 2002 年版,第 196—197 页。译文有改动(Cf. Friedrich Hölderlin, *Sämtliche Werke*, hrsg. Friedrich Beissner, Stuttgart: Cotta, 1962, Bd. 4, S. 226-227)。

[35] Frederick C. Beiser, *German Idealism: The Struggle against Subjectivism, 1781–1801*, pp. 391-392.

是书本哲学家。精神哲学是一种审美哲学。"

这个断片还提出一个理想:"……大众必须有一种感性的宗教。不仅大众需要它,哲学家也需要它。理性和心灵的一神论、想象力和艺术的多神论都是我们所需要的!……我们必须有一种新神话,而这种神话必须服务于理念,它必须成为理性的神话。……启蒙者与蒙昧者终将携手,神话必须哲学化以使民众变得理性,哲学必须神话化以使哲学成为感性的。于是永恒的统一临御我们……一种更高的精神从天而降,在我们中间创立这种新宗教,它是人类最后的、最伟大的作品。"[36] "感性的宗教"或"理性的神话"是旨在张扬美与审美之无限性的哲学构想,企图以一套新的合理性说教来取代启示宗教和前哲学神话。自从康德断定美是有内在价值的,无关乎目的及完善概念,进而把理智的美排除在外,主体美学就已经和柏拉图以降的美的智性传统分道扬镳了。尽管绝对观念论者有时表现出复归柏拉图主义乃至传统宗教的倾向,那不过是从现代感性学立场的回望而已,其目的是要建立一种审美形而上学。理智直观问题从此转向审美的维度。诺瓦利斯《花粉》(1797年)第一则写道:"我们到处搜寻无条件者,却始终只找见物。"[37] 所谓物既可以理解成现象,也可以理解为物自身,总之是

---

[36] 参见谢林《德国唯心主义的最初的体系纲领》,刘小枫译,刘小枫选编《德语现代美学文选》上卷,华东师范大学出版社2006年版,第131—133页。译文有改动(Friedrich Hölderlin, *Sämtliche Werke*, Bd. 4, S. 309-311)。这个断片公认代表谢林、黑格尔、荷尔德林三人的共同想法,至于究竟出自何人之手,并无定论。

[37] 诺瓦利斯:《夜颂中的革命和宗教——诺瓦利斯选集卷一》,刘小枫编、林克等译,华夏出版社2007年版,第77页。译文有改动(Novalis, *Schriften: Die Werke Friedrich von Hardenbergs*, hrsg. Paul Kluckhohn und Richard Samuel, Stuttgart: Kohlhammer, 1960–1977, Bd. 1: 3, S. 413)。

通过依归于概念的直观获得的。这句话背后隐含一个针对基础主义的怀疑论，如他在《费希特研究》（1795—1796年）里说的："所有寻求单一原理的努力都是虚妄的。"诺瓦利斯怀疑先验哲学能够认识绝对者并确立一切知识的第一原理，在他看来，我们只能通过无法获知绝对者而发现绝对者，"唯当我们行动并发现我们所寻求的东西不能通过行动达到时，我们才能消极地认识给予我们的绝对者"。他把理智直观和原初行动（Urhandlung）区分开来："原初行动是情感与反思在反思中的统一。理智直观是情感与反思在反思之外的统一。……最初，理智直观先于原初行动。它为原初行动奠基——随后又反过来。这类似于纯粹意识和反思意识之间的关系。"[38]诺瓦利斯的演绎十分繁复。按照弗兰克（Manfred Frank）的解释，演绎的要点意在证明何种情况下我们有资格提出绝对者，同时论者又否认理智直观能够再现绝对者。在诺瓦利斯看来，"只有艺术作品不可阐释的丰富意义才能从正面展示那种不能明确化为认知的东西。因此，艺术作品就成了'唯一可能对无法表现之物的表现'……"拜泽尔认为，弗兰克关于《费希特研究》旨在确立艺术主权的观点缺少文献证据，虽然诺瓦利斯后来力主诗凌驾于哲学之上，不过此等主张并没有出现在笔记中。[39]诺瓦利斯稍后的许多断片确实把诗和艺术当作沟通感性与超感性的唯一方

---

[38] Cf. Novalis, *Fichte Studies*, ed. & trans. Jane Kneller, Cambridge and New York: Cambridge University Press, 2003, p. 18, pp. 167-168; Frederick C. Beiser, *German Idealism: The Struggle against Subjectivism, 1781–1801*, pp. 413-414.

[39] 参见弗兰克《德国早期浪漫主义美学导论》，聂军译，吉林人民出版社2005年版，第225—226页（术语略有改动，弗兰克摘录的诺瓦利斯后期诗学与美学断片，见该书第242—259页）；Frederick C. Beiser, *German Idealism: The Struggle against Subjectivism, 1781–1801*, p. 415.

式，在审美的意义上谈论直观或理智直观。

此时，至少在耶拿浪漫派圈子里，审美论取代康德和费希特的道德主义已渐成风气。F. 施勒格尔在断片中反复提到，诗必须从哲学止步之处开始，诗和哲学必须结合起来，否则便无事可做。这种冲动源于对普遍性或普遍精神（Universalität/universeller Geist）的执念。"普遍性是一切形式和一切质料的交替饱和状态。"它唯有凭借诗与哲学的结合才能达至圆融。"普遍精神的生命是一连串不间断的内在革命，一切个体，亦即原初的、永恒的个体，就生活于其间。普遍精神是真正的多神论者，心怀奥林匹斯众神。"这位提倡反讽的诗人很少在严肃的意义上使用理智直观一词，他关心的是何种诗的理念或理想能够与哲学一道呈现普遍精神："诗的定义只能规定诗应当是什么，而不是它过去或现在实际上是什么"。《雅典娜神殿》那则著名的断片（1798年）写道："浪漫诗是一种进步的普遍诗。它的使命不仅是要把所有分离的诗体重新统一起来，让诗与哲学和修辞术相接触。它想要也应当把诗和散文、天才和批判、艺术诗和自然诗融会贯通，赋予诗生气与亲和力，赋予生活和社会以诗意，把机智诗化……"浪漫诗是自由的、无限的、正在生成的，是任何理论不可究诘的，是诗本身。施勒格尔同时论及一种普遍哲学："如果机智是普遍哲学的原则和官能，而一切哲学无非是普遍性之精神，所有永在合分的科学之科学，一种逻辑的化学，那么绝对的、热情的、完全物质的机智所具有的价值和尊严就是无限的……"他特别指出，虚假的普遍性是抹去个别教化的特点立足于平均状态的普遍性。相反，真正的普遍性是"在宗教和道德的纯一之光触碰汇聚机智的混沌之际"孕育而生的，凭借它，艺术会更加艺术化，诗会更有诗意，批判会更有批判力量，历史会更有历史意味。"那时最高的诗和哲学自己开出花朵。"他设想一条艺术哲学道路："一种真正的诗艺学说要从艺术和粗糙的美之间永远无法弥合的分裂这个绝对对立开始。它描述双方的斗争，直至艺术诗与自然诗的完美和谐。……诗的哲学通常始于美的自主性，始于一个命题：美有别于也应当有别于真与道德，并且和它们有同样的权利；对于完全理解它的人来说，这是从自我等于自我的命题得出的结论。它徘徊于哲学与诗、实践与诗、诗本身与其体式的合分之间，以完全统一而告终。"[40]

第四节 审美直观论

谢林在《先验唯心论体系》中把自然比喻为"一首封存在神奇莫测的卷册里的诗"，而把精神从无意识创造到有意识创造直至获得最高表现的历程称作"精神的奥德赛"。[41] 这是一个新的哲学叙述，但囿于费希特的概念，并不十分清晰。先验观念论（唯心论）是关于全部知识的体系，其地位相当于费希特的知识学，此外，整个哲学体系

---

[40] 参见施勒格尔《浪漫派风格——施勒格尔批评文集》，李伯杰译，华夏出版社 2005 年版，第 71—72、79、83、107、112、117、119 页。译文有改动（Cf. *Kritische Friedrich-Schlegel-Ausgabe*, hrsg. Ernst Behler unter Mitwirkung von Jean-Jacques Anstett und Hans Eichner, München, Paderborn, Wien: Schöningh; Zürich: Thomas, 1967, Bd. 1: 2, S. 182-183, 200, 207, 255, 267-268）。

[41] 参见谢林《先验唯心论体系》，第 276 页；SW I: 3: 628。

还包括另一门科学——自然哲学。这一体系构想是基于对自然和理智平行关系的肯定，涉及上述浪漫派的两个基本信念：关于普遍精神的观点以及无条件者与物的区分。谢林认为，自然科学必然具有把自然理智化的趋向，因而终将成为自然哲学，其最高成就是把自然规律完全精神化为直观和思维的规律。凭借自然科学的反映，自然把自己溶解成一种理智，并完全变自身为客体；这种反映就是人的理性，"通过理性自然第一次完全回到自身，从而表明自然与我们心中认作理智和意识的东西原本是同一的"。谢林显然不满足于将此同一性限定在主观反映的范围内，他在《一种关于自然哲学的理念》（1797）里说："自然应该是可见的精神，精神应该是不可见的自然。"外在自然的可能性问题必须在精神和自然的绝对同一性中来解决。[42] 如何确立知识与实在、思维与存在的绝对同一性是先验观念论的根本问题，也是其要义所在。在谢林看来，主体和客体的直接同一性只存在于自我意识（自身意识）之中。自身意识是思维者借以直接变成自己的客体的活动，在此过程中自我的活动和自我的客体绝对是一个东西。与费希特的自我设定自己、再设定非我的思路不同，谢林所理解的自我同时是主体和自为的客体，其存在的原理与知识的原理必定合而为一。他特别强调，自我作为无条件者不是物——既非物自身亦非现象，也不可能在任何物里找到，它本质上是一种自由地创造自己的客体的理智直观活动。"自我无非是一种将自己变成客体的创造，亦即理智直观。然而理智直观本身是一种绝对自由的行动，因此这种直观不能被演

---

[42] 参见谢林《先验唯心论体系》，第 3、7—8 页（SW I: 3: 331, 340-341）；W. J. Schelling, *Ideen zu einer Philosophie der Natur*, SW I: 2: 56。

证，只能被要求；而自我本身仅仅是这一直观，所以作为哲学的本原仅仅是某种公设的东西。"[43]

自我属于公设，表明它是康德意义上的理念；理智直观不能被演证，表明它是一种非概念的思维。谢林将自我认定为哲学的本原而将理智直观当作一切先验思维的官能，意味着他要从彻底的先验立场建构一个融通观念论和实在论的体系：自然科学把自然规律精神化为理智规律，从实在论中得出了观念论；先验哲学把理智规律物质化为自然规律，从观念论中得出了实在论。这是一个隐藏在费希特思想外壳之下的新体系，旨在使整个哲学成为精神的演进史，而自我不过是精神、绝对者或绝对同一性的别名。[44] 于是，在自然哲学的叙述中，自然起于精神的无意识创造，终于自我意识即理性；先验哲学则讲述自我意识的发展过程，直至洞悉绝对同一性的理智直观。现在的问题是：哲学的本原是既非主观亦非客观的绝对同一体，不能用概念来表现，也不能用概念来证明，我们应该如何认识和理解它？绝对同一体只能在某种直接的直观中表现出来，假如终究存在这样一种直观，那只能是理智直观。但是，理智直观纯粹是为哲学思维的特殊精神取向所需要的，它只关注先验的建构活动本身，决不会出现在通常意识里。假如我们将理智直观诉诸直接经验，使之呈现于意识，那么，这种直观在没有一种普遍的公认的客观性时何以能够客观地、普遍有效地确立起来，而不致以纯粹主观的幻想为依据？唯有凭借艺术，即审美直观（ästhetische Anschauung）。"理智直观的这种普遍承认的无可

---

[43] 参见谢林《先验唯心论体系》，第30—36、40页；SW I: 3: 364-370, 375。

[44] 同上书，第18页（SW I: 3: 352）；《近代哲学史》，先刚译，北京大学出版社2016年版，第113页。

争辩的客观性就是艺术本身。因为审美直观是客观化的理智直观。唯独艺术作品向我反映无论别的什么都反映不出的东西,即那个在自我中就已经分离的绝对同一体;因此,哲学家在最初的意识活动中使之分离的东西是通过艺术奇迹从艺术作品反射出来的,这是其他任何直观都达不到的。"如弗兰克所言,只有在谢林哲学里,也仅仅在1800年,艺术首次在西方哲学史上被阐释为最高境界,美学被提高到了原理的地位。[45]

谢林用艺术来解决先验观念论最终的问题不过是延续早期浪漫派的思路,而他对此问题的理解和处理方式与众不同。哲学的全部问题无非是主体与客体、主观事物与客观事物如何统一,但是他在提出问题之初就表示:有意识的自我和无意识的自然必定有某种原始同一性。依谢林的本意,原始同一性是绝对的精神本原,麻烦在于,他一面沿费希特的主观方向把自我理解为人的自我,一面又将自我认作流溢于客观世界的普遍精神。先验观念论的复杂纠葛和矛盾盖缘于此。青年黑格尔指出:绝对同一性是谢林整个体系的原则。在费希特那里,同一性只建立了一个主观的主体—客体,谢林则给它补充了一个客观的主体—客体,以便绝对者统摄双方。绝对者必定表现为主体和客体绝对的无差别点,它将二者包含于自身,产生二者,又从二者产生自身。"在绝对同一性中,主体和客体被扬弃了,但是,由于它们存在于绝对的同一性中,所以它们同时并存。"[46]谢林的突围之路简单

---

[45] 参见谢林《先验唯心论体系》,第16、273—274、278页(SW I: 3: 350, 624-626, 630);弗兰克《德国早期浪漫主义美学导论》,第146页。

[46] 参见黑格尔《费希特与谢林哲学体系的差别》,宋祖良、程志民译,商务印书馆1994年版,第66—67页。

而明确：自我、理智、精神作为贯穿于自然、人类意识和历史的能动性和生成力量，只能化约为不断运动同时不断反观自身的创造性。于是，如何阐释创造活动成了先验哲学向艺术哲学过渡的关键。这里有两个难题。一是创造中的意识与无意识迷局。创造活动分两种：自然的无意识创造和自由的有意识创造，由此形成现实世界和观念世界。先验观念论认定两个世界之间存在预定的和谐，因此，两种创造活动的原始同一性必然在现实世界亦即自然产物中表现出来，这些产物必将显现为既是有意识的又是无意识的活动的产物。一方面，自然是盲目的机械作用的结果，按照创造过程来说是不合目的的；另一方面，它又必定表现为合目的的产物，看起来好像是有意识地产生的。自然的合目的性要靠一种特殊的直观来领会。二是理智直观的主观性迷局。谢林受费希特影响，把理智直观当作精神本原的自我创造活动，同时又将其视为少数哲学家才有的与本原合一的能力，而两者的关系似乎是，正因为先验哲学家具有此等能力，他才能透过现象甚至超出自我本身的局限去把握本原的演进过程。原始同一性有两副面相，一个是自然在其合目的性中的有意识活动与无意识活动的同一性，一个是自我本身的同一性，二者在自然终结与自我意识生成之际分离开来。先验哲学家看穿了其前世今生，知道自然和谐的本原是我们的究竟所在，整个意识及其一切规定皆因之以成，然而，自我本身看不到这一点，就是说，自我无意识地创造了自然，而在获得意识之后却无法追溯自己的前史。理智直观能够先验地洞悉这个真理，可无法把所见传递给经验意识。因此还需要另一种直观，它必须满足两个条件：一是有意识活动与无意识活动在同一直观中变为客观的，二是自我在同一直观中对自身既成为有意识的又成为无意识的。这种直观只能是艺术直观。[47]

自我意识的发展至此到达了顶点。所以说，自然是无意识地开始而有意识地告终的，自我则是有意识地（主观地）开始而无意识地（客观地）告终的。创造通常以有意识活动与无意识活动的分离为前提，客观世界的创造是无意识的，自由行动中的创造是有意识的。在审美直观中，两种活动要达成完全同一性，这如何可能？理智的活动应该是有意识的，不过意识绝不可能带来任何客观事物，而此处又是需要的。两种活动必须分离又必须合一，这是自相矛盾。为了使创造显现出来，成为客观的，两种活动必须分离开，但是它们不能无限地分离下去，否则客观事物就决不会是二者同一性的完整表现。于是谢林引入时间的维度，把创造过程和产物（作品）区别开来：创造起初是自由的，而产物则显现为自由活动与必然活动的绝对同一性，在此过程中自由活动已完全转变成客观事物和必然事物。他将此种永远无法获知而只能从产物映射出来的同一性归因于某个更高自然（天性）的恩赐或天命，并以天才概念形容之：审美直观的产物是天才作品，亦即艺术作品。[48]

谢林用两个命题来阐述他的艺术本体论或审美形而上学。其一，美学中的天才就是哲学中的自我。这是一个大胆的类比，如果不是隐喻的话。谢林的天才概念本于康德。在康德，天才是艺术家天生的创造能力，它为艺术提供规则。因此，天才即自我，一方面表明天才是艺术世界的本原，相当于自我在现实世界和观念世界的地位；另一方

---

[47] 参见谢林《先验唯心论体系》，第 14—15、257—261 页；SW I: 3: 348-349, 607-611。

[48] 参见谢林《先验唯心论体系》，第 262—265 页；SW I: 3: 612-616。

面则意味着天才的审美创造与自我的哲学创造是统一的，对艺术家和艺术作品本质的分析将揭示精神与自然原始同一性的奥秘。艺术创造由两种截然不同的活动构成，其中，依存于有意识活动的是传统意义的艺术即技艺（Kunst），可以教、可以学；从无意识活动产生的是诗（Poesie），只能来自天性的馈赠。所谓诗即早期浪漫派所标举的先验诗（Transzendentalpoesie），既指艺术作品中的诗意，也指蕴含于自然中的精神："客观世界只是精神原始的还没有意识的诗"。艺术家的使命在于凭借其天才把普遍精神客观地表现出来。天才是凌驾于两种活动之上的东西，能够让无意识活动通过有意识活动起作用。天才的艺术家受未知力量驱使不由自主地进行创造，仿佛天谴之人无法实现自己的意图，只能听从命运的摆布，任由客观事物自行置入其间，并且不得不谈论或描绘那些似懂非懂又意味无穷的事情。这两种对立活动的绝对会合是一个虽不可理解却无法否认的现象，而"艺术是它所给予的唯一的永恒的启示，一个奇迹，哪怕只存在过一次，也必定会使我们对最高事物的绝对实在性确信不疑"。[49]谢林进而指出，艺术作品的基本特征是无意识的无限性，这是艺术家在明显的意图之外近乎本能地表现出来的东西，是任何有限的知性都无力完全展示的。一切审美创造都开始于两种活动的无限分离，随着它们达成统一，无限者（das Unendliche）终于在艺术作品中表现出来。这种终于表现出来的无限者就是美。康德认为，天才赋予艺术精神，鉴赏使艺术成为美的；若二者不可兼得，则宁可舍弃天才，也要保全判断力。在谢林看

---

[49] 参见谢林《先验唯心论体系》，第 15、266—269 页（SW I: 3: 349. 616-619）；康德《纯粹理性批判》，第 151 页；Friedrich Schlegel, *Fragmente*, in *Kritische Friedrich-Schlegel-Ausgabe*, Bd. 1: 2, S. 204。

来，美是一切艺术作品的基本特征，没有美就没有艺术作品，而美本身是天才的创造："在一切创造中，甚至在最普通、最寻常的创造中，无意识活动与有意识活动都是共同起作用的，但是，只有以两种活动的无限对立为条件的创造，才是审美的唯独天才能进行的创造。"正因为美，艺术才能够独立于感官享受、实际利益和道德风气之类外在目的甚至远高于科学而具有神圣性和纯洁性。[50]

其二，艺术哲学是哲学的工具论。谢林说："哲学的普通工具论和整座穹隆的拱顶石乃是艺术哲学"，"艺术哲学是哲学真正的工具论"。工具或工具论（Organon）是亚里士多德逻辑学著作的总称，培根《新工具》书名逆其意而用之。康德在《纯粹理性批判》中把认识能力正确运用的先天原理叫做法规（Kanon），其合法性尺度有别于可以普遍地、无限制地使用的工具论。他在《逻辑学》里指出，工具应当包含扩展某种科学知识的根据，例如，数学是一种工具，而逻辑学是法规，不是科学的工具。[51] 谢林所谓工具论大致沿用此义，指艺术的内在机理及其哲学用途。他首先定义艺术作品：艺术作品是直接或间接表现无限者的作品。现实世界和艺术世界都是从原始对立产生的，对前者而言，只有当整体而非单个客体表现无限者时，客观世界的原始对立才是无限的；对后者来说，原始对立在每一单个客体上面

---

[50] 参见谢林《先验唯心论体系》，第 269—233 页（SW I: 3: 349. 619-624）；康德《判断力批判》，第 164—165 页

[51] 同上书，第 15、17 页（SW I: 3: 349, 351）；康德《纯粹理性批判》，第 59、606—607 页；《逻辑学》，李秋零译，《康德著作全集》第 9 卷，第 12 页；Helmut Holzhey and Vilem Mudroch, *Historical Dictionary of Kant and Kantianism*, Lanham, Toronto and Oxford: Scarecrow Press, Inc., 2005, p. 201。

都是无限的,每一单个艺术作品都表现无限者。于是,他提出一个总体性概念:如果审美创造是从自由开始的,如果两种活动的原始对立恰恰对于自由是绝对的对立,那么就只有一种绝对艺术作品,亦即客观的审美直观本身。在此意义上,"艺术是哲学唯一真实而永恒的工具和证书,它总在不断重新确证哲学无法从外部表明的东西,即行动和创造中无意识事物及其与有意识事物的原始同一性"。"艺术对哲学家来说是最高事物,因为艺术好像给哲学家打开了至圣所",在这里,分离的精神和自然重新会合,"燃烧成一道火焰"。谢林终于为自己的自然哲学乃至整个体系找到了一条审美论出路:"哲学家人为构造的关于自然的观点,对艺术来说是原始的、天然的观点。我们所谓的自然,是一首封存在神奇莫测的卷册里的诗。而若能揭开这个谜,我们就会从中认出精神的奥德赛,精神神奇地受了迷惑,寻找自己又躲避自己;因为精神透过感官世界闪现出来,就像透过言词闪现意义,就像透过迷雾闪现我们向往的幻境。一切壮丽的图画仿佛都是这样产生的:消除分隔现实世界和理想世界的不可见的藩篱,打开一道罅隙,让那些透过现实世界仅隐约浮现的幻想世界的形象和场景完全呈现出来。"如此,原本只存在于哲学家心中的原始同一性通过艺术家和艺术作品变成客观的感性景象,席勒和早期浪漫派极力探究而不得要领的美的客观性问题暂时得到了解决。谢林借用席勒的人类学概念为这种审美论思想辩护:"哲学虽然达到最高事物,但仿佛只是把人的碎片带到这个点;艺术则把完整的人如其本然地领到那里,让他认识最高事物。艺术与哲学的永恒差异和艺术的奇妙之处皆源于此。"[52]

---

[52] 谢林:《先验唯心论体系》,第 273—278 页;SW I: 3: 622-630。

黑格尔在《精神现象学》（1807年）序言里用尖刻的言辞来批评早期德国浪漫派的哲学观点。一处是关于绝对同一性的："一切牛在黑夜里都是黑的"；另一处说，诗性直观思维是"一些既不是鱼又不是肉，既不是诗又不是哲学的虚构"。这里面也包含对谢林的挖苦，不过他后来还是对谢林的艺术哲学作了比较公允的评价："……到了谢林，哲学才达到它的绝对观点；艺术虽然早已在人类最高旨趣中显出它的特殊性质和价值，可是只有到了现在，艺术的真正概念和科学地位才被发现出来，人们才开始了解艺术的真正的更高的任务，尽管从某一方面来看，这种了解还是不很正确的……"[53] 其实，谢林稍后的《艺术哲学》（1802—1803年）已经放弃了艺术高于哲学的看法，但是他的基本观点没有改变："美与真本身或依据理念是一体的。因为依据理念，真犹如美，乃是主观事物与客观事物的同一性；只是真是主观地被作为初象来直观的，而美是客观地被作为映象来直观的。"[54] 谢林的艺术真理论给早期浪漫派的审美论信念注入了系统哲学的元素，从而使"感性的宗教"或"理性的神话"权且充当启示宗教与前哲学神话的对等物或替代品。"几乎所有的青年浪漫派成员……都将审美经验作为认识终极实在或绝对的尺度、工具和媒介。他们相信，通过审美经验，我们能够在有限中感知到无限，在可感事物中认知到超感事物，在绝对的诸表象中感知到绝对。"[55] 审美论观念在后启蒙时代

---

[53] 参见黑格尔《精神现象学》上卷，贺麟、王玖兴译，商务印书馆1983年版，第10、47页；《美学》第一卷，朱光潜译，商务印书馆1979年版，第78页。

[54] 参见谢林《艺术哲学》，魏庆征译，中国社会出版社1996年版，第40页；SW I: 5: 384。

[55] 参见拜泽尔《浪漫的律令——早期德国浪漫主义观念》，第112页。

不断扩张，最终孕育出以尼采为代表的急进的反启蒙思想。尼采是以反浪漫派自诩的，可他的艺术（审美）形而上学实际上是从非道德立场把早期浪漫派审美论彻底化的尝试。这桩公案需要在现代哲学的生活世界转向的视野中加以考察。

第五章

艺术形而上学

尼采《悲剧的诞生》(1872年，1886年)一书在现代性哲学批判中究竟处于何种位置，是一个不易论定的问题。哈贝马斯称此书为一部"思古的现代性的'迟暮之作'"和"后现代性的'开山之作'"。后一方面主要是依照尼采思想实际产生的影响做出的断言，从海德格尔起，到巴塔耶、拉康、福柯、德里达等，皆步其后尘；而关于前一方面，哈贝马斯的论述颇有深意。首先，他指出，在黑格尔及青年黑格尔派用理性代替宗教来克服现代性分裂的努力失败之后，尼采只有两种选择："要么对以主体为中心的理性再作一次内在批判，要么彻底放弃启蒙辩证法纲领。"尼采选择了后者，他放弃对理性概念再作修正而转向"理性的他者"，即"神话"。接着，哈贝马斯追溯了1800年前后哲学审美论的新神话观念，其中特别提到，与黑格尔、荷尔德林、谢林等人的真善美—知意情合一的主张不同，F. 施莱格尔认为，美必须和真、善分离，新神话之凝聚力"不能归功于所有理性环节协调一致所依赖的艺术，而应归因于诗歌的先知天赋"："因为，这是一切诗歌扬弃理性思维过程和规律的开端，所以，我们又一次处于充满幻想的审美迷狂和人类本性的原初混沌状态。"哈贝马斯进而勾画了尼采审美主义（ästhetisch inspirierte）理性批判和早期德国浪漫派酒神神话之间的联系与分野，关于两者的分野，他指出：尼采试图打破西方理性

第五章　艺术形而上学　　161

主义的框架，从此，现代性批判不再坚持其解放内涵，"以主体为中心的理性直接面对理性的绝对他者"。"尼采对这一矛盾之所以能够视而不见，是因为他把在彻底分化的先锋派艺术领域固执已见所表现的理性环节从理论理性和实践理性的联系里抽取了出来，并将它驱逐到被形而上学美化的非理性之中。"[1]

哈贝马斯认识到，尼采在《悲剧的诞生》中阐明的审美形而上学或艺术形而上学，虽然和早期浪漫派的审美论思想（尤其是施莱格尔的观点）一脉相承，但是其哲学立场已完全转向反启蒙理性主义，因而开辟了一条更加激进的现代性审美批判道路。然而，尼采的审美形而上学仍然是在知意情区分的主体哲学框架内展开的，不同于席勒及早期浪漫派坚持用三种能力整合的原则来解决问题，尼采要在认识论形而上学（笛卡尔）和道德形而上学（康德）拯救世道人心的企图失效之后，让审美—艺术独自承担赋予生存与世界以形而上学意义的任务。这个方向是明确的，只是尼采早年受德国观念论、叔本华和瓦格纳的束缚意犹未尽，随后又一度舍弃。尼采在写作生涯的最后几年频繁回顾《悲剧的诞生》并试图重拾艺术形而上学计划，是特别值得留意的。从消极方面看，此举是想为自己的这本少作重新打开解释的空间，就此而言，他的追述确当与否要依据原书的问题和结构来判断。从积极方面说，尼采后期努力从非道德论视角把艺术形而上学中那些被压抑的思想释放出来，这本身就是一种哲学实验。尼采自称为

---

[1] 参见哈贝马斯《现代性的哲学话语》，曹卫东等译，译林出版社2004年版，第86、98—110页。引文略有改动（Cf. Jürgen Habermas, *Der Philosophische Diskurs der Moderne*, Frankfurt am Main: Suhrkamp Verlag, 1985, S. 93, 106-117）。

"第一个非道德论者"而《悲剧的诞生》是其首次尝试,也决非空穴来风。[2] 因此,为了把握尼采的审美论观念,首先必须回到一个切近的思想事件——道德世界观的瓦解及其后果,看他是如何将之前的哲学史问题化的。

第一节 道德论之后

尼采在致瓦格纳的序言里宣称,《悲剧的诞生》要处理的是一个"严肃的德国问题",而且是关乎"生存之严肃性"的美学问题。他没有像席勒那样替自己假道美学来解决现实政治问题的选择辩护,只是向理想的读者瓦格纳及其信徒声明:"我坚信艺术是生命的最高使命和生命真正的形而上学活动。"[3] 这个直截了当的声明把公众带进了瓦

---

[2] 尼采:《瞧,这个人》,孙周兴译,《尼采著作全集》第6卷,商务印书馆2015年版,第405、417、474页。

[3] 尼采:《悲剧的诞生》,孙周兴译,商务印书馆2012年版,第18页;KSA 1:24。引文依据15卷本考订研究版(Kritische Studienausgabe in 15 Einzelbänden,简称"KSA")《尼采著作全集》(Friedrich Nietzsche: *Sämtliche Werke*, hrsg. Giorgio Colli und Mazzino Montinari, München: Deutscher Taschenbuch Verlag GmbH & Co / Berlin · New York: Walter de Gruyter, 1988-1999)作了改动。以下尼采著作引文凡有改动的,先标注中译本出处,并附原文卷次及页码。另外,本章部分引文同时参考了周国平的译文(尼采《悲剧的诞生——尼采美学文选》,周国平译,生活·读书·新知三联书店1986年版)。

格纳艺术所给定的某种情境或理想，而后却成为尼采脱身的唯一机会。《悲剧的诞生》是一本哲学书，也是一部可疑的古典语文学著作和一部严苛的文化批评著作。尼采后来反复提到，这本书完成于普法战争期间，是在沃尔特会战的炮声中开始动笔的，"显得十分不合时宜"，"它是不关心政治的——今天人们会说，是'非德意志的'"。[4]如何理解这两个看似截然不同的宣称？其实，尼采提醒《悲剧的诞生》写作的年代与其不合时宜本身就暗示了自己特殊的现实感。稍后出版的四篇《不合时宜的沉思》是他针对战后德国流行的政治文化观念所作的辩驳。其中，《大卫·施特劳斯——表白者与作家》（1873年）批判了一种妄念，即把德国对法国的军事胜利同时认作德意志文化对法兰西文化的胜利。尼采指出："这种妄念是极其有害的……因为它能够把我们的胜利转变为一场完全的失败，转变为有利于'德意志帝国'的德意志精神的失败乃至灭绝。"他还引用了歌德的一段话："我们德国人过时了。我们虽然已受过一个世纪的文化熏陶，但是还要再过几个世纪，我们德国人才会普遍具有足够多的精神和较高的文化，（使得我们能像希腊人一样崇尚美，能为一首好歌感到鼓舞——按：阙文），那时人们才可以说，德国人早已不是野蛮人了。"[5]这段话大体也可以概括《悲剧的诞生》的基本意图。

尼采古典学研究的现实针对性十分明确：希腊人这个有悲剧秘仪

---

[4] 尼采：《悲剧的诞生》，第1—2页；《瞧，这个人》，（《尼采著作全集》第6卷，第394页（KSA 6: 309-310)。

[5] 参见尼采《不合时宜的沉思》，李秋零译，华东师范大学出版社2007年版，第31—37页（KSA 1: 159-164)；艾克曼：《歌德谈话录》，洪天富译，译林出版社2002年版，第266页。

的民族经历了与波斯人的战争。为何他们在饱受酒神恶魔折磨之后，还能迸发出最素朴的政治情感、最自然的家乡本能和原始的战斗乐趣？一个民族若要摆脱纵欲主义，只能走一条通向印度佛教的道路；若任由政治冲动行事，势必陷于极端世俗化的道路，罗马帝国便是典范。希腊人身处印度与罗马之间，他们既没有在苦思冥想中耗尽，也没有因谋求世界霸权和世界声誉而衰竭，反倒以"古典的纯粹性"发明了第三种形式，而成就其民族精神的是悲剧艺术的力量。[6] 尼采确信德意志精神复归希腊本源而无须罗马文明牵领是唯一正途，而启蒙时代的先驱者身陷苏格拉底—亚历山大主义的后果之中，并未能洞穿希腊本质的核心，不能在德意志文化和希腊文化之间建立持久的秘盟。在他看来，一种与科学乐观主义迥异的力量已经从德意志精神的酒神根基里兴起，它表现在从巴赫、贝多芬到瓦格纳的德国音乐中，也表现为康德和叔本华代表的德国哲学精神，而眼下专注于希腊问题就是为了揭示这种统一性的奥秘，引出一种新的生存形式。德意志精神虽然深受苏格拉底乐观主义的侵蚀，但还没有永远失去自己的神话故乡，它终将醒来，重获生机。[7]

其实，尼采心中真正的文化英雄只有叔本华和瓦格纳，他们指示了悲观主义真理及其克服之道。尼采将叔本华形容为丢勒笔下的那个与死神和魔鬼结伴的孤独骑士：他毫无希望，却依然寻求真理。尼采称，康德和叔本华艰难地战胜了隐藏在逻辑本质中构成当代文化根基的乐观主义，开创了一种深刻而严肃的关于伦理和艺术的思考。[8] 他

---

[6] 参见尼采《悲剧的诞生》，第 150—152 页；KSA 1: 132-134。

[7] 同上书，第 145—148、174—176 页；KSA 1: 128-131, 153-154。

[8] 同上书，第 133、145、149 页；KSA 1: 118, 128, 131。

如此评价康德，显然是受了叔本华的影响。德勒兹（Gilles Deleuze）说，叔本华的天赋"在于引出了传统哲学极端的推论，并且把传统哲学推到了最离谱的境地"。[9] 这句话至少对叔本华的康德批判是适用的。叔本华极力贬低费希特、谢林、黑格尔而自诩为康德哲学的嫡传。他从不存在无主体之客体这个贝克莱式的主张出发，试图破除康德关于现象与物自身分立的二元论，将物自身理解为内在于主体及一切自然事物的意志本身，它是一种盲目的欲求、冲动或力。他不接受康德把物自身与现象进而与认识主体相隔绝的观点，认为意志的客体化产生包括人在内的各等级表象，因此表象世界和意志世界是同一的——后者构成前者的内在本质，相应地，我们能够运用反思透过表象达至对意志即物自身的直接认识。[10] 这不啻为釜底抽薪式的改造。在康德，人首先是认识主体，而本质上是自由的道德主体，它凭借意志自律确立普遍的道德法则。叔本华认为，经验的意志自由是一种假象，人的行为始终受动机和性格支配，因而是必然的；康德说意志是自由的又要为意志立法，这是自相矛盾；意志本身在现象之外是自由的，甚至是万能的，但无关乎个体及其行为；意志自由在人身上唯一

---

[9] 参见德勒兹《尼采与哲学》，周颖、刘玉宇译，社会科学文献出版社 2001 年版，第 121 页。

[10] 参见叔本华《作为意志和表象的世界》，石冲白译，商务印书馆 2009 年版，第 26、158—163、588—589 页。术语有改动 (Cf. Arthur Schopenhauer, *Die Welt als Wille und Vorstellung*, in *Sämtliche Werke*, hrsg. Arthur Hübscher, Band 2, Mannheim: F. A. Brockhaus, 1988, S. 4, 126-131, 514-515)。以下叔本华著作引文凡有改动的，先标注中译本出处，并附原文（简称"SW"）卷次及页码。

的表现是意志能够扬弃和否定自身。[11]他指出，一切个体都是意志的客体化，而人是最完美的意志客体化，欲求和挣扎是人的全部本质；一切欲求都基于需要、缺乏，亦即痛苦，所以，人生终日在痛苦和无聊之间摆动，生存本身成为他不可忍受的重负。康德所谓德性与幸福必然结合的至善理想是不可能实现的，因为德性与幸福根本不相容；幸福是欲求的满足，而欲求永无止尽，最高的德性只能是欲求的弃绝或意志的寂灭。[12]在叔本华看来，悲剧暗示了生存的本来面目即意志自身的冲突，它启示我们放弃生命乃至整个生命意志。"悲剧的真正意义是一种更深刻的洞见：主角所赎的不是他个人特有的罪，而是原罪，亦即生存本身之过。"他引用加尔德隆的诗句来形容之："人的最大罪恶／就是：他诞生了。"[13]

这些观念构成《悲剧的诞生》的前史。尼采借酒神随从西勒诺斯之口道出了悲观主义的真理："可怜的蜉蝣之族啊，无常与忧苦之子，你为何要逼我说出你最好不要听到的话呢？那最好的东西是你根本得不到的，这就是：不要出生，不要存在，成为虚无。不过对于你还有次好的东西——快快死掉。"[14]尼采用西勒诺斯智慧喻示希腊人对生存恐怖面相的真切感知。然而，希腊人没有沉溺于此，他们凭借艺术克服了悲观主义。"人们在这本书（按：指《悲剧的诞生》）的背景中遇到的世界观是特别阴郁而令人不快的：在迄今为人所知的悲观主义类

---

[11] 参见叔本华《作为意志和表象的世界》，第371—372、391—419页；SW 2: 320-321, 337-363。

[12] 同上书，第424—425、541—543、713页；SW 2: 367-368, 470-472, 625。

[13] 同上书，第348—350页；SW 2: 299-301。

[14] 尼采：《悲剧的诞生》，第32页；KSA 1: 35。

型里似乎还没有达到此等凶险程度的。这里缺少真实的世界与虚假的世界的对立：只有一个世界，这个世界是虚伪的、残酷的、矛盾的、诱惑的、无意义的……这样一个世界是真实的世界。"[15] 尼采认为，自爱利亚派以来，哲学家（赫拉克利特也许除外）无法忍受感官呈现的生成和变化，于是将此岸的感官世界贬低为虚假的世界，同时虚构出一个真实的世界或彼岸世界，把统一性、同一性、存在、真、善、完善等悉归于此。从苏格拉底—柏拉图到基督教，直至康德，这种理性崇拜又延展为道德论，他们制造一个永久的理性的白昼用以对抗黑暗的欲望。[16] 所以，当尼采说悲观主义并不以真实世界与虚假世界的对立为前提，这首先意味着柏拉图以降作为此岸世界之否定者与救赎者的彼岸世界已不复存在了。叔本华宣称意志是恶的，从而断送了康德的道德论。简言之，在尼采和叔本华眼里，康德的那个头顶星空心中有道德法则的主体已经死了，由此衍生的至善理想及大同伦理世界纯属虚妄。尼采赞同叔本华的悲观主义，但不满于他的弃世伦理，因为后者仍然是道德论的产物。尼采指出，悲剧没有为叔本华意义上的希腊悲观主义证明什么，相反是对它的坚决否定和反驳，悲剧恰好证明希腊人不是悲观主义者。"根本问题是希腊人对待痛苦的情形，他们的敏感程度——此种情形是一成不变的，还是发生了逆转？""这个民族如此敏感，如此热切地欲求，如此特别容易痛苦，倘若生存不是被一种更高的灵光所环绕，如诸神显示给他们的，他们又如何能忍

---

[15] 尼采：《1887—1889 年遗稿》，孙周兴译，《尼采著作全集》第 13 卷，商务印书馆 2010 年版，第 235 页；KSA 13: 193。

[16] 参见尼采《偶像的黄昏》，孙周兴译，《尼采著作全集》第 6 卷，第 88、91—92、95—98 页；KSA 6: 72, 75. 78-81。

受生存呢?"希腊人用他们的艺术做出了回答。因此,所谓希腊问题本质上是艺术问题,确切地讲,是艺术与悲观主义的关系问题。"希腊人用果敢的目光直面所谓世界史的可怕浩劫,直视自然的残暴,并且陷于渴望佛教式地否定意志的危险之中。艺术拯救了他们,通过艺术,生命为了自身而拯救了他们。"[17]

尼采在理智清醒的最后时刻写道:"这本书有两点决定性的创新:其一是对希腊人的酒神现象的理解——为它提供了第一部心理学,把它看作全部希腊艺术的唯一根源;其二是对苏格拉底主义的理解,苏格拉底第一次被认作希腊解体的工具,一个典型的颓废者。"[18]这段话概括了《悲剧的诞生》的基本主题:酒神现象和苏格拉底问题。所谓苏格拉底问题是指对导致悲剧之死的科学乐观主义的批判,这一主题日后发展为虚无主义的历史叙述;在此书中,其批判锋芒集中于科学精神,并未正面触及道德论。酒神现象即酒神在艺术中的新生则是贯穿全书的主线,苏格拉底主义也只是其中的一段插曲,经由这个"世界史转折",希腊问题演变成一个跨越古今的文化问题,其要义是:同样陷于悲观主义深渊的希腊人和现代人如何能够凭借艺术的力量获

---

[17] 参见尼采《偶像的黄昏》《瞧,这个人》,《尼采著作全集》第6卷,第200、394页(KSA 6: 160, 309);《悲剧的诞生》,第7、34、58页(KSA 1: 15, 36, 56)。此书1872年初版时题为"悲剧诞生于音乐精神",1886年再版更名为"悲剧的诞生,或:希腊精神与悲观主义"。关于后者,尼采解释道:"'希腊精神与悲观主义':这或许是一个更为明确的标题,即首次教导人们,希腊人是如何对付悲观主义的——他们用什么克服了悲观主义……"(尼采:《瞧,这个人》,《尼采著作全集》第6卷,第394页;KSA 6: 309)。

[18] 尼采:《瞧,这个人》,《尼采著作全集》第6卷,第394—395页;KSA 6: 310。

得救赎。[19]尼采用辩证的逻辑来组织这一历史—哲学叙述，如他所言："它（按：指《悲剧的诞生》）散发着有伤风化的黑格尔气息，只在某些公式上带有叔本华的报丧者的香水味儿。一个'理念'——酒神与日神的对立——被转译为形而上学；历史本身被当作这个'理念'的发展；这一对立在悲剧中经扬弃而达于统一；在此透镜之下，从未彼此照面的事物突然遭遇，互相照亮和领会……"[20]尼采坦承了贯穿全书的黑格尔主义背景，他未明言的是，所谓"理念"就是叔本华的"意志"，在此意义上，日神和酒神分别对应于表象世界和意志世界，而悲剧的起源和再生实质是意志自我扬弃从而获救的历程。于是，奥林匹斯诸神成了希腊人"意志"胜利的纪念碑；萨提儿歌队的酒神颂是希腊人处于"意志"极度危险之中的拯救之举；最后，通过希腊"意志"的形而上学的奇迹行为，终于产生了悲剧艺术作品。[21]所谓审美形而上学或艺术形而上学由此而生。

尼采在新版序言里用一句话来概括审美形而上学的独特思路："用艺术家的透镜看科学，而用生命的透镜看艺术"。[22]如海德格尔所说，这句话长期以来备受曲解。他指出，尼采同时废除了柏拉图主义的虚假世界和真实世界之后，必须为自己的思想争得一个立足点，亦即为感性之物正名。在此，"科学"指的是知识本身，"生命"表示一种对存在的新的解释——存在即生成，"透镜"则旨在表明存在的"透视特征"：生命本身是透视性的，这种透视性前见在生命体周围设置

---

[19]　尼采：《悲剧的诞生》，第 10、111、125 页；KSA 1: 17, 100, 111。

[20]　尼采：《瞧，这个人》，《尼采著作全集》第 6 卷，第 394 页；KSA 6: 310。

[21]　参见尼采《悲剧的诞生》，第 17、35—36、60 页；KSA 1: 25-26, 37-38, 57。

[22]　尼采：《悲剧的诞生》，第 5—6 页。

一条"境域线",在此范围内,事物才能够显现出来;存在者的一切面相,持存与变化、实在与假象、真实与虚假、真理与谎言等等,都是透视活动的产物,而生命的价值才是最终决定性的。"尼采这句话的意思是说:必须从存在的本质出发,把艺术理解为存在者本源之发生,理解为真正的创造。""用艺术家的透镜看科学"意味着"要根据科学的创造力来估量科学"。[23] 所以,尼采一方面强调艺术对科学的优先性,断定科学问题必须置于艺术的基础上来认识;另一方面又特别突出艺术与道德的对立,在这里,"艺术——而不是道德——被确立为人的真正的形而上学活动"。他坦言自己当年已经指向却无力提出和解决一个最艰难的问题:"用生命的透镜来看,道德——意味着什么?"但是,"它(按:指艺术形而上学)已然透露出一种精神,这种精神终将不顾一切危险反抗关于生存的道德解释和意义。这里也许首次昭示出一种'超善恶'的悲观主义……它敢于把道德本身置于现象世界,加以贬低……而且将它归入'欺骗'……"[24] 尽管言辞上有些闪烁不定,然而尼采还是提示了一个方向,即艺术(审美)形而上学是作为道德形而上学的否定者和替代物出现的,并且实质地触及了生活世界的主题。

---

[23] 参见孙周兴、王庆节主编《海德格尔文集·尼采》上卷,孙周兴译,商务印书馆 2015 年版,第 248—262 页。译文有改动(Cf. Martin Heidegger, *Nietzsche*, Erster Band, *Gesamtausgabe*, hrsg. Brigitte Schillbach, Band 6.1, Frankfurt am Main: Vittorio Klostermann GmbH, 1996, S. 213-224)。以下海德格尔著作引文凡有改动的,先标注中译本出处,并附原文(简称"GA")卷次及页码。

[24] 参见尼采《悲剧的诞生》,第 4—10 页;KSA 1: 13-18。

第二节　日神和酒神

日神阿波罗与酒神狄奥尼索斯的对立由于尼采的阐发而为人所熟知，尽管这对概念并非他的发明。鲍默（Max L. Baeumer）指出，在此之前，温克尔曼、哈曼、赫尔德早已使用了狄奥尼索斯概念，并将其与阿波罗对举；在德国浪漫派哲学和神话研究特别是古典语文学领域，阿波罗与狄奥尼索斯对立的观念盛行几十年，尼采直接受了克罗伊策（Georg Friedrich Creuzer）和巴霍芬（Johann Jakob Bachofen）等人的影响，甚至《悲剧的诞生》开头给阿波罗和狄奥尼索斯的基本定义，也是谢林在《天启哲学》中已经做过的。然而，尼采直至思想的最后阶段仍坚称自己"首次把握了神奇的狄奥尼索斯现象"，"在我之前，还没有人把狄奥尼索斯元素转变为一种哲学的激情"。在鲍默看来，"尼采只不过首先把狄奥尼索斯转变为一种老生常谈（cliché）而已"。他注意到（也是许多研究者指出的），尼采在其后期著作里热衷于谈论狄奥尼索斯，阿波罗几乎不起作用了。[25] 这是尼采从康德和叔本华的二元论转向现象一元论的标记，而《悲剧的诞生》开其端。因此，无论从古典学或哲学的角度把尼采最初的理论尝试斥为"老生常

---

[25] 参见鲍默《尼采与狄奥尼索斯传统》，奥弗洛赫蒂等编《尼采与古典传统》，田立年译，华东师范大学出版社 2007 年版，第 272—312 页（译名有改动）；尼采《瞧，这个人》，《尼采著作全集》第 6 卷，第 395—397 页。关于尼采《悲剧的诞生》对古典学研究积极意义的评论，可参见劳伊德—琼斯《尼采与古代世界研究》，《尼采与古典传统》，第 1—26 页。

谈",都过于轻率了。

尼采的艺术观念虽因叔本华哲学而起,其世界构想却始终有别于后者。尼采把日神和酒神比拟为梦(Traum)与醉(Rausch)两种生理现象所构成的艺术世界,它们不牵扯一般认识论,只涉及美学及伦理学。[26] 叔本华认为,世界究其本质既全然是表象,又全然是意志;人作为认识主体凭借根据律构造出一个井然有序的表象世界,同时他又通过自身的意志洞悉了世界的内在本质,接下来还必须进一步了解意志本身的特性:"意志唯一的自我认识总的说来就是全部表象,就是整个直观世界。直观世界是意志的客体性,意志的显示,意志的镜子。"直观世界所呈现的意义是美学的主题。[27] 尼采的思路与此相应,他以主体对世界两重性的觉知为前提,进而引证道:"叔本华就直接把那种偶尔将人与万物看作纯粹幻影或梦像的天赋,称为哲学才能的标志。"[28] 这是尼采艺术哲学的起锚地。简言之,日神和酒神是在与现实世界平行的艺术(首先是直观)世界的范围内来界说的。在尼采用以表明日神与酒神之间分野的那段引文里,叔本华描绘了个体化原理亦即人在时间、空间中的生存及根据律濒危之际的状态。尼采指出,日神状态近似于叔本华形容的囿于摩耶(欺骗)之幕的人:一叶扁舟行于海上,船夫安坐其中,他信赖个体化原理而无视充满痛苦的世

---

[26] 参见尼采《悲剧的诞生》,第19—20页;KSA 1: 25-26。

[27] 参见叔本华《作为意志和表象的世界》,第231—235页;SW 2: 193-196。

[28] 尼采:《悲剧的诞生》,第21页;KSA 1: 26-27。尼采引述的话出自叔本华遗稿(Cf. Friedrich Nietzsche, *The Birth of Tragedy and Other Writings*, trans. Ronald Speirs, Cambridge and New York: Cambridge University Press 1999, p. 15, note 24)。

界。酒神状态源于个体化原理破碎、根据律遭遇例外时的恐惧,尼采认为这种恐惧并不像叔本华所说的那样将人引向基督教原罪的信条,如果在此之外加上一种来自心性深处的陶醉,我们就瞥见了酒神的本质。[29] 显然,两者的意义是围绕个体化原理之成败确立起来的。

在尼采看来,日神和酒神是从自然本身迸发出来的艺术力量,它们无须人间艺术家的中介,首先在自然中直接获得满足;艺术家与两种本源艺术状态之间是模仿者与原型的关系。换句话说,世界是一件自我生殖的艺术作品:艺术世界的真正创造者是世界这位原始艺术家,在它现身的过程中,艺术家作为欲求的主体只能看作艺术的敌人,唯当他摆脱了个体的意志,才可以成为艺术世界生成的媒介。支撑这一观念的是浪漫派及叔本华的天才论:"只有当天才在艺术创作行为中同这位世界原始艺术家融为一体时,他对艺术的永恒本质才略有所知……现在,他既是主体又是客体,既是诗人、演员又是观众。"[30] 在此意义上,日神和酒神对个体而言意味着强制:"一方面是幻觉强制力,另一方面是狂欢强制力",而梦与醉是它们在日常生活中的弱形式。尼采甚至还试图把日神和酒神归于醉的不同类别:日神的醉使眼睛亢奋,从而获得幻觉的力量;酒神的醉则刺激起整个情绪系统,将所有表现手段释放出来。醉构成艺术和审美活动不可或缺的生理前提,从性冲动的醉到意志的醉,"醉的本质是力的提升与充盈

---

[29] 参见尼采《悲剧的诞生》,第23—24页(KSA 1: 28-29);叔本华《作为意志和表象的世界》第63节,第477—487页(SW 2: 414-421)。叔本华的这一节文字在尼采中后期思想里同样留下了深刻的印记。

[30] 参见尼采《悲剧的诞生》,第26—27、47—48页(KSA 1: 30-31, 47-48);《1885—1887年遗稿》,《尼采著作全集》第12卷,商务印书馆2010年版,第139页。

之感",它催生了理想化过程。[31] 由此可知,日神和酒神实际上是两种非理性的生命本能或冲动,而艺术的发展就是它们之间冲突与和解的结果。"酒神与日神如何在彼此伴随的不断新生中相互提升,统辖了希腊的本质"。其动力学在于二者永无止息的斗争:"为什么希腊的日神精神非得从酒神的土壤里成长起来,为什么酒神的希腊人必定要成为日神式的"?[32] 尼采从此出发揭示了希腊艺术的辩证发展,阐明了两种艺术家与艺术作品:日神艺术家和酒神艺术家,日神艺术和酒神艺术。

日神艺术指造型艺术,如史诗和雕塑,它示人以美的显象。显象（Schein）是与日常现实相对立的更真实的完美的世界,例如梦境,是介乎普通感知和病理作用之间的象征物——其界限在于显象不可混同于现实。在此,尼采应和了席勒关于审美游戏的观点,并将日神之德化约为美学意义上的尺度概念,进而引出美的两个基本规定。[33]

首先,从消极方面看,日神的显象作为抵御酒神原始死亡本能的手段,是现实生活的美化（Verklärung）。西勒诺斯格言表明了酒神神话传入之初希腊人面对生存困境的反应,那个幼年被泰坦诸神肢解的受难者形象在泰坦时代和野蛮世界广为流布。为了能够活下去,希

---

[31] 参见尼采《1887—1889 年遗稿》,《尼采著作全集》第 13 卷,第 285 页;《偶像的黄昏》,《尼采著作全集》第 6 卷,第 144—147 页（KSA 6: 116-117）。

[32] 参见尼采《悲剧的诞生》,第 40 页（KSA 1: 41）;《1887—1889 年遗稿》,《尼采著作全集》第 13 卷,第 272、274 页（KSA 13: 225, 226）。

[33] 参见尼采《悲剧的诞生》,第 22—23、38—39 页（KSA 1: 27-28, 40）;席勒《审美教育书简》,冯至、范大灿译,《席勒经典美学文论》,生活·读书·新知三联书店 2015 年版,第 354—355 页。席勒认为,审美假象（Schein,即显象）不同于现实和真理,把假象当作假象来欣赏才是游戏。

腊人出于切身的需要创造了奥林匹斯诸神，在这个艺术的中间世界里，"希腊人的'意志'拿一面有美化作用的镜子映照自己"。从道德的角度无法理解此种宗教，"这里没有任何东西让人想起苦行、教养和义务；这里只有一种丰满的乃至凯旋式的生存向我们说话，其中，一切现存物不论善恶都被尊奉为神"。如此充溢着生命与感官快乐的形象，源于希腊人对生存痛苦的无比深刻的理解，仿佛殉道者依靠出神的幻觉面对自己的苦难。"凭借日神的美的冲动，原始的泰坦诸神的恐怖统治逐步过渡并演变为奥林匹斯诸神的快乐统治，犹如玫瑰花从荆棘丛中绽放出来。"[34] 席勒曾经用素朴（Naivität）一词来形容希腊艺术特有的为现代人所渴望的人与自然和谐统一的状态。在尼采看来，素朴绝非现代人想象的似乎在每一种文化入口处必定会碰到的人间天堂，而是争得的。"凡在艺术中遇到'素朴'，我们就必须认识到此乃日神文化的最高效果：这种文化必定首先要推翻泰坦王国，杀死巨魔，尔后凭借有力的幻觉和快乐的幻想，战胜世界沉思的可怕深渊和极为敏感的受苦能力。"荷马式的素朴只能理解为日神幻想的完全胜利，是"从幽暗的深渊里生长出来的日神文化的花朵"，"在希腊人那里，'意志'要在天才和艺术世界的美化作用中直观自身"。[35]

尼采尝试通过梦的类比来解释这种美化作用的形成过程。叔本华将根据律支配下的表象比作受摩耶之幕蒙蔽的眼睛所看见的世界，介于存在与非存在之间，如同梦中的景象，而把破除这层迷障的希望寄托于对柏拉图的理念的直观。[36] 尼采原则上接受此等观念，他关于梦

---

[34] 参见尼采《悲剧的诞生》，第 31—34 页；KSA 1: 34-36。

[35] 同上书，第 31—36、129 页；KSA 1: 34-38, 115。

[36] 参见叔本华《作为意志和表象的世界》，第 32、277 页。

的解析则不同：梦的直观大约总是伴随着深度的快乐，从而让做梦者沉湎于梦境，全然忘记昼间的烦恼。梦中生活虽不如醒时生活那么确实，却另有深意，它揭露了我们（作为现象的）本质的神秘根基。他提出一个脱胎于叔本华学说的形而上学假设："真正的存在者和太一，作为永恒受苦和充满矛盾之物，既需要迷醉的幻觉，也需要快乐的显象，以求不断得到解脱。"叔本华称此过程为意志的客体化，第一步是表象世界。在德语思想中，表象（Vorstellung）与显象（Schein）意义相通，为避免误解，尼采区分了两个显象概念：第一显象指叔本华的表象，第二显象特指日神或梦的直观。人是唯一能够洞察自己双重本质的存在者。如果完全拘囿于构成人的经验本质的第一显象（表象），势必将它认作真正的非存在者，亦即一种在时间、空间和因果性中的持续生成，只具有经验的实在性；如果暂且撇开此种实在性，把人的经验生存与世界整体的实存一样把握为一种随时生产出来的太一之表象（第一显象），那么就必须将梦视为"显象之显象"（第二显象），视为求显象之原欲的更高满足。"唯其如此，自然内心最深处对于素朴艺术家和素朴艺术作品（也只是'显象之显象'）怀有无名的快乐。"如拉斐尔《基督的变容》所呈现的，日神的美的世界与酒神的原始痛苦是互为表里的：日神直观是"一瞥自然之内核与恐怖的必然产物，仿佛用来治疗被可怖黑夜损伤的视力的闪亮斑点"。[37]

其次，从积极方面看，日神的美的显象作为生存之肯定，是个体化原理的神化（Vergöttlichung）。美化作用缘于力的充盈及其自发的移情过程，它确立美的形式的永恒性："我们把一种美化和充盈投置

---

[37] 参见尼采《悲剧的诞生》，第 36—38、69 页；KSA 1: 38-39, 65。

入事物之中，并且在事物身上进行虚构，直到它们反映出我们自身的充盈和生命乐趣"。[38] 个体化的神化则是通过定言命令或无条件应然之立法来实现的："一切丰富的、意愿奉献、赠予生命、使生命快乐、使生命永恒、把生命神化的情绪——那是具有美化作用的德性的整体力量……一切具有赞成、肯定和建构作用的东西"。日神作为伦理之神，遵从个体界限亦即适度这个唯一法则，要求自知之明和勿过度，此种德性与美的审美（感性）必然性是相通的；而自大与过度作为泰坦时代和野蛮世界的特征与日神势不两立，所以，普罗米修斯和俄狄浦斯因泰坦式的爱或过度的智慧必遭惩罚。在日神的希腊人看来，酒神因素所激起的效果也是如此，但它同时又唤醒了自己内心深处的某种亲缘关系，从而感受到"他的整个生存连同全部的美和适度，都建立在隐蔽的痛苦和知识的根基之上"："日神不能离开酒神活着！"[39] 尼采此处的论述十分含混，因为它出自叔本华的直观论，却有意忽略了后者所谓"理念"。叔本华认为，审美活动是一种纯粹的直观，此时的主体是无意志的纯粹认识主体，其观照对象是独立于根据律之外的纯粹表象即柏拉图的理念。理念是意志的恰如其分的客体化，并且经由个体化原理显现为表象世界的杂多性，因而是特殊与普遍的统一体。艺术（除了音乐）的目的是通过个别事物的表现引起人们对理念的认识。[40] 其实，尼采所谓个体化的神化就是理念：面对酒神的死亡

---

[38] 参见尼采《1885—1887年遗稿》，《尼采著作全集》第12卷，第447页；KSA 12: 393。

[39] 参见尼采《1887—1889年遗稿》，《尼采著作全集》第13卷，第270页；《1885—1887年遗稿》，《尼采著作全集》第12卷，第133页（KSA 12: 113）；《悲剧的诞生》，第38—39页（KSA 1: 40）。

[40] 参见叔本华《作为意志和表象的世界》，第355页；SW 2: 304。

冲动,"日神再次作为个体化原理的神化出现在我们面前,唯在其中,太一通过显象而得救的永恒目标才得以实现"。但是,尼采反对把艺术当作意志泯灭的产物,在他看来,希腊意志的日神精神源于权力的充盈与适度,是一种寓于美之中的自我肯定的最高形式,其表现为:"追求完美的自为存在的欲望,追求典型'个体'的欲望,追求简化、显突、强化、清晰化、明朗化和典型化之一切的欲望,即:受法则限制的自由。"日神以崇高的姿态向我们指示苦难与救赎的同根性,以及用艺术抑制恐怖的道路:日神艺术家和日神艺术忍受巨大的痛苦却赞美了生存,个人借此幻景得渡苦海。[41]

然而,日神艺术并没有消除死亡的恐惧,荷马式人物因畏死而乐生,如短命的阿喀琉斯的悲叹。真正消除死亡恐惧的是酒神艺术即音乐,在希腊,它特指在酒神秘仪上演出的酒神颂。尼采指出:"作为遭肢解之神,酒神在实存中具有一个残暴野蛮的恶魔和一个温良仁厚的君主的双重本性。"酒神既象征毁灭个体化状态的冲动,又表现为一种生产性的力量,而二者统一于持续的创造:"从这位酒神的微笑中产生了奥林匹斯诸神,从他的眼泪里产生了人类。"日神和酒神初次遭遇之后,希腊人的酒神狂欢已全然不同于巴比伦式的原始主义,在这里,个体化原理的破碎成为一种艺术现象:"在酒神的魔力之下,不仅人与人重新结合在一起,而且疏远、敌对或被征服的自然也重新庆祝它与自己失散之子人类和解的节日。"[42] 希腊酒神颂用萨提儿歌队取代了西勒诺斯歌队,后者昭示着苦难的智慧。萨提儿是阿卡狄亚山林

---

[41] 参见尼采《悲剧的诞生》,第 38、60 页(KSA 1: 39, 57);《1887—1889 年遗稿》,《尼采著作全集》第 13 卷,第 272 页 (KSA 13: 224)。

[42] 同上书,第 25、29、34、78 页;KSA 1: 29, 32-33, 36, 72。

旷野中的山羊，狂野和放荡的化身，萨提儿歌队开启了一个超凡脱俗的境界。萨提儿生活在一种宗教所承认的现实之中，这是和日常现实相隔绝的世界。萨提儿与文化（文明）人的关系，如同酒神音乐与文明的关系——瓦格纳将其比作日光令烛火失色。所以尼采说："希腊人在萨提儿身上见到的，是尚未经知识加工的、文化之门尚未开启的自然……在希腊人看来，萨提儿乃是人的原始形象，是人的最高最强的感情冲动之表达……是某种崇高的神性的东西……"萨提儿，这个虚构的自然精灵、酒神的难友和第一位酒神艺术家，亲历了酒神被撕碎的真实，却把痛苦本身化作歌唱的力量，他在音乐中呼唤酒神的新生，让秘仪信徒们寄望于个体化的终结："只是因为这种希望，支离破碎的分裂为个体的世界才焕发出一缕欢乐的容光"。由此衍生出一种深刻的悲观主义世界观：万物浑然一体，个体化是灾祸的始因，艺术作为快乐的希望将破除个体化魅惑，重建统一性。最后，当酒神作为悲剧的真正主角登台时，他终于成了肯定生存的力量。[43]

酒神艺术从此打开了通向世界本源的道路，因而如何理解音乐的本质就显得十分重要。尼采指出，音乐具有最高的普遍性和有效性，与形象和概念无关："音乐的世界象征意义决不是语言所能穷尽的，因为它象征性地关涉太一心中的原始矛盾和原始痛苦，故而象征着一个超越一切现象并且先于一切现象的领域。"[44]尼采尝试借助叔本华的音乐形而上学来阐明此种象征关系。叔本华认为，音乐不同于其

---

[43] 参见尼采《悲剧的诞生》，第57—61、67、78页（KSA 1: 55-58, 63, 72-73）；《1885—1887年遗稿》，《尼采著作全集》第12卷，第133—134页（KSA 12: 113）。

[44] 同上书，第52—53页；KSA 1: 51。

他艺术，它绝非理念的映象，而是意志自身的映象。理念是意志恰如其分的客体化，而音乐是意志的直接的客体化。音乐表现的是世界的形而上学性质而非物理性质，是物自身而非现象。音乐旋律的普遍性和概念的普遍性都是现实的抽象，但是本质不同，用经院哲学的话来说："概念是后于事物的普遍性，音乐提供先于事物的普遍性，现实则提供事物中的普遍性。"尼采几乎将此观念当作审美形而上学的第一原理，他的疑惑在于：按照叔本华，音乐显现为意志，亦即显现为审美的无意志的情绪的对立面，不过音乐按其本质不可能是意志，否则就要完全被逐出艺术领域，因为意志本身是非审美的——然而音乐却显现为意志。这意味着什么？此问切中叔本华审美论哲学的要害。叔本华试图用艺术形而上学取代康德的道德形而上学，但是由于他视意志为根本恶而将至善归于生命意志的否定，仍未脱道德论的窠臼，因而在音乐本质问题上陷于两难之境。尼采则把音乐直接理解为意志的语言，易言之，意志本身就是审美的。在他看来，这种求神化的意志是耽于道德基督教理想的叔本华不能理解的，它通向彻底的审美论："唯有从音乐精神出发，我们才能理解由个体毁灭而生的快乐。因为个体毁灭的个别事例，只是向我们启示了酒神艺术的永恒现象，这种艺术表现了那似乎隐藏在个体化原理背后的万能意志，那超越一切现象、无视一切毁灭的永恒生命。"正如日神艺术通过颂扬现象的永恒来克服个体的苦难，酒神艺术则是在现象背后的意志的本性中寻求生存的永恒乐趣。[45]

---

[45] 参见叔本华《作为意志和表象的世界》，第361—363页（SW 2: 309-311）；尼采《悲剧的诞生》，第51—52、116—123页（KSA 1: 50-51, 103-109）；《1885—1887年遗稿》，《尼采著作全集》第12卷，第402页（KSA 12: 355）。

第三节　悲剧世界观

　　从哲学角度讲，尼采关于日神与酒神对立的二元论观念缘于叔本华的形而上学，特别是其艺术直观及音乐本质学说。海德格尔指出，尽管尼采始终坚持在这一对立中来思考艺术的本质即生命的形而上学活动的本质，但是他前后期的解说是不同的。例如，尼采在1888年发表的《偶像的黄昏》中认定审美的基本状态乃是醉，日神和酒神是醉的两种方式，而他写于同一年的多则手稿却保留了梦与醉两种审美状态的区分。这表明他直到创作生涯最后阶段仍然举棋不定。"对尼采来说，这种对立始终是尚未克服的晦暗和全新的问题的一个持久源泉。"[46] 然而，正是在《偶像的黄昏》中，尼采再次确认了自己悲剧观念的内在一致性："肯定生命，哪怕在其最陌生、最艰难的问题上；生命意志在其最高类型的牺牲中为自身的生生不息而欣喜——我称这为酒神精神，我猜这是通往悲剧诗人心理学的桥梁。……于是，我又回到了我起初出发的地方——《悲剧的诞生》是我的首次一切价值的重估……" 其实，尼采对其早年悲剧理论的得失有着清醒的认识。他坦言自己当时高估了德意志精神，没有理解现代音乐的起源及其浪漫主义本质，用叔本华的公式损害了酒神的预感，尤其是掺入最现代的事

---

[46] 参见孙周兴、王庆节主编《海德格尔文集·尼采》上卷，第113—115、121—122页（GA 6.1:. 96-98, 103-104）；尼采《偶像的黄昏》，《尼采著作全集》第6卷，第144—147页（KSA 6: 116-118）。

物从而败坏了伟大的希腊问题；同时，他强调那里所阐明的悲剧世界观已经背弃了叔本华的听天由命学说，而且其中提出的酒神疑难依然有待思考："一种不再像德国音乐那样具有浪漫主义起源而是具有酒神起源的音乐，应当是什么样的？"[47] 循此线索可以切入"悲剧诞生于音乐精神"论题的核心。

尼采的悲剧理论基于一个"事实"：悲剧从歌队中产生，并且原本只是歌队而已。他由此展开关于悲剧起源的历史叙述，实际处处针对叔本华的道德论及艺术形而上学。首先，希腊悲剧是一个由音乐精神激发的审美自律的领域。原始悲剧的萨提儿歌队是将悲剧世界与现实世界隔绝开来的一堵活墙（席勒语），但是其目的不是要保存与现实相对的理想境界和诗性自由，而是为了捍卫自身的现实性，因为原始悲剧对于酒神的希腊人如同奥林匹斯对于日神的希腊人，是与日常现实一样真实可信的世界。叔本华说："悲剧带给我们的愉悦不属于美感，而属于崇高感——实则是最高级的情感。因为，正如面对自然中的崇高景象，我们脱离了意志的利害关系，从而达至纯粹的直观，现在面对悲剧的灾祸，我们甚至脱离了生命意志本身。……使一切无论以何种形式出现的悲剧因素获得独特的崇高性动力的，乃是体认到这一点：世界、生命不能给予真正的满足，因而不值得我们依恋。悲

---

[47] 参见尼采《偶像的黄昏》，《尼采著作全集》第 6 卷，第 200 页（KSA 6: 160）；《悲剧的诞生》，第 12—13 页（KSA 1: 19-20）；《1885—1887 年遗稿》，《尼采著作全集》第 12 卷，第 136—138 页（KSA 12: 116-118）。哈贝马斯指出，这是尼采背离瓦格纳歌剧世界的哲学动机，而核心问题是酒神精神与浪漫主义精神之间究竟有何区别（参见于尔根·哈贝马斯《现代性的哲学话语》，第 102 页）。

剧精神就在于此，所以它引导我们听天由命。"[48] 尼采认为，叔本华只是从接受者而非艺术家的角度来考察艺术，而他自己则要从艺术家尤其是音乐家的体验出发去探究酒神冲动与创造的关系。酒神状态的陶醉把日常世界和酒神世界割裂开来，对于酒神式的人来说，一旦日常现实重返意识，一种禁欲的否定意志的情绪便会袭来，他因一度瞥见真理而厌弃行动。"现在，任何慰藉都无济于事，渴望超越了死后的世界，超越了诸神本身，生存连同它在诸神身上或者不朽彼岸的辉煌反照一起遭到了否定。"[49] 不过，尼采没有止步于此种悲观主义的悲剧观念，他要借萨提儿的形象重释音乐精神，从而摆脱叔本华的弃世伦理。萨提儿是因亲近神而欣喜若狂的迷醉者，是在自己身上重演神之苦难的同伴，是来自自然灵明深处的智慧先知，是自然之万能性力的象征。尼采把萨提儿歌队表露的自然真理与文化（文明）谎言的区别比作物自身与整个现象界的对立："正如悲剧以其形而上学的慰藉在现象的不断毁灭中指示那生存核心的永恒生命，萨提儿歌队的象征性已经用一个比喻道出了物自身与现象之间的原始关系。"向着神欢呼的长胡子的萨提儿是脱去文明矫饰的人的真实形象、出自本源的自然真理的化身，通过它，物自身与现象之间的原始关系能够审美（感性）地呈现出来。尼采从艺术家的体验出发延展了席勒"美是活的形象"的命题，他指出，诗人之为诗人，就在于他看到自己被形象围绕着，这些形象在他面前生活和行动，他洞察它们的内在本质。一切艺

---

[48] Cf. Arthur Schopenhauer, *Die Welt als Wille und Vorstellung*, in *Sämtliche Werke*, Band 3, S. 495；尼采《悲剧的诞生》，第 12、53—57 页（KSA 1: 19-20, 52-55）。

[49] 参见尼采《1885—1887 年遗稿》，《尼采著作全集》第 12 卷，第 135—136 页（KSA 12: 115-116）；《悲剧的诞生》，第 59—60 页（KSA 1: 56-57）。

术创造皆源于此:"归根结底,审美现象是简单的:一个人只要有能力持续观看一种活生生的游戏,不断在幽灵们的簇拥下生活,他就是诗人;一个人只要感受到要改变自己、从别的身体和灵魂向外说话的冲动,他就是戏剧家。"尼采据此把原始悲剧的歌队称作酒神式的人的自我反映,认为萨提儿歌队是酒神群众的幻景,而舞台世界又是萨提儿歌队的幻景。[50] 在其中,意志与表象、物自身与现象之间的关系将得到全新的揭示。

于是,尼采指出,魔变(Verzauberung)是希腊悲剧乃至一切戏剧艺术的前提。原始悲剧的歌队凭借音乐的力量使酒神式的人沉溺于幻景,并且自居为属神的他者。"在这种魔变中,酒神的狂热者把自己看成萨提儿,而作为萨提儿他又看见了神,也就是说,他在自己的转变中看到一个身外的新幻景,此即其状态的日神式完成。"戏剧由之以成。因此,"我们必须把希腊悲剧理解为始终不断地在日神的形象世界里爆发的酒神歌队"。悲剧是日神与酒神和解并结合的产物,其中,酒神因素构成歌队的合唱部分,日神因素则构成以对白或动作为中心的舞台世界,不过它们的意义不同,前者是本,后者是末。悲剧歌队放射出的戏剧幻景虽具有梦象和史诗的性质,但本质上是酒神状态的客观化,它不是在显象中的日神式解救,相反是个体化破碎及其与原始存在合而为一,亦即酒神精神的日神式的感性化。歌队依靠萨提儿形象从自身制造出幻景,用全部象征手法来谈论它,作为难友,作为集乐师、诗人、舞者、巫祝于一身的最高真理的宣告者。此时,

---

[50] 参见尼采《悲剧的诞生》,第 61—65 页(KSA 1: 58-61);席勒《审美教育书简》,《席勒经典美学文论》,第 283—284 页。

歌队的任务是以酒神的方式激发观众的情绪，乃至当悲剧英雄出场时，他们看到的决非英雄本人，而是从自己的迷醉中生出的幻影。在这种催眠作用下，"观众不由自主地把在自己灵魂面前神奇战栗的整个神的形象转移到那个戴面具的人影上，仿佛把后者的实在性消解在一种幽灵般的非现实性之中"。从此诞生的是一个日神与酒神经相互扬弃而归于统一的新世界。[51]

尼采把悲剧中日神与酒神的关系解析为英雄形象与神话之间的映射关系，进而借普罗米修斯的神话探究悲观主义悲剧的伦理问题。叔本华曾用镜子的比喻形容意志通过其客体化的表象来认识自身，尼采则将日神幻景比作一瞥恐怖深渊之后起治疗作用的光影，酒神藉之得以自救。尼采指出，悲剧诗人向我们呈现舞台的形象世界，人物、性格、情节及冲突的辩证发展，其间有一种令人愉悦的明快气氛贯穿始终。除此之外，悲剧还启示了一个与辩证法相对的神性维度，一个建立在旧世界废墟上的新世界，它激起人类最深刻的快乐。此中意味只能向藏匿于英雄形象背后的神话去索解。他指出，俄狄浦斯和普罗米修斯一样都是现存自然秩序乃至道德世界的破坏者，并且因自己的僭越行为而付出代价，不过两者动机不同，前者是被动的，后者是主动的。尼采借歌德诗剧片断《普罗米修斯》末尾的独白来概括埃斯库罗斯的普罗米修斯形象蕴含的隐微意义，认为这首诗的基本思想是对不敬神行为的赞美，尤其突出了埃斯库罗斯日神式的正义追求。叔本华也引证过这几句诗，用以代表完全肯定生命意志的立场。在他看来，意志本身是自由的、自决的，当意志在世界和生命中充分认识了自己

---

[51] 参见尼采《悲剧的诞生》，第65—69页；KSA 1: 61-64。

的本质，仍然无挂碍地去欲求，便是意志肯定自身；相反，如果欲求因此认识而终止，便是生命意志的否定。"意志的肯定就是不受任何认识干扰的持续的欲求本身，它通常充斥着人生。"在尼采看来，生命意志无条件的自我肯定是普罗米修斯神话的要义。埃斯库罗斯世界观之主旨是把命运看作统治诸神和人类的永恒正义，其中透露出一种酒神式的形而上学执念，所以普罗米修斯为了追求艺术家的生成快乐和艺术创造的喜悦，甘愿担负永远受苦的后果。即便如此，埃斯库罗斯的解释还是没有测出这个神话的恐怖深度。尼采认为，普罗米修斯神话是雅利安民族拥有悲剧天赋的证据，它把第一个哲学问题置于无解的人神冲突之中，因此一种可能的悲观主义悲剧的伦理根据只能是为人类之恶辩护，既为人的罪过辩护，也为他所受之苦辩护："万物本质中的灾祸……世界心灵中的冲突，向他（按：指雅利安人）显示为不同世界的混杂，例如神界与人界，其中每一个世界作为个体都是正当的，但作为与另一个世界并存的个别世界，势必要为其个体化受苦。当个人英勇地渴求普遍，试图逾越个体化的界限，意欲成为这个世界本质自身时，他就要亲历隐藏在万物中的原始冲突之痛，也就是说，他要渎神和受苦了。"至此，生命意志自我肯定之后果达于极致，如果说埃斯库罗斯的普罗米修斯兼具酒神和日神双重本质，那么就可以得出一个公式："现存的一切既是正义的又是不正义的，两者同样有正当理由。"[52] 这一关乎自由意志与世界本质的悖谬是悲观主义哲

---

[52] 参见尼采《悲剧的诞生》，第 69—76 页（KSA 1: 64-71）；叔本华《作为意志和表象的世界》，第 374—375、388—389、445 页（SW 2: 325-324, 335-336, 385）。在此，尼采把雅利安人的普罗米修斯神话与闪米特人的原罪神话进行对比并有所褒贬。他在《瞧，这个人》中说："全书对于基督（转下页）

学解决不了的，唯有借助酒神音乐唤醒的神话力量才能够应对。尼采指出，在悲剧的强势影响之下，荷马神话转世重生，其间奥林匹斯文化被森林之神的世界观所战胜，酒神真理接管了整个神话领域，以它为象征来表达自己的认识。悲剧将普罗米修斯神话变成酒神智慧的工具，凭借的是音乐的赫拉克勒斯之力，当其获得最高表现时，能够用全新的异常深邃的意义来解释神话。在宗教神话衰亡之际，"新生的酒神音乐天才抓住了这垂死的神话：在他手里，神话再度繁荣，呈现出前所未有的色彩，带着馥郁的芬芳，激发出一种对形而上学世界的热切预感。……通过悲剧，神话获得了它最深刻的内容和最有表现力的形式……"[53]

在尼采关于悲剧起源的历史叙述中，一种无条件肯定生命的悲剧世界观已充分显现出来，尽管仍带着意志哲学的阴影。海德格尔对于尼采靠逆转或颠倒叔本华的观点来处理美学问题颇有微词，因为"如果所选择的对手本身并非立足于结构坚固的基地上，而是一个踉跄而行的家伙，那么，这样一种颠倒方法就始终是危险的"。[54] 此议至少就尼采悲剧理论而言是切中要害的。尼采早期思想与叔本华纠葛之深，不只表现为具体观点的异同，还在于其理论前提与目标的分裂，如他后来所说的，在《悲剧的诞生》中，悲观主义亦即虚无主义被视

（接上页）教保持了一种深深的、敌意的沉默。基督教既不是日神的，也不是酒神的，基督教否定一切审美的价值——那是《悲剧的诞生》唯一承认的价值；基督教在最深刻的意义上是虚无主义的，而酒神象征却达到了肯定的极端界限。"（《尼采著作全集》第 6 卷，第 395 页；KSA 6: 310）。这并非夸大其词。

[53] 参见尼采《悲剧的诞生》，第 78—80 页；KSA 1: 73-74。
[54] 参见孙周兴、王庆节主编《海德格尔文集·尼采》上卷，第 125 页。

为"真理",而此书又是反悲观主义的,因为艺术比"真理"更有价值、更具神性。在这里,"求显象、求幻想、求幻象、求生成和变化的意志要比求真理、求现实、求存在的意志更深刻、更本源、更'形而上学'……同样地,快乐比痛苦更本源"——"艺术乃是生命的伟大兴奋剂"。为了区别于叔本华和瓦格纳的"浪漫悲观主义",尼采甚至将自己的思想称作"古典悲观主义""艺术家悲观主义"或"酒神悲观主义"。[55]这一思路是理解尼采悲剧性(das Tragische)概念的关键。

尼采写道:"这是一个永恒的现象:贪婪的意志总是在寻找某种手段,通过笼罩万物的幻景让它的造物持守在生命中,并且迫使它们继续活下去。有人受缚于苏格拉底的求知欲和妄想,以为凭借知识能够救治永恒的生存创伤;也有人迷恋于眼前飘动的诱人的艺术美的面纱;还有人迷恋于形而上学的慰藉,相信在现象旋涡之下永恒的生命坚不可摧、奔流不息……"由此衍生出科学、艺术、悲剧三种文化,分别对应于苏格拉底、阿波罗、狄奥尼索斯三种冲动:苏格拉底代表理性,阿波罗和狄奥尼索斯则表示两种非理性或反理性的本能。如许多研究者指出的,尼采区分日神与酒神无疑是受叔本华哲学影响,他后期所谈论的酒神实际上综合了先前两个概念的意义,而日神仅仅被

---

[55] 参见尼采《1887—1889年遗稿》,《尼采著作全集》第13卷,第275—279页(KSA 13: 227-230);《1885—1887年遗稿》,《尼采著作全集》第12卷,第537页;《快乐的科学》,黄明嘉译,华东师范大学出版社2007年版,第379页。尼采称艺术是生命的伟大兴奋剂(Stimulans),显然是针对叔本华所谓艺术是意志的清净剂(Quietiv)来说的(参见叔本华《作为意志和表象的世界》,第321—322、349、368页;SW 2: 275, 299, 316)。

当作酒神的一个契机。[56] 不过，这种以酒神为主导的综合在其早期悲剧理论中已经完成。在此，日神是和谐、美与美的理想的守护者和创造者，是立足于现象的造型天才；酒神是源于物自身的原始音乐力量，它要表现历万劫而不灭的永恒生命。在悲剧中，它们有机地结合在一起，共同揭示作为意志及其客体化的世界的形而上学意义。

尼采通过日神与酒神之间的矛盾运动关系来描述悲剧性的结构。首先，酒神音乐是构成悲剧性的主导因素。"在这里，与日神因素相比，酒神因素显示为永恒的本源的艺术力量，归根到底，是它召唤整个现象世界进入生存。"酒神艺术通常对日神艺术能力施加两重作用：音乐激发对酒神普遍性的比喻性直观，然后又赋予直观形象以至高的意蕴。作为日神式显象，悲剧情景具有史诗造型的清晰性和稳定性；而作为酒神式例证，它又显出"某种无法测度的东西"，"骗人的明确"与"谜样的深邃"，"背景的无穷无尽"，"最清晰的人物也总是拖着一条彗尾，似乎指向混沌蒙昧之物"。尼采由此断定音乐具有生产神话尤其是悲剧神话的能力，如同意志必定要客体化，音乐达至极境必定寻求最高的形象化，竭力用日神象征来表达酒神认识，从而构成悲剧性的内核。"悲剧性带来的形而上学快感是将本能无意识的酒神智慧转换成形象语言：英雄，这最高的意志现象，为了我们的快乐而遭到否定，因为他毕竟只是现象，他的毁灭丝毫无损于意志的永恒生

---

[56]　参见尼采《悲剧的诞生》，第 69—76 页（KSA 1: 64-71）；Walter Kaufmann, *Nietzsche: Philosopher, Psychologist, Antichrist*, Fourth Edition, Princeton, New Jersey: Princeton Universtity Press, 1974, p.129；Douglas Burnham, *The Nietzsche Dictionary*, London and New York: Bloomsbury Publishing Plc, 2015, p. 24。

命。"[57] 尼采进而把音乐创造神话之力直接等同于意志的客体化:"真正的酒神音乐作为世界意志的这样一面普遍镜子立于我们面前:一个生动事件折射在镜中,我们感觉它立即扩展成永恒真理的映象。"在此意义上,神话是浓缩的世界图景,可以被直观地感受为朝向无限的普遍性和真理的范例。于是,"悲剧神话只能理解为酒神智慧借日神艺术手段而达到的形象化"。[58]

接着,尼采讨论了悲剧神话中日神与酒神的冲突与斗争。他认为,悲剧神话和悲剧英雄本质上都是唯有音乐才能言说的普遍意志的比喻,但是通过显象呈现出来,让我们免于直视意志本身。作为酒神智慧的反映,悲剧神话给予音乐最高的自由,而音乐也赋予它深刻的形而上学意蕴;同时,作为日神式的形象化,它又在观众身上唤起一种幻象,使其免受音乐的伤害。悲剧性之实现可解析为两个环节。起初,日神凭借幻象抵消了酒神力量的过度冲击。一个理想的观众能够真切地感受到世界意志的脉搏和生存欲望的涌动,却没有因此而否定个体实存,同样,艺术家创造了作品,却没有为它所击垮。这是日神抵御的结果:"日神因素以形象、概念、伦理学说、同情心的惊人力量,使人从纵情的自我毁灭中超拔出来,向人隐瞒酒神过程的普遍性,让他生出一种妄想,以为自己看到的是个别的世界图景……而且通过音乐只会更好、更深地去看这个世界图景。"此种由日神和酒神相互照亮与映射构成的完美戏剧具有极强的生动性和穿透力,形象与声音、情节发展与和声变化、性格与旋律互为表里,由内及外呈示

---

[57] 参见尼采《悲剧的诞生》,第 68、87、121—122、177 页;KSA 1: 64, 81-82, 107-108, 154-155。

[58] 同上书,第 126、160—161、166 页;KSA 1: 112, 141, 145。

于心灵。这里，日神因素似乎完全战胜了酒神因素，并利用音乐来达到自己的目的，即使戏剧获得最高的阐明。然而，随即日神因素又遭到瓦解，而且异化为酒神智慧的表达。音乐与戏剧的关系根本上是由音乐主导的，在最关键时刻，日神幻象必会破灭，酒神因素重新占据优势。悲剧最终达成的是一种决非日神艺术所能企及的效果，于是日神幻象露出了其酒神面纱的本色，甚至转而用酒神智慧说话，否定自身及其可见性。"所以，悲剧中日神因素与酒神因素的复杂关系确实可以用两位神祇的兄弟联盟来象征：酒神讲的是日神的语言，而日神终于也讲起了酒神的语言。"因此，戏剧形象所带来的日神艺术效果并没有让观众沉浸于无意志静观的心境，进而为个体化世界辩护，如雕塑家和史诗诗人那样。相反，我们观照美化的舞台世界，却又否定它；我们看见面前悲剧英雄的清晰和美，却又快意于他的毁灭；我们觉得英雄的行动是正当的，却又为他因此被毁而倍感振奋；我们对英雄即将遭受的苦难不寒而栗，却又从中预感到一种更高、更强烈的快乐。[59] 悲剧快感的根源究竟何在？此问指向艺术形而上学的核心。

  尼采指出，悲剧引起的这种自我分裂缘于酒神的魔力，它激发、役使并扬弃日神冲动，从而创造出悲剧神话。"悲剧神话把现象世界领到极限，在那里，现象世界否定自己，渴求逃回真实而唯一的实在的怀抱。"在他看来，自亚里士多德以来所有关于悲剧效果的病理的和道德的解释皆归于虚妄，因为在真正的悲剧性体验中，最高的激情只是一种审美游戏。所谓游戏显然与席勒思想有关，但是意思更复杂一些。席勒认为，人的审美能力即游戏冲动是感性冲动与形式冲动的统

---

[59] 参见尼采《悲剧的诞生》，第 153—160 页；KSA 1: 134-141。

一体，其目标是："在时间中扬弃时间，使生成与绝对存在、变化与同一相协调。"[60] 在尼采看来，悲剧神话的内容是一个颂扬斗争英雄的史诗事件，其中英雄的痛苦经历是悲观主义真理的例证，然而此类美学意义上的丑与不和谐却被不厌其详地反复描绘，似乎指示某种更高的快乐。悲剧的谜一样的特征从何而来？如果说悲剧艺术以受苦的英雄形象来展示现象世界，同时又对其加以形而上学的美化，那么，它究竟美化了什么？倘若悲剧的意图不在于美化这种生活，英雄形象为何能带给我们审美快感？简言之，悲剧神话中的丑与不和谐如何能够激起审美快感？尼采强调，这个问题的答案必须在纯粹审美的范围内去寻找，不可侵入怜悯、恐惧、道德崇高之类的领域，也就是说，应当诉诸悲剧神话的呈现及相应的感受方式。他指出，日神和酒神两种艺术力量在悲剧中都发挥到了极致，并且经过彼此扬弃产生出一种新的异质的艺术效果。在藉由酒神精神照亮的日神式的世界中，戏剧与音乐、形象与动机、显与隐等错综交织，英雄的行动及命运展示于其间，生动清晰而意味深长。它好像既揭示了什么又掩盖了什么；它似乎以比喻的揭示促使我们撕开面纱去拆穿神秘的真相，同时又用迷惑的景象阻止眼睛更深入地观看。面对悲剧神话，真正的审美观众陷于两难：他既想观看又渴望超越观看。在此种反复欲求、反复落空或者说意志不断通过显象获得解脱的过程中，观众与眼前的戏剧情境凝为一体。悲剧乃至一般艺术的最高使命正在于此："使眼睛不去注视黑夜的恐怖，用显象的疗治之药把主体从意志冲动的痉挛中解救出来。"

---

[60] 参见尼采《悲剧的诞生》，第 160—163 页（KSA 1: 141-143）；席勒《审美教育书简》，《席勒经典美学文论》，第 280 页（GE: 96-97）。

此刻，无论悲剧英雄还是观众都不再是有血有肉的个体，而是一件艺术作品："对艺术世界的真正创造者来说，我们已经是形象和艺术投影，我们的至高尊严就在作为艺术作品的意义之中——因为唯有作为审美现象，生存和世界才是永远有正当理由的"。这是尼采艺术形而上学或审美形而上学的核心命题。他指出，悲剧神话就是要表明，甚至丑与不和谐也是意志在其永远充盈的快乐中玩的一种艺术游戏，此乃酒神现象之真谛："它始终不断地把个体世界游戏般建成又毁掉之举揭示为一种原始快乐的结果，其情形类似于晦涩哲人赫拉克利特所形容的：创造世界的力量犹如一个游戏的儿童，他来来回回地垒石头，筑起沙堆又推倒重来。"[61] 在某种意义上，这段话预示了尼采后期的永恒轮回思想。

第四节 生存的审美辩护

尼采宣称："唯有作为审美现象，生存和世界才是永远有正当理由的"。这个命题本身需要进一步解释：它否定了什么，又断言了什么？尼采说生存之正当性只能在审美范围内得到确证，这就排除了从理论（认识）或道德的立场为生存辩护的可能性。依此而论，尼采早期仍身陷知意情三分的主体哲学框架，并且"非常浪漫地把一切理论

---

[61] 参见尼采《悲剧的诞生》，第 48、142、171—175 页；KSA 1: 47, 126, 149-153。

和道德的杂质从审美现象中清除出去"。[62] 所以，关于生存的审美辩护乃至整个艺术形而上学必先置于现代性内部批判的视野中来理解。

首先，艺术形而上学是与苏格拉底代表的理论世界观即科学乐观主义相对立的，正如后者导致了悲剧和神话的死亡。不过，尼采对苏格拉底主义的态度是复杂的、充满矛盾的，因为它原本也是一种生存辩护之道。苏格拉底是理论家的典型，他和艺术家一样藉由对现存物的无限满足感避免了悲观主义的实践伦理；不同的是，在真理揭露之际，艺术家的目光总是流连于遮蔽物，理论家则以自己的探索过程为至乐。在苏格拉底身上表现出一种形而上学妄想，相信思想循着因果性的线索可以直抵存在的最深处，相信思想不仅能够认识存在，而且能够修正存在——其志终身不渝。"因此，赴死的苏格拉底形象，作为一个凭知识和根据消除了死亡恐惧的人，就成了科学大门上的徽章，提醒每个人记住科学的使命，那就是使生存显得可以理解因而是有正当理由的。"既然如此，为何还要指望悲剧世界观的重生呢？尼采认为，科学受其本能驱使达至极限处必会突变为艺术，而苏格拉底式的生存辩护如果理由不充分，还得求助于神话，神话是科学的必然结果和真正意图。苏格拉底的理论乐观主义曾经抵御了实践的悲观主义，但是今天隐藏在逻辑本质中的乐观主义已经无可避免地破灭了，康德和叔本华哲学即是证明，继之而起的将是一种悲剧文化。尼采现代性批判的显著特征是把苏格拉底—柏拉图以降的全部世界史当作一个连续的阶段，如哈贝马斯所言，在此，"现代性失去了其显赫地位，变成了汪洋恣肆的理性化历史的最后一个阶段，随着远古生活的解体

---

[62] 参见哈贝马斯《现代性的哲学话语》，第109页。

和神话的瓦解而粉墨登场"。不过，在《悲剧的诞生》中，尼采的论说是相当粗率的，他后来坦承自己"当时没有理解现代阴暗化过程的源头"，亦即缺乏对欧洲虚无主义历史和本质的系统诊断。[63] 此一局限无疑削弱了其审美主义理性批判的力量。

其次，艺术形而上学针对从苏格拉底—柏拉图到叔本华关于生存的道德解释而发，旨在无条件地肯定生命本身的价值。尼采在《一种自我批评的尝试》（1886年）里指出，艺术形而上学所教导的世界之审美解释与辩护的最大对手是基督教学说。基督教敌视、憎恶、厌倦生命，是迄今为止道德世界观最极端的表现、"求否定生命的意志"最危险的形式。不过，尼采起初尚未认清这一点，他写道："于是我的本能，那种代生命立言的本能，连同这本成问题的书，转而反对道德，并且发明了一种根本对立的生命学说和生命评价，一种纯艺术的、反基督教的学说和评价。"[64] 公平地讲，尼采后期追述《悲剧的诞生》的每一句话都是诚实的，尽管措辞可能引起歧义。其实，尼采在讨论悲观主义悲剧的伦理根据时曾间接地涉及了基督教文化，而且为生存与世界辩护的问题也是从那里提出来的。他拿雅利安人的普罗米修斯神话与闪米特人的原罪神话作对比，认为它们之间有着兄妹似的亲缘关系，所不同的是：前者给予渎神以尊严，把主动的罪当作真正的德性；后者则将好奇、欺瞒、诱惑、淫荡之类情感视为恶之根源。因此，为人类之恶辩护的主题只存在于普罗米修斯神话之中，而与原

---

[63]　参见尼采《悲剧的诞生》，第109—114、133页（KSA 1: 98-102, 118）；《1885—1887年遗稿》，《尼采著作全集》第12卷，第137页；哈贝马斯《现代性的哲学话语》，第100、109页。

[64]　同上书，第10—11页；KSA 1: 17-18。

罪神话无关。对于兼具日神本性和酒神本性的埃斯库罗斯的普罗米修斯来说，如果坚持无条件地肯定生命意志，他就必须直视关于世界的根本悖谬："现存的一切既是正义的又是不正义的，两者同样有正当理由。"[65] 尼采认为，要在此悖谬面前为生存辩护，任何诉诸道德世界秩序的努力都是徒劳的，无论以基督教的方式还是以康德的方式，因为悲观主义是"真理"。生存之正当性只有凭借艺术的力量才能得到确证："艺术比'真理'更有价值"，"悲剧艺术家不是悲观主义者——他恰恰要肯定一切可疑、可怕之物本身，他是酒神式的……"[66] 正如他后来认识到的，酒神的真正敌人或许不是苏格拉底，而是耶稣基督。

尼采最终用艺术的方式在上述悖谬之间作出了选择，提出所谓"纯粹审美的世界解释和世界辩护"。他的解释和辩护基于一种特殊的神正论（Theodizee），如其日后所言："一切恶，如果神乐见，就是有正当理由的。"哈贝马斯指出："根据这种神正论，世界唯有作为审美现象才是有正当理由的。内心深处的残酷和痛苦，如同快乐，都被视为创造精神的投射，而创造精神毫无顾忌地沉湎于从其构建显象的权力和任意性中获得杂乱的享受。世界显现为既无意图也无文本作基础的转换和解释的拼合。创造意义的潜能与各种不同的感官刺激一起，构成了'权力意志'的审美（感性）核心。"[67] 按此思路来理解，

---

[65] 参见尼采《悲剧的诞生》，第 73—76 页；KSA 1: 69-71。

[66] 参见尼采《偶像的黄昏》，《尼采著作全集》第 6 卷，第 96 页（KSA 6: 79）；《1887—1889 年遗稿》，《尼采著作全集》第 13 卷，第 275 页（KSA 13: 227）。

[67] 参见尼采《悲剧的诞生》，第 10 页（KSA 1: 18）；《道德的谱系》，赵千帆译、孙周兴校，《尼采著作全集》第 5 卷，第 383 页（KSA 5: 304）；哈贝马斯《现代性的哲学话语》，第 110 页，引文有改动（Cf. Jürgen Habermas, *Der Philosophische Diskurs der Moderne*, S. 117-118）。

艺术或审美的功能本质上是拆解式的，亦即把生存之道德解释的框架移除，让生命的意义直接呈现出来，而并不赋予它更多的价值。凯姆（Daniel Came）在《生存的审美辩护》一文中也提到尼采类似的神正论，而且试图论证一个基本观点："当尼采谈论生命的审美辩护时，他并非藉之向我们表明生命实际上是有正当理由的，而是要由此引出了一种情感方面积极的认识论上中立的看待生命的态度。"[68]凯姆的观点是正确的，尽管他的论证难以接受。尼采从来就不认为审美或艺术能够创造新的价值，其意义仅在于肯定生命本身的价值："作为审美现象，生存于我们总还可以忍受，而通过艺术，我们有眼睛、手尤其是良知，能够从我们自身造成这样的现象。"[69]这是理解艺术形而上学或审美形而上学最后结论的关键。

尼采认为，悲剧艺术给人带来一种形而上学的慰藉，它指示了物自身与现象之间的原始关系，是悲剧快感的根源。所谓形而上学的慰藉指什么？或者说，悲剧究竟向我们启示了什么？用一句话来概括，就是："一个人应当圣化为某种超个人的东西"。尼采说："他应当忘记死亡和时间给个体造成的可怕焦虑，因为即便在其生涯的最短促瞬间和最微末粒子中，他也能够遇到某种神圣的东西，足以抵消他的全部斗争和全部困厄——这就叫做悲剧的意念。如果整个人类终将灭亡……那么，它担负的作为一切未来时代最高使命的目标就在于：团结成整一的共同体，用悲剧的意念集体去迎接即将到来的没

---

[68]　Cf. Daniel Came, "The Aesthetic Justification of Existence", in Keith Ansell Pearson (ed.), *A Companion to Nietzsche*, Malden, Massachusetts: Blackwell Publishing Ltd., 2006, pp. 41-57.

[69]　尼采:《快乐的科学》，周国平译，《悲剧的诞生——尼采美学文选》，第245页。

落"。[70] 他写道:"一个民族乃至一个人的价值,仅仅取决于它能在多大程度上给自己的体验打上永恒的印记,因为借此它仿佛就超凡脱俗了,显示出它对时间的相对性和对生命的真正意义即形而上学意义的无意识的内在信念。"悲剧表明了生成(Werden)和存在(Sein)永远不可能并存,形而上学的慰藉让我们暂时挣脱变易的纷扰。在短促的瞬间,我们成了世界意志本身,感受到它无法遏制的生存欲望和生存快乐,体认到为了成全意志的生生之力,斗争、痛苦、现象之毁灭是多么必要;我们仿佛与生存的原始快乐合为一体,同时又被痛苦的锋芒刺穿。"尽管有恐惧和怜悯,我们仍然是幸运的生者,不是作为个体,而是作为与其生殖快乐相融通的生者。""不是为了摆脱恐惧和怜悯……而是为了超越恐惧和怜悯,成为永恒的生成快乐本身——那种把毁灭的快乐也包含于其中的快乐……"[71] 在这一瞬间,生命的意义获得了阐明,它让我们无畏、无惧、无欺地去面对生存和世界。

尼采的艺术形而上学以十分尖锐的形式提出了生成与存在对立的问题。这是发生在赫拉克利特和巴门尼德之间的古老争执,柏拉图以后的哲学选择了巴门尼德的道路,把永恒不变的存在当作真实的世界,而将生成、变化、流逝斥为虚假的世界。尼采终生致力于批判这一西方形而上学传统。他在正式写作《悲剧的诞生》之前就称自己的哲学为"颠倒的柏拉图主义"——当然这与他后期坚持的哲学立场有着原则性的差别。稍后,他又徒劳无功地在希腊悲剧时代的哲学里寻

---

[70] 尼采:《瓦格纳在拜罗伊特》,周国平译,《悲剧的诞生——尼采美学文选》,第 127 页(KSA 1: 453)。

[71] 参见尼采《悲剧的诞生》,第 123、169 页(KSA 1: 108, 148);《偶像的黄昏》,《尼采著作全集》第 6 卷,第 200 页(KSA 6: 160)。

找悲剧智慧的征象,其间唯对赫拉克利特略感亲近,如他晚年所评论的:尽管赫拉克利特也没有公正地对待感官,但是他认定存在是一个空洞的虚构,"肯定流逝和毁灭……肯定对立和战争,肯定生成,以及彻底否定'存在'的概念"都是与酒神哲学息息相通的。尼采甚至说:"'永恒轮回'学说,亦即关于万物无条件和无限往复循环的学说——查拉图斯特拉之学说,可能终究也已经为赫拉克利特所教导过。"于是,他再次提出所谓形而上学的慰藉问题:希腊人用酒神秘仪担保了什么?"永恒的生命,生命的永恒轮回;在过去被预告、被敬献的将来;超越死亡和变化的凯旋式的生命之肯定;真正的生命即通过生殖、通过性的秘仪而达到的总体之永生。"[72]

海德格尔在讨论尼采的永恒轮回思想时特地引用了尼采后期著作中和悲剧有关的两段文字。一段出自《善恶的彼岸》(1886年):"在英雄周围一切都成为悲剧;在半神周围一切都成为萨提儿剧;而在上帝周围一切都成为——什么呢?也许是'世界'。"海德格尔以此作为解释相同者之永恒轮回的指导思想。另一段是《快乐的科学》(第一版,1882年)最后一节,题为"悲剧的起源"(Incipit tragoedia),意

---

[72] 参见孙周兴、王庆节主编《海德格尔文集·尼采》上卷,第 182 页(GA 6.1: 156);Friedrich Nietzsche, *Nachgelassene Fragmente 1869–1874*, KSA 7: 199。海德格尔针对尼采早期所谓"颠倒的柏拉图主义"提法指出:"这是这位思想家对他整个后期哲学基本立场的一个令人惊奇的预见,因为他在最后的创作岁月里的努力,无非就是这种对柏拉图主义的颠倒。当然,我们不可忽视,尼采早期的这种'颠倒的柏拉图主义'与他最后在《偶像的黄昏》中达到的立场还是十分不同的。"另参见尼采《希腊悲剧时代的哲学》,李超杰译,商务印书馆 2006 年版;《偶像的黄昏》《瞧,这个人》,《尼采著作全集》第 6 卷,第 92、199—200、396—398 页(KSA 6: 75, 159-160, 312-313)。

谓悲剧开始了。这节文字几乎原封不动地成了《查拉图斯特拉如是说》（1883—1885年）第一部的开头。海德格尔指出，悲剧性经验以及关于悲剧性起源和本质的洞察是尼采思想的基本成分，当他思考永恒轮回观念时，悲剧性就成为存在者的基本特征，而悲剧性概念也是随着其思想的内在变化和澄清渐渐明了起来的。[73] 尼采晚年的一则著名笔记写道："给生成打上存在之特征的印记——此即最高的权力意志。基于感官的和基于精神的双重伪造，旨在保存一个存在者世界，一个持久物、等价物之类的世界。一切皆轮回，这是生成世界向存在世界的极度接近——观察之顶峰。"[74] 此刻他想到的大抵还是十多年前讨论形而上学慰藉时的那些经验，但是思想的性质已经不同了。因此，关键不是去追究所谓审美形而上学在何种程度上蕴含了其权力意志和永恒轮回思想，而是要认清一个事实：尼采的形而上学探索始终受悲剧性经验引导和支配，他关于这种经验的概念或理解总在变化，经验本身却似乎保持着某种恒定状态。尼采后期不断地检视、回溯、暗示就是想确认这一点，并且尝试重续原初的基本判断。迄今绝大多数评论者都承认《悲剧的诞生》是一本极其晦涩的书，他们肯付出耐心和同情，不是因为这本书包含多少微言大义，而是因为它在思想史上引爆了巨大能量。在哲学审美论的范围内，尼采的艺术形而上学延续了席

---

[73] 参见孙周兴、王庆节主编《海德格尔文集·尼采》上卷，第261、289—294页（GA 6.1: 225, 246-251）；尼采《善恶的彼岸》，《尼采著作全集》第5卷，第123页（KSA 5: 99）；《快乐的科学》，黄明嘉译，华东师范大学出版社2007年版，第318—319页（KSA 3: 571）。

[74] 参见尼采《1885—1887年遗稿》，《尼采著作全集》第12卷，第356—357页；KSA 12: 317。

勒和德国浪漫派用艺术—审美来解决主体正当性问题的思路，然而叔本华的悲观主义让尼采不得不去面对道德世界观崩溃的后果，于是他试图挤压审美或感性（das Ästhetische）一词的歧义：一面是后康德时代哲学赋予它的超越论的形而上学意义，一面是他与自己尚不知晓的克尔凯郭尔所理解的属身体的本能的生理学意义。审美（感性）的这两层看似不相容的含义共存于尼采艺术与美学思考始末。他用两个命题来概括艺术形而上学之要义。一个是消极的命题："唯有作为审美现象，生存和世界才是永远有正当理由的"，这就彻底否定了早先认识论形而上学和道德形而上学的努力，也排除了认识、道德与审美合力解决主体正当性问题的后启蒙方案。另一个是积极的命题："艺术是生命的最高使命和生命真正的形而上学活动"，它意味着艺术所揭示或呈现的是生命（生活）的本来状态，亦即未经任何模态（科学、道德、宗教等）规范的本源意义的世界。[75] 依此而论，尼采的艺术形而上学实质地触及了20世纪哲学中的生活世界主题。

---

[75] 参见尼采《悲剧的诞生》，第18、48页；KSA 1: 24, 47。

第六章
中国现代审美论思想的起源

中国现代美学的兴起，并非缘于对文学艺术的纯知识兴趣，而是为了因应古今社会变局所引发的现代问题。现代问题指个人主体之正当性问题，包括两个方面：一是主体如何成为认识和道德的最后根据，二是主体之间如何协同建立一个合乎理性的社会。晚清以降，中国思想界遭遇现代问题，即"立人"的问题。鲁迅在《文化偏至论》（1908年）中把这个时代主题概括成"掊物质而张灵明，任个人而排众数"："其首在立人，人立而后凡事举；若其道术，乃必尊个性而张精神。"[1] 20世纪初王国维的哲学和美学探索是时代潮流的一部分，不过他对时贤着眼于政治、道德、实利的学术兴趣不以为然，力倡"纯粹之哲学与纯粹之美术"："天下有最神圣、最尊贵而无与于当世之用者，哲学与美术是已。……至为此学者自忘其神圣之位置，而求以合当世之用，于是二者之价值失。"[2] 所谓"纯粹之哲学"是指德国观念论及其余绪，而"纯粹之美术"便是这派哲学所声扬的艺术理想。王国

---

[1] 鲁迅：《文化偏至论》，《鲁迅全集》第1卷，人民文学出版社1981年版，第46、57页。

[2] 参见王国维《论哲学家与美术家之天职》，谢维扬、房鑫亮主编《王国维全集》第一卷，浙江教育出版社、广东教育出版社2009年版，第131—133页。所谓"美术"是指西方18世纪以来的美的艺术（Beaux Arts / Fine Arts）。

维的阅读主要限于康德、席勒和叔本华，兼及尼采，他尤其敏感于其中的审美论思想。

哲学审美论主张："艺术与情感不仅是哲学的中心论题，而且必须纳入哲学思想的根基之中。"[3] 它包含两个基本观念：一是审美自律论，即认为审美无须借助认识和道德而具有自足的意义；二是审美超越论，即把审美当作主体正当性问题的最终解决之道。德国审美论观念因王国维的阐发在汉语思想界立根，后经蔡元培、朱光潜、宗白华、李泽厚等人改造，成为20世纪中国美学根深蒂固的信条。中国现代审美论并非西方观念的简单移植，而是立足于社会现实问题、会通汉语传统思想形成的独具文化特色的理论。

王国维早年有过做系统哲学的抱负，即便在他"疲于哲学"之际也没有全然舍弃。《自序二》（1907年）云："居今日而欲自立一新系统，自创一新哲学，非愚则狂也。""以余之力，加之以学问，以研究哲学史，或可操成功之券。然为哲学家则不能，为哲学史则又不喜，此亦疲于哲学之一原因也。"[4] 其实，此前及稍后王国维是朝着哲学家兼哲学史家的方向去努力的，他这一时期的著述大体分为三类：一是介绍西方哲学特别是康德和叔本华的学说，旁涉教育学、心理学等；二是

---

[3] Cf. Sebastian Gardner, "Philosophical Aestheticism", in Brian Leiter & Michael Rosen (eds.), *The Oxford Handbook of Continental Philosophy,* New York: Oxford University Press Inc., 2007, p. 76.

[4] 王国维：《自序二》，《王国维全集》第十四卷，第121—122页。此文末尾写道："虽然，以余今日研究之日浅，而修养之力乏，而遽绝望于哲学及文学，毋乃太早计乎！苟积毕生之力，安知于哲学上不有所得，而于文学上不终有成功之一日乎？……若夫深湛之思，创造之力，苟一日集于余躬，则俟诸天之所为欤！俟诸天之所为欤！"

从西方理论视角审度中国文艺、美学及教育问题，如《红楼梦评论》（1904年）以叔本华悲观主义哲学来阐释《红楼梦》，《古雅之在美学上之位置》（1907年）尝试从中国艺术经验出发修正、补充康德和叔本华的理论；三是运用西方哲学的观念与方法研究中国传统思想，其中《论性》《释理》（1904年）、《原命》（1906年）是重构中国哲学体系的最初尝试。王国维的美学研究至《人间词话》（1908年）告一段落，尔后《宋元戏曲史》（1913年）论元曲和元南戏之"文章"部分虽沿用以前若干概念，然旨趣已异。因此，对于王国维相关著述，既不能简单认作断编残简，也不必过分强调其体系性，而贯穿其间的审美论思路却是有迹可寻的。

中国现代审美论由王国维而起，其主要论题都是他首次提出并作出初步论证的。

第一节　审美与形而上学

王国维是中国美学史研究的开创者之一，他的《孔子之美育主义》（1904年）、《古雅之在美学上之位置》及《人间词话》是这一领域公认的奠基之作。但是，王国维对中国古代是否有所谓"美学"是存疑的。在他看来，中国传统思想以道德哲学和政治哲学见长，并无"纯粹之哲学"。周秦及两宋之际的形而上学，不过是为巩固道德哲学的根基，而非出于对形而上学本身的兴趣，更何况美学、名学、知识论之类冷僻的问题。至于文学，他认为，传统诗歌多以咏史、怀古、感事等为题，抒情叙事之作相对少见，其艺术价值仅在写自然美一面；而戏曲、小说往往以惩劝为目的，即便有纯艺术的目的，也动辄遭世人贬抑。[5]显然，王国维心中的"美学"并非关于美和艺术的泛泛之论，而是现代意义上的自律的美学，他用流行的无利害观念来形容此种美学的理想。

王国维的哲学研究从康德入手，他初读《纯粹理性批判》不得其解，未半而辍，于是转读叔本华的著作，认为"叔氏之书，思精而笔锐"，"尤以其……《汗德哲学之批评》一篇为通汗德（按：即康德）哲学关键"，后"更返而读汗德之书，则非复前日之窒碍矣"。[6]王国维是依靠叔本华《作为意志和表象的世界》第一卷附录《康德哲学批判》一文引导迈过康德哲学门槛的，这一点十分重要。叔本华在此文中对批判哲学作了釜底抽薪式的改造，其目的是要撤开后康德时代观念论的遗产，把自己的哲学扮成正宗康德派。他试图借助贝克莱的唯心主义立场来破除康德在先验观念论（唯心主义）和经验实在论之间达成的折中。叔本华认为，康德的最大功绩在于区分现象和自在之物（物自身），他虽然没有达到现象即表象的世界而自在之物即意志这样的认识，但是他已指出现象世界既以主体也以客体为条件，并且演证了人类行为的道德意义与现象的法则毫无瓜葛，是直接触及自在之物的东西。不过，康德没有从不存在无主体之客体这个简单的真理出发，也没有分清直观的和抽象的认识，因而导致两个世界的隔绝。叔本华

---

[5] 参见王国维《论哲学家与美术家之天职》，《王国维全集》第一卷，第132—133页。

[6] 参见王国维《静安文集·自序》，《王国维全集》第一卷，第3页；《自序》，《王国维全集》第十四卷，第120页。

则要超出批判哲学的限制，回到形而上学的根本论题。[7] 王国维毫无保留地接受了叔本华的观点，在他看来，自康德以降百余年，能正其说而自成系统者，叔本华一人而已。"汗德之学说，仅破坏的而非建设的。彼憬然于形而上学之不可能，而欲以知识论易形而上学，故其说仅可谓之哲学之批评，未可谓之真正之哲学也。叔氏始由汗德之知识论出，而建设形而上学，复与美学、伦理学以完全之系统……"王国维深谙叔本华体系之构成，同时也听信了他对费希特、谢林、黑格尔的贬抑之词："古今之哲学家往往由概念立论，汗德且不免此，况他人乎！特如希哀林（按：即谢林）、海额尔（按：即黑格尔）之徒，专以概念为哲学上唯一之材料，而不复求之于直观……叔氏谓彼等之哲学曰'言语之游戏'，宁为过欤？叔氏之哲学则不然，其形而上学之系统，实本于一生之直观所得者……"[8]

---

[7] 参见叔本华《作为意志和表象的世界》，石冲白译，商务印书馆 2009 年版，第 566、571—572、584—588、592、602 页。

[8] 参见王国维《叔本华之哲学及其教育学说》，《王国维全集》第一卷，第 35、43 页。叔本华称费希特、谢林、黑格尔为"康德以后三个著名诡辩家"，一有机会便对他们加以指责（参见叔本华《作为意志和表象的世界》，第 13 页）。不久之后，王国维就意识到把康德知识论"仅破坏的而非建设的"判断推及其整个学说是不妥的。《汗德之伦理学及宗教论》（佚文，1906）说："汗德之《纯粹理性批评》使吾人陷于绝对之怀疑论。何则？彼于此书中廓清古今之形而上学，而以科学的方法证之也。然遽谓汗德为怀疑论者则大不然。怀疑论不过汗德哲学之枝叶，而非其根本。以此罪汗德，全不知其哲学之精神与其批评之本旨也。""彼尽褫纯粹理性之形而上学的能力，而以之归于实践理性即意志。……而纯理批评之态度至此方面而一转：理论上之怀疑变而为实践上之确实。"（王国维：《汗德之伦理学及宗教论》，《王国维文集》第三卷，中国文史出版社 1997 年版，第 308—309 页）

王国维此论颇有可议之处。他倾心于叔本华哲学,将其直观说奉为圭臬,用以审度一切哲学和文艺,这本无问题。他借此说在叔本华哲学和谢林、黑格尔乃至整个传统哲学之间强分高下,其实是就思想方法与表达风格而言的。所谓叔本华形而上学"实本于一生之直观所得者"未免夸大,而且此等赞语至少也适用于柏拉图和谢林的某些著作。从哲学观点看,叔本华自诩其直观说为"空前绝后之大发明"不过是欺世之言,王国维却相信了。叔本华指责康德把直观限于感性而否认理智直观,完全是在重复费希特、谢林和早期德国浪漫派的观点。[9] 理智直观概念经费希特、荷尔德林、诺瓦利斯、F. 施勒格尔等人阐发,其意义从一般超感性认识能力逐渐转向审美的能力。谢林在《先验唯心论体系》(1800 年)中指出,审美直观作为客观化的理智直观是真理唯一的、最高的显现方式,艺术独立于任何外在目的甚至远高于科学而具有神圣性和纯洁性。德国早期审美论的认识论基础由此得以确立。如弗兰克(Manfred Frank)所说,只有在谢林哲学里,也仅仅在 1800 年,艺术首次在西方哲学史上被阐释为最高境界,美学被提高到了原理的地位。[10] 王国维偏听叔本华之言,忽略了现代审美论生成的重要环节,进而断言,与其"视叔氏为汗德之后继者",毋宁"视汗德为叔氏之前驱者",因此也无缘见识康德哲学和美学的

---

[9] 参见王国维《周秦诸子之名学》(佚文),《王国维全集》第十四卷,第 25 页;叔本华《充足理由律的四重根》,陈晓希译,商务印书馆 1996 年版,第 40—41 页;叔本华《作为意志和表象的世界》,第 592—600 页。

[10] 参见曼弗兰克《德国早期浪漫主义美学导论》,吉林人民出版社 2005 年版,第 146 页。关于直观问题的详细讨论,可参见本书第四章。

复杂面向。[11]

王国维美学承袭叔本华学说,以人生论为依归,把艺术当作超脱欲念而归于恬静的慰藉之道。其立论基础是:"美之为物,不关于吾人之利害者也,吾人观美时,亦不知有一己之利害。"此命题本于康德,但王国维将它等同于叔本华所谓"无欲之境界"不免仓促。康德主张美与鉴赏无关利害,旨在表明审美愉悦既区别于感官享受,也区别于道德情感——前者是由刺激引起的生理性质的愉悦,后者是纯粹实践性的愉悦;在此意义上,鉴赏判断是静观的。叔本华把静观解释为不计任何利害的观察,只是在字面上重复康德的意思,骨子里却大不一样。[12] 在康德,人既是认识主体又是道德主体,后者亦称为自律的意志主体即实践理性本身,其美学和目的论是为了消除主体内部的

---

[11] 参见王国维《叔本华之哲学及其教育学说》,《王国维全集》第一卷,第35页。此前王国维读过文德尔班的《哲学史教程》("文特尔彭之《哲学史》"),他对后康德时代观念论的判断可能同时受到文德尔班下述观点的影响:"康德哲学最大的影响在于:所有这些体系的共同特性是唯心主义;它们全都从康德在阐述物自体概念中交织着的种种敌对思想发展而来。在犹豫不决的批判后不久,费希特,谢林和黑格尔带头坚持不懈地将世界理解为理性体系。"其实,文德尔班在书中对谢林的艺术哲学作过简要而中肯的评论,但是他没有提及审美直观的概念,而用"审美理性"来概括:"如果康德曾把天才定义为能像自然一样活动的才能,如果席勒曾把审美的游戏状态刻画为真正有人性的,那么谢林则宣称审美理性是唯心主义体系的顶峰。"因此没有引起王国维的注意(参见文德尔班《哲学史教程》下卷,商务印书馆2009年版,第319、378—379页;王国维《自序》,《王国维全集》第十四卷,第120页)。

[12] 参见王国维《孔子之美育主义》,《王国维全集》第十四卷,第14—15页;康德《判断力批判》,邓晓芒译、杨祖陶校,人民出版社2002年版,第38—40、44页;叔本华《作为意志和表象的世界》,第260页。

分裂。叔本华认为，人首先是认识主体，实质是受盲目的力驱动的意志主体，审美之要义在于中止意志的活动而转向纯粹认识。简言之，康德哲学本质上是道德论的，而叔本华哲学是审美论的。王国维意识到两者之间的差别："汗德于其《实理批评》中说意志之价值，然尚未得为学界之定论。……至叔本华出而唱主意论。彼既由吾人之自觉而发见意志为吾人之本质，因之以推论世界万物之本质矣。""于是叔氏更由形而上学进而说美学……独天才者，由其知力之伟大，而全离意志之关系，故其观物也视他人为深，而其创作之也与自然为一。故美者，实可谓天才之特许物也。"[13] 王国维坚持审美论立场，于是引席勒的观点来调和二者间的隔阂："审美之境界乃物质之境界与道德之境界之津梁也。于物质之境界中，人受制于天然之势力；于审美之境界，则远离之；于道德之境界，则统御之。"席勒《审美教育书简》是现代审美论的真正开端，但是，王国维觉得仅凭这段文字不足以说明审美论的基本立场，因为其中审美仍居于道德之次，他转引文德尔班的评述，以证席勒"更进而说美之无上之价值"："最高之理想存于美丽之心（Beautiful Soul），其为性质也，高尚纯洁，不知有内界之争斗，而唯乐于守道德之法则……"[14] 后来，王国维在梳理另一条线索

---

[13] 王国维：《叔本华之哲学及其教育学说》，《王国维全集》第一卷，第 37—40 页。
[14] 参见王国维《孔子之美育主义》，《王国维全集》第十四卷，第 16 页；文德尔班《哲学史教程》下卷，第 370 页。王国维所引席勒《审美教育书简》的观点也出自文德尔班著作（"芬特尔朋《哲学史》"），其中后一句是席勒第二十四封信的原文，下文中"美丽之心"今译"美的灵魂"，是席勒在《秀美与尊严》中提出的观念（参见席勒《审美教育书简》，冯至、范大灿译，《席勒经典美学文选》，生活·读书·新知三联书店 2015 年版，第 161—164 页）。

时又邂逅德国早期审美论的问题史。《述近世教育思想与哲学之关系》（佚文，1906年）隐约触及温克尔曼、莱辛的希腊世界观与赫尔德、歌德、席勒代表的审美人文主义的精神联系，并借包尔生的论述探讨了启蒙思想与后启蒙时代新人文主义的分歧，指出："新人文派之思想，对彼启蒙的实利之人生观，实为一有力之反动"，"此时代，以为人类心的天性之十分发展，自有绝对的价值，吾人本体之完全的构成，于其美之精神认见之，而由质素之自然的风气，与智情意之最高尚最自由之陶冶，两相结合，而始得之者也"。[15]

王国维一面竭力厘清他所属意的审美论的思想轮廓，一面积极运用这些理论来研究文艺作品和社会现象，《红楼梦评论》便是最早的尝试。此文独特之处在于，它用一部文学作品来演绎一个哲学体系，或者说，拿一种外来哲学来附会一本书，而且始终关心的是人生论问题。

《红楼梦评论》首先依叔本华学说略述人生与艺术问题，无非是以欲望为生活之本质、以审美为解脱之道，而接下来的议论却不同凡响：王国维试图把《红楼梦》之精神解作审美的形而上学，并且对叔本华伦理学提出诘难。第二章开篇袁伽尔（G. A. Bürger，今译毕尔格）的诗

---

[15] 参见王国维《述近世教育思想与哲学之关系》，《王国维文集》第三卷，第20—22页。包尔生在《伦理学体系》（王国维所引证的）相关章节中提到，在赫尔德、歌德、席勒等新人文主义者圈子里，"文化"已取代"启蒙"的位置，而"重新复活的希腊人生理想与其说是实用的，不如说是审美的"（参见包尔生在《伦理学体系》，何怀宏、廖申白译，中国社会科学出版社1988年版，第173、476页）。关于魏玛审美人文主义的讨论，可参见 Josef Chytry, *The Aesthetic State: A Quest in Modern German Thought*, Berkeley: University of California Press, 1989. pp. 3-105。

句引自叔本华《作为意志和表象的世界》第二卷第四十四章"性爱的形而上学"。其大意是：万物相俦相交相合，人亦不免，其中因缘，智者何以解之？原文比较直白，王国维则译得十分古奥："嗟汝哲人，靡所不知，靡所不学，既深且跻。粲粲生物，罔不匹俦。各啮阙齿，而相阙攸。匪汝哲人，孰知其故。自何时始，来自何处？嗟汝哲人，渊渊其知。相彼百昌，奚而熙熙？愿言哲人，诏余其故。自何时始，来自何处？"王国维称："其自哲学上解此问题者，则二千年间，仅有叔本华之《男女之爱之形而上学》耳。"不过他的论说与该章关系不大，乃是从叔本华哲学体系涉入。他先引《红楼梦》开卷"男女之爱之神话"以证叔氏形而上学："此可知生活之欲之先人生而存在，而人生不过此欲之发现也。"继而借宝玉与和尚的"还玉之言"述叔氏伦理学："解脱之道存于出世而不存于自杀。出世者，拒绝一切生活之欲者也。"《红楼梦评论》按图索骥的解释方法常常遭人诟病，但是作者的用心显然不止于此。王国维认为，解脱分为两种：一是观他人之苦痛而觉悟，"唯非常之人，由非常之知力，而洞观宇宙人生之本质……由是求绝其生活之欲，而得解脱之道"；二是觉自己之苦痛而警醒，"彼以生活为炉，苦痛为炭，而铸其解脱之鼎"。惜春、紫鹃之解脱属于前者，宝玉之解脱属于后者。"前者之解脱，超自然的也，神明的也；后者之解脱，自然的也，人类的也。前者之解脱宗教的，后者美术的也。前者平和的也；后者悲感的也，壮美的也，故文学的也，诗歌的也，小说的也。"此论算不得高明，却将叔本华的弃世主义伦理切开，一半归于宗教，一半归于美学。"美术之务，在描写人生之苦痛于其解脱之道，而使吾侪冯生之徒，于此桎梏之世界中，离此生活之欲之争斗，而得其暂时之平和。"[16]

　　王国维从此开始摆脱叔本华哲学的暗淡前景，尝试从纯粹审美论的立场考察人生和艺术问题。在论《红楼梦》的美学价值时，他又提出解脱有他律与自律之别：《桃花扇》之解脱是他律的，即政治的、国民的、历史的；《红楼梦》之解脱是自律的，即哲学的、宇宙的、文学的。所谓解脱几可当自由来讲，而自律是就美学与形而上学而言的，自律的解脱实近乎审美超越论意义上的自由。他认为，《红楼梦》旨在描写人生，是彻头彻尾的悲剧。宝黛情缘属于叔本华所说的第三种悲剧，其不幸是由剧中人物的地位及关系造成的，未必有蛇蝎之人或意外变故作难，"不过通常之道德，通常之人情，通常之境遇为之而已"。此种悲剧离我们太近，让我们感同身受，不寒而栗。他写道："叔本华……于悲剧之中，又特重第三种，以其示人生之真相、又示解脱之不可已故。"悲剧揭示宇宙人生之本性即意志及其自身的矛盾冲突，这是叔本华的观点；悲剧同时昭示解脱之不可能，则出诸王氏己意。[17] 他进而指出，《红楼梦》的伦理学价值在于其叙事自忧患始、以解脱终，从出世之结局见出在世之意味。接着，他劈空抛出一个疑问："然则解脱者，果足为伦理学上最高之理想否乎？"他用辩难的方式一步步求解：正题依叔本华援引的原罪说为解脱之理想辩护。从世

---

[16] 参见王国维《红楼梦评论》，《王国维全集》第一卷，第 54—64 页；Arthur Schopenhauer, *The World as Will and Idea*, Vol. III, trans. R. B. Haldane and J. Kemp, London: Kegan Paul, Trench, Trubner and Co. Ltd., 1909, p. 336（这是王国维所依据的英译本的稍后修订版，下文不再一一说明）。

[17] 参见王国维《红楼梦评论》，《王国维全集》第一卷，第 64—69 页；叔本华《作为意志和表象的世界》，第 348、350—351 页。

俗道德看，宝玉其人可谓不忠不孝，然由罪与赎关系观之，宝玉出家是践行大德。反题则力证解脱之不可能。若世人尽得以解脱，宇宙便成了无。人若无欲无生，为现世人生的艺术岂不要消亡？按叔本华学说，意志为一切人及万物之根本，今拒一己之意志有何用？"故如叔本华之言一人之解脱，而未言世界之解脱，实与其意志同一之说，不能两立者也。"王国维遂以悬疑作答，而关于《红楼梦》价值的讨论也草草收场："要之，解脱之足以为伦理学上最高之理想与否，实存于解脱之可能与否。""夫以人生忧患之如彼，而劳苦之如此，苟有血气者，未有不渴慕救济者也；不求之于实行，犹将求之于美术。独《红楼梦》者，同时与吾人以二者之救济。"[18]

上述疑问是王国维终生未解的，不过文中留有一丝线索，暗示了其思想变化之机。他对叔本华关于无的议论颇感兴趣。《作为意志和表象的世界》第一卷末尾描述解脱之后的精神境界："所有已达到彻底否定意志的人所经历的境界，就是所谓物我两忘、大彻大悟、与神为一，等等。"在那些仍身陷意志的人们看来，这当然就是无；相反，对于觉者来说，红尘世界乃至整个宇宙，也就是无。呈现于此境的，"是高于一切理性的心如止水般的深沉宁静，从容不迫的自得和怡悦"。拉斐尔和柯勒乔的画记录了圣者们的神情。王国维将此说解作"灭不终灭、寂不终寂"，并指出："自已解脱者观之，安知解脱之后，山川之美，日月之华，不有过于今日之世界者乎？读《飞鸟各投林》之曲，所谓'一片白茫茫大地真干净'者，有欤无欤，吾人且勿问，但立乎今日之人生而观之，彼诚有味乎其言之也。"此语隐约透出

---

[18] 参见王国维《红楼梦评论》，《王国维全集》第一卷，第69—75页。

日后境界说的影子。叔本华提醒道:"这种境界本不能称为认识,因为这里已没有主体和客体的形式了,并且也只是一己的无法传达的经验所能了知的。"王国维转而指出,艺术因现世人生而起,其"唯于如此之世界、如此之人生中,始有价值耳",对于向无生死苦乐挂碍之人或已解脱者,不过"蛩鸣蝉噪""犹馈壮夫以药石"而已。[19] 叔本华认为,艺术予人一时之安慰,使他暂得以解脱,而圣者所达至的是永远的解脱。现在的疑问是:永远的解脱是否可能?此问于王国维而言实关乎自己的理论选择:若其是,美学的理想应让位于伦理学的理想,如叔本华所为;若其非,则伦理学的理想或可由美学的理想来取代?这是他提出"绝大之疑问"的根由所在。在稍后的《叔本华与尼采》(1904年)一文中,他指出,寂灭之可能与否是一个不可解的疑问,倒是叔本华美学的天才论偶露其意志说之真容。尼采反对叔本华伦理学尤其是寂灭说,但是接续了天才论和智识(知力)贵族主义,从而彻底发展了其美学思想。[20] 其实,这也是王国维自己的意图。他从纯美学的角度称赞孔门之人生理想:"之人也,之境也,固将磅礴万物以为一,我即宇宙,宇宙即我也。……此时之境界:无希望,无恐怖,无内界之争斗,无利无害,无人无我,不随绳墨,而自合于道

---

[19] 参见王国维《红楼梦评论》《叔本华与尼采》,《王国维全集》第一卷,第71—72、99页;叔本华《作为意志和表象的世界》,第556—561页。译文有改动(Cf. Arthur Schopenhauer, *Die Welt als Wille und Vorstellung*, in *Werke in zehn Bänden*, Zürich: Diogenes, 1977, Band II, S. 506-508)。据笔者所见,仅佛雏注意到王国维关于《飞鸟各投林》的议论与叔本华所谓无之境界的关系(参见佛雏《王国维诗学研究》,北京大学出版社1987年版,第61—62、119页)。

[20] 参见叔本华《作为意志和表象的世界》,第367—368页;王国维《静安文集·自序》《叔本华与尼采》,《王国维全集》第一卷,第3、81—82、94页。

德之法则。"[21] 他以后关于文艺的著述专注于艺术、直观与真理问题及其慰藉功能，绝少提及伦理学意义的解脱。

审美理想论旨在探究主体的形而上学意义，通俗地讲，亦即解答人生价值的问题。按现代哲学的区分，主体有知、意、情三种能力，即认识能力、道德能力和审美能力。笛卡尔把人的实存界定为纯粹认识主体（我思），由此提出一种认识论形而上学。康德担心此论会导致认识主体的僭越，于是用道德形而上学取而代之，将人的本质界定为先验的道德主体，并且为了弥合因此留下的裂痕而求助于审美能力批判。现代审美论思潮缘此而起，在后康德时代持续扩张。其间有两条路线：一是席勒、早期德国浪漫派和谢林所主张的后启蒙路线，一是以尼采为代表的激进的反启蒙路线。前者虽力主审美的超越性，却仍坚持在知意情整合的框架内处理问题，只是强调审美是最终起决定作用的力量；后者则是要在认识、道德拯救世道人心的努力失败之后，让审美独自来解决主体正当性问题。叔本华正好在这个转折点上。他把康德的自我立法的意志替换成本能的求生存的意志，从而抽去了道德形而上学的根基。他尝试以艺术（审美）形而上学来填补人生价值的虚空，不过最后他还是选择了伦理学，把至善解释为意志的自我取消和否定。王国维主要是通过叔本华接受这一思潮的，他不满于叔本华弃世主义伦理，转而借康德、席勒和尼采的某些观念来张扬审美理想论，实即一种审美形而上学。从早期德国浪漫派和谢林开始，审美形而上学一直与艺术本体论缠绕在一起。就形式而言，前者是关于人生价值或生命意义的规范性理论，后者是关于艺术存在之本质特征的

---

[21]　王国维《孔子之美育主义》，《王国维全集》第十四卷，第17页。

描述性理论；从合理性角度讲，前者之应然须由后者之实然来演证，虽然二者事实上都基于同一个艺术理想。王国维美学是循此思路展开的。《人间词话》在词学视野里提出的境界说实质是一种艺术本体论，它力图以汉语文学经验及观念会通外来思想，而立论根基是主体哲学。

第二节　艺术、直观与真理

境界是王国维词学的最高范畴。《人间词话》开宗明义："词以境界为最上。有境界则自成高格，自有名句。五代北宋之词所以独绝者在此。"又云："沧浪所谓'兴趣'，阮亭所谓'神韵'，犹不过道其面目；不若鄙人拈出'境界'二字，为探其本也。"王国维用境界来形容词之本体或本质并无疑义，问题是他何以要在此处插入貌似离题的三种境界一说："古今之成大事业、大学问者，必经过三种之境界：'昨夜西风凋碧树。独上高楼，望尽天涯路'，此第一境也，'衣带渐宽终不悔，为伊消得人憔悴'，此第二境也，'众里寻他千百度，回头蓦见，那人正在，灯火阑珊处'，此第三境也。"此则词话摘自其《文学小言》（1906年），改动颇多。王国维对这段文字非常在意，乃至数年后发表的《人间词话》重编本依然保留了下来。文末说"然遽以此意解释诸词，恐为晏、欧诸公所不许也"，表明此番话有断章取义的意味，但切不可认作闲笔，除非他真的把词话当成自己的私人笔记了。《文学小言》第五则讲的是"三种之阶级"，由人生之一般而及于文学。所谓阶级当有时间或逻辑先后,因言"未有未阅第一第二阶级,而能遽跻第三阶级者"。[22] 此时王国维浸淫于中西哲学已久,所以要从中找寻各路思想影响的痕迹并非难事。例如,佛雏尝试以禅宗"渐修"和"顿悟"解之。陈鸿祥认为,王国维此论与《汗德之知识论》(佚文,1904 年)所述康德"知力之三阶级"说有关,阶级之递进也与后者相合。[23] 按此思路推演,三阶级说与叔本华知识论、形而上学(意志论)、美学三个部分大体对应,也可能受到叔氏《人生诸阶段》一文的影响。[24] 无论如

---

[22] 参见王国维《人间词话》,《王国维全集》第一卷,第 461、463、468 页;《文学小言》,《王国维全集》第十四卷,第 94 页。关于《人间词话》,第二十六则所论之"境界",研究者多认为与王国维词学中的"境界"概念是不同的。徐复观说:"王氏此处所用的'三种之境界',与唐以来的传统用法相合,指的是精神境界,但这既不可谓之'景物',也不可谓之'喜怒哀乐'。这在他的全书中也只好算是歧义。"(徐复观《王国维〈人间词话〉境界说试评》,《徐复观全集》第十卷,九州出版社 2014 年版,第 61—62 页)。彭玉平认为:"三境说本身有姑妄言之的意味","此处'境界'与后来形成之'境界说'尚无关系,相当于'阶段'之意"(彭玉平《人间词话疏证》,中华书局 2014 年版,第 77 页)。

[23] 参见佛雏《王国维诗学研究》,第 248—255 页;陈鸿祥《王国维与近代东西方学人》,天津古籍出版社 1990 年版,第 39 页;彭玉平《人间词话疏证》,第 81—82 页。

[24] 参见叔本华《生命的旅程》(即《人生诸阶段》),《叔本华论说文集》,范进等译,商务印书馆 1999 年版,第 201—228 页。叔本华在文中叙述了人生各阶段(青少年、壮年和老年)不同的精神状态。19 世纪末,叔本华《附录和补遗》(1851)分别有巴克斯(Ernest Belfort Bax, 1854-1926)和桑德斯(T. Bailey Saunders, 1860-1928)的英文节译本,均以"文选"或"随笔集"作书名。巴克斯译本(*Selected Essays of Arthur Schopenhauer. With Biographical Introduction and Sketch of His Philosophy*, London: G. Bell and Sons, 1891)未选《人生诸阶段》一文,而桑德斯的两种译本(*Essays of Arthur Schopenhauer*, New York: A. L. Burt Company, 1893; *A Series Essays by Arthur Schopenhauer*, (转下页)

何,这两段文字都是依人生问题立论的,王国维晚年以孔子身世释三种境界亦可证之:"先生谓第一境即所谓世无明王,棲棲皇皇者;第二境是'知其不可而为之';第三境非'归与归与'之叹与?"[25]

写作《人间词话》之前,王国维除译著外通常在汉语习惯意义上使用境界一词,指某种精神状态或情形、情状。在《孔子之美育主义》一文中,他用境界来翻译席勒所谓状态(英语:state;德语:Zustand),并将审美状态解说为"无欲之境界"。[26] 境界的习惯用法

(接上页)New York: Peter Eckler, 1902)都收录了此文。王国维《大哲学家叔本华传》(佚文,1904)所列叔本华著述依据文德尔班《哲学史教程》英译本补充后的文献(Cf. Wilhelm Windelband, *A History of Philosophy. With Especial Reference to the Formation and Development of Its Problems and Conceptions*, trans, James H. Tufts, New York: Macmillan Company, 1893, 1911, p. 572),其中"《随笔录》(一千八百五十一年)"是《附录和补遗》的英译名(文德尔班德文原著作里有此书原名)。另外,王国维《自序》提到其所读书目包括叔本华"文集"(参见王国维《大哲学家叔本华传》,《王国维文集》第三卷,第317页;《自序》,《王国维全集》第十四卷,第120页)。因此,笔者推测王国维有可能读过此文。

[25] 参见王静安先生著、靳德峻笺证、蒲菁补笺《人间词话》,四川人民出版社1981年版,第32—33页;彭玉平《王国维词学与学缘研究》(上),商务印书馆2015年版,第328页。

[26] 如前文所述,王国维此处关于席勒《审美教育书简》的讨论引自文德尔班《哲学史教程》英译本。文德尔班原著未区分席勒"ästhetische Zustand"(审美状态)和"ästhetische Staat"(审美国家)两个概念,将"Zustand"等同于"Staat",英译本作"state (Staat)",王国维译为"境界"(参见王国维《孔子之美育主义》,《王国维全集》第十四卷,第16页;Wilhelm Windelband, *Lehrbuch der Geschichte der Philosophie*, 6. Auflage, Tübingen: Mohr, 1912, S. 505; Wilhelm Windelband, *A History of Philosophy*, p. 601;罗钢《传统的幻象:跨文化语境中的王国维诗学》,人民文学出版社2014年版,第121、261—262页)。另外,《论哲学家与美术家之天职》一文似用"意境"翻译叔本华所(转下页)

在《人间词话》里也有所保留。如第三十四则:"词忌用替代字。美成《解语花》之'桂华流瓦',境界极妙。惜以'桂华'二字代'月'耳。"此处"境界"应解作形象或构思。又第六则:"境非独谓景物也。喜怒哀乐,亦人心中之一境界。故能写真景物、真感情者,谓之有境界,否则谓之无境界。"前一"境界"指自然情感,后一"境界"指审美情感。[27]《清真先生遗事》(1910年)云:"境界有二:有诗人之境界,有常人之境界。诗人之境界,惟诗人能感之而能写之,故读其诗者,亦高举远慕,存遗世之意。……若夫悲欢离合,羁旅行役之感,常人皆能感之,而惟诗人能写之,故其人于人者至深,而行于世也尤广。"二者的分别与上文相似,不过常人之情感一旦入诗便有了审美的意味。故曰:"一切境界,无不为诗人设。世无诗人,即无此种境界。"[28] 而三种境界说在两种用法之间游移不定,王国维一面着眼于"大事业、大学问",一面又强调"此等语皆非大词人不能道",似乎有意沟通二者,但是没有从理论上解决人生境界向艺术境界转

(接上页)引歌德《浮士德》诗句里的"Erscheinung"(王国维所用英译本作"image"),将"was in schwankender Erscheinung schwebt (英译:the wavering images that float before the mind)"译为"胸中惝恍不可捉摸之意境"(参见《王国维全集》第一卷,第133页;Arthur Schopenhauer, *Die Welt als Wille und Vorstellung*, in *Werke in zehn Bänden*, Band I, S. 240; Arthur Schopenhauer, *The World as Will and Idea*, Vol. I, p. 240)。

[27] 王国维:《人间词话》,《王国维全集》第一卷,第462、470页。另参见《人间词话手稿》第四十九则:"昔人论诗词,有景语、情语之别。不知一切景语,皆情语也。"(同上书,第502页)

[28] 王国维:《清真先生遗事》,《王国维全集》第二卷,第424页。罗钢认为王国维的上述观点来自叔本华,并作了详细讨论(参见罗钢《传统的幻象:跨文化语境中的王国维诗学》,第77—80页)。

换的问题。[29]

作为美学范畴的境界概念可溯源至《人间词乙稿序》(署名樊志

---

[29] 王国维《文学小言》例说三种阶级之后推及文学："此有文学上之天才者所以又需莫大之修养也。"着重点在修养。接着以屈原、陶潜、杜甫、苏轼为例论天才、人格和文章的关系："此四子者苟无文学之天才，其人格亦自足千古。故无高尚伟大之人格而有高尚伟大文章者，殆未之有也。"前一句是虚拟说法，极言人格于文章之重要。若四子无天才之文章，其人格何以见出？因言："天才者，或数十年而一出，或数百年而一出，而又须济之以学问，帅之以德性，始能产真正之大文学。此屈子、渊明、子美、子瞻等所以旷世而不一遇也。"(参见王国维《文学小言》,《王国维全集》第十四卷，第94页)四子能为旷世之文学，缘集天才、德性、学问于一身。由是观之，三种阶级作为天才必需之修养，须德性（人格）与学问涵养以成。在《人间词话》手稿中，三种境界说是第二则。前一则曰："《诗·兼葭》一篇，最得风人深致。晏同叔之'昨夜西风凋碧树。独上高楼，望尽天涯路'，意颇近之。但一洒落，一悲壮耳。"此则从章句体察诗与词情致之同异。作者由晏殊句想到三种阶级说，于是用"境界"替换"阶级"，删去阶级次序，加上"此等语皆非大词人不能道"一句，接续"意颇近之"的话题。后一则顺理成章论气象："太白纯以气象胜。'西风残照，汉家陵阙'，寥寥八字，独有千古。"(参见王国维《人间词话手稿》,《王国维全集》第一卷，第485—486页) 王国维写作《人间词话》之初的思绪大抵如此，他尚未明了境界一说向何方引申。两相比照，境界说虽脱胎于阶级说，其实变化是相当大的。《人间词话》初刊本此则列第二十六，之前境界说已初成气候。手稿第一则列第二十四，中间一则也引了晏殊词句："'我瞻四方，蹙蹙靡所骋'。诗人之忧生也。'昨夜西风凋碧树。独上高楼，望尽天涯路'似之。'终日驰车走，不见所问津'。诗人之忧世也。'百草千花寒食路，香车系在谁家树'似之。"依上下文理解，第一二境似乎与忧生、忧世相关，而接下来第二十七则又似乎暗示第三境与王国维先前所谓"欲达解脱之域者，固不可不尝人世之忧患"有关："永叔'人间自是有情痴，此恨不关风与月'，'直须看尽洛城花，始与东风容易别'于豪放之中有沉著之致，所以尤高。"(参见王国维《人间词话》《红楼梦评论》,《王国维全集》第一卷，第467—468、69页) 不过此则以沉著与豪放解之，不复理会叔本华的那些说辞了。

厚，1907年）里的意境说。意境和境界在王国维美学中是同义词，基本已成为学界的共识。不过两个概念的来源不同，语用也有差别，上下文里不可轻易互换。清季以意境论诗词比较常见，《人间词乙稿序》既托名写作沿用流行术语亦属自然。此文将文学本质界定为意与境，以二者关系论之："上焉者意与境浑，其次或以境胜，或以意胜。苟缺其一，不足以言文学。原夫文学之所以有意境者，以其能观也。出于观我者，意余于境；而出于观物者，境多于意。然非物无以见我，而观我之时，又自有我在。"罗钢详细分析了这段文字与叔本华直观说的关系，认为所谓"观物"是指纯粹认识主体对物的理念的观照，"观我"则是指纯粹认识主体对意志主体的理念的观照。[30]要之，王国维意境概念虽保留了一些传统意涵，尤其是意与境可分而言之，并且与情景说相通，但是根本在主体哲学。《人间词话》用境界取代意境旨在标举其独特的哲学美学取向，而三种境界说是一个勉强的分野记号。王国维在人生论和艺术论之间举棋不定，因为他还没有参透后康德哲学从审美形而上学向艺术本体论过渡的机巧。然而，境界说是依据知意情三分的框架立论的，其中境界一词除延续汉语语用外，完全按主体哲学的艺术本质概念来界定，所谓"拈出'境界'二字"即是此意。于是他放言："言气格，言神韵，不如言境界。境界，本也；气格、神韵，末也。境界具，而二者随之矣。"[31]

---

[30] 参见王国维《人间词乙稿序》，《王国维全集》第十四卷，第682页；罗钢《传统的幻象：跨文化语境中的王国维诗学》，第94—95、97页。在《孔子之美育主义》中，王国维把纯粹认知主体称作"无欲之我"，把意志主体称为"嗜欲之我"（参见《王国维全集》第十四卷，第14页）。

[31] 此则见于王国维《人间词话》重编本，手稿作："言气质，言格律（转下页）

王国维提出两个区分：一是"理想"与"写实"之分，一是"有我之境"与"无我之境"之分。《人间词话》第二则："有造境，有写境，此理想与写实二派之所由分。然二者颇难分别。因大诗人所造之境，必合乎自然，所写之境，亦必邻于理想故也。"此论可能受到文德尔班所述席勒关于素朴诗人与感伤诗人、写实派与理想派观念的影响。[32] 王国维向来对文学本质持二元论观点。《文学小言》云："文学中有二原质焉：曰景，曰情。前者以描写自然及人生之事实为主，后者则吾人对此种事实之精神的态度也。故前者客观的，后者主观的也；前者知识的，后者感情的也。""主观"与"客观"容易被认作表现和再现的对立，其实王国维从来没有真正涉足再现论与表现论的美学传统。他说过"诗歌者，感情的产物也"，同时强调感情是与"想象的原质"即"知力的原质"相伴随的。王国维分别主观和客观并非就一般认识主体而言，而是针对叔本华意义上的直观或纯粹认识主体来说的。"客观的知识"意谓"吾人之胸中洞然无物，而后其观物也深，而其体物也切"；"主观的感情"是指通过直观成为认识对象和"文学

（接上页）（按：原稿已删），言神韵，不如言境界。有境界为本也。气质、格律、神韵为末也。有境界而三者自随之矣。"（彭玉平《人间词话疏证》，第180、337页）在《人间词话》中意境概念仅出现过一次："古今词人格调之高，无如白石。惜不于意境上用力，故觉无言外之味，弦外之响，终不能与于第一流之作者也。"（《王国维全集》第一卷，第473页）此则改写自《人间词乙稿序》："白石之词，气体雅健耳，至于意境，则去北宋人远甚。"（《王国维全集》第十四卷，第683页）

[32] 参见王国维《人间词话》，《王国维全集》第一卷，第461页；罗钢《传统的幻象：跨文化语境中的王国维诗学》，第99—101页；文德尔班《哲学史教程》下卷，374—375页。

之材料"的感情。[33] 此即上文所说的观物与观我之别，而造境与写境、理想与写实处理的是如何观的问题。叔本华把艺术或纯粹直观理解为独立于根据律之外观察事物的方式，王国维沿袭此说，并综合叔本华关于美的创造中先天与后天关系的论述，以统摄二者："自然中之物，互相关系，互相限制。然其写之于文学及美术中也，必遗其关系、限制之处。故虽写实家，亦理想家也。又虽如何虚构之境，其材料必求之于自然，而其构造，亦必从自然之法则。故虽理想家，亦写实家也。"[34] 这只是指出理想与写实的相容性，并未涉及所写之境和所造之境的本体论差异。

《人间词话》第三则云："有有我之境，有无我之境。'泪眼问花花不语，乱红飞过秋千去'，'可堪孤馆闭春寒，杜鹃声里斜阳暮'，有我之境也。'采菊东篱下，悠然见南山'，'寒波澹澹起，白鸟悠悠

---

[33] 参见王国维《文学小言》《屈子文学之精神》，《王国维全集》第十四卷，第93、101页。罗钢指出，王国维上述言论实际上是在复述叔本华的观点，"在叔本华美学中，情感不是作为主观表现的对象，而是作为被认识、被直观的对象，获得某种有限的合法性。在《人间词乙稿序》中，王国维把这种对情感的直观称之为'观我'"。他同时认为："造境""写境"一说继承了席勒开创的现实主义与浪漫主义美学论述，王国维试图借助叔本华"观我"说来沟通再现论和表现论两个不同的理论传统，难免自相矛盾（参见罗钢《传统的幻象：跨文化语境中的王国维诗学》，第86—87、89、104页）。如果前一观点成立，似乎没有必要把王国维二元论追溯到再现论和表现论两种对立的传统。

[34] 参见叔本华《作为意志和表象的世界》，第257—258、308页；王国维《人间词话》，《王国维全集》第一卷，第462页。王国维《红楼梦评论》余论部分摘译叔本华《作为意志和表象的世界》第四十五节的内容，其中说道："此美之预想，乃自先天中所知者，即理想的也，比其现于美术也，则为实际的。何则？此与后天中所与之自然物相合故也。"（《王国维全集》第一卷，第79页）

下',无我之境也。有我之境,以我观物,故物皆著我之色彩。无我之境,以物观物,故不知何者为我,何者为物。"其源头仍在叔本华直观说。《孔子之美育主义》一文略述叔氏观点,并引邵雍"反观"说证之:"圣人所以能一万物之情者,谓其能反观也。所以谓之反观者,不以我观物也。不以我观物者,以物观物之谓也。既能以物观物,又安有我于其间哉?"这是无我之境的诞生地。如罗钢指出的,无我之境就是叔本华所说的"人们自失于对象之中":人作为纯粹的、无意志、无时间的主体直观永恒的形式即理念,仿佛"只有对象的存在而没有觉知这对象的人了"。有我之境则脱胎于叔本华关于抒情诗的论述,"以我观物,故物皆著我之色彩"一语也本于叔氏。[35] 王国维说:"古人为词,写有我之境者为多,然未始不能写无我之境,此在豪杰之士(按:指天才)能自树立耳。"其意似乎更推重无我之境,这是依叔本华天才论作出的判断。叔本华认为,艺术是天才的作品,唯有天才能够凭借纯粹直观认识理念并将这一认识传达出来,从而达至最完美的客观性。他因此贬抑抒情诗而抬高叙事文学,尤其是戏剧。[36] 王国维《文学小言》亦持此论:"抒情之诗,不待专门之诗人而后能之也。若夫叙事,则其所需之时日长,而其所取之材料富,非天才而又有暇日者不能。"不过文末留了一段话:"吾人谓戏曲小说家为专门之诗人,非谓其以文学为职业也。……职业的文学家以文学为生活;专

---

[35] 参见王国维《人间词话》,《王国维全集》第一卷,第461页;罗钢《传统的幻象:跨文化语境中的王国诗学》,第92—99页;叔本华《作为意志和表象的世界》,第248—249、342—346页。

[36] 参见王国维《人间词话》,《王国维全集》第一卷,第461页;叔本华《作为意志和表象的世界》,第257—258、347—348页。

门之文学家为文学而生活。"其《自序二》自云因填词之成功而有志于戏曲,欲求"直接之慰藉",然蹰躇于抒情和叙事的性质差异与难易悬殊,不知所从。[37]稍后的《人间词话》实为王国维自许"为文学而生活"的寄托之作。他选择诗词作试验场乃个人文学经历使然,既如此,他当不会太在意叔本华为抒情诗所设的限制,初刊本有意隐去外来思想的痕迹也就不难理解了。

接下来一则用美与崇高理论来解释无我之境和有我之境:"无我之境,人唯于静中得之。有我之境,于由动之静时得之。故一优美,一宏壮也。"[38]此则词话争议颇多,论者多关注王国维优美和壮美(宏壮)说与康德及叔本华《作为意志和表象的世界》第一卷相关论述之间的关系。其实,王氏壮美或宏壮概念在叔本华哲学中另有渊源——据笔者所见,这是研究者迄今尚未注意到的。王国维曾多次论及优美与壮美或宏壮。《叔本华之哲学及其教育学说》略述叔本华见解:"美之中又有优美与壮美之别。今有一物,令人忘利害之关系而玩之而不厌者,谓之曰优美之感情;若其物直接不利于吾人之意志,而意志为之破裂、唯由知识冥想其理念者,谓之曰壮美之感情。"《红楼梦评论》依上述观点立论,然而关于壮美却有所生发:"至于地狱变相之图、决斗垂死之像、庐江小吏之诗、雁门尚书之曲,其人固氓庶之所共怜,其遇虽庆夫为之流涕,讵有子颓乐祸之心,宁无尼父反袂

---

[37] 王国维:《文学小言》《自序二》,《王国维全集》第十四卷,第96—97、121—122页。"为文学而生活"云云盖套用叔本华之语。《叔本华之哲学及其教育学说》中说:"叔氏……所谓'为哲学而生,而非以哲学为生'者,则诚夫子之自道也。"(《王国维全集》第一卷,第44页)

[38] 王国维:《人间词话》,《王国维全集》第一卷,第462页。

之戚,而吾人观之,不厌千复……此即所谓壮美之情。"王国维引歌德诗句加以申说:"凡人生中足以使人悲者,于美术中则吾人乐而观之。"[39] 这句诗出自《作为意志和表象的世界》第二卷第三十章,叔本华借此论述人的双重生存,即作为意志个体和作为纯粹认识主体所领略的不同的宇宙人生:"只要与我们无关,一切都是美的。……生活从来就不是美的,只有艺术或诗的美化的镜子里的生活图景才是美的,尤其在我们懵懂的青年时代。"月圆的景象看起来如此仁慈、令人欣慰和振奋,因为月亮是直观的对象而非欲求的对象,如歌德所云:"辰星非所慕,但喜其耀旸。"叔本华进而指出:"它是崇高的,易言之,它引起我们的崇高之情,因为它与我们毫无关系,它对尘世间所作所为永远是陌生的,它目睹一切又置身事外。"在该卷第三十七章中,他又指出:"悲剧带给我们的愉悦不属于美感,而属于崇高感——实则是最高级的情感。因为,正如面对自然中的崇高景象,我们脱离了意志的利害关系,从而达至纯粹的直观,现在面对悲剧的灾祸,我们甚至脱离了生命意志本身。"[40] 王国维由此延展了崇高(壮美、宏壮)概念的意涵,将其改造成直接表现人生际遇的美学范畴。《古雅之在美学上之位置》主要依据康德理论兼容博克的心理学视角论优美和宏壮,仍将宏壮的表现从自然扩展至艺术:"如自然中之高山大川、烈风雷雨,艺术中伟大之宫室、悲惨之雕刻象,历史画、戏曲、小说等皆是

---

[39] 参见王国维《叔本华之哲学及其教育学说》《红楼梦评论》,《王国维全集》第一卷,第39、58页。

[40] Cf. Arthur Schopenhauer, *Die Welt als Wille und Vorstellung*, in *Werke in zehn Bänden*, Zürich: Diogenes, 1977, Band IV, S. 441-444, 510; Arthur Schopenhauer, *The World as Will and Idea*, Vol. II, pp. 131-136, Vol. III, p. 212.

也。"王国维用壮美（宏壮）来形容文艺作品中情境所呈现的悲剧意味，他称《红楼梦》为"悲剧中之悲剧"，并且说："由此之故，此书中壮美之部分，较多于优美之部分，而眩惑之原质殆绝焉。"他以宝玉与黛玉最后相见一节为"其最壮美者之一例"。[41] 从此可见，王国维是极推重壮美的，其词学在无我之境以外特别标举有我之境亦缘于此。

王国维用优美和宏壮来分别无我之境和有我之境。"无我之境，人唯于静中得之。有我之境，于由动之静时得之。"这是承袭叔本华的观点。叔本华认为，优美感是纯静观的愉悦，其时主体和客体无阻碍地、不动声色地摆脱了与意志的关系，达至纯粹认识主体对理念的观照，因而在意识中没有留下任何关于意志的回忆。壮美感则不同，在此主体要以强力挣脱自己的意志以及客体对意志的敌对关系，从而作为纯粹的无意志的主体静观那些可怕对象的理念；这种超脱必须通过意识来获得并保存，所以常常伴随着对意志的回忆——不是对个别欲求的回忆，而是对人的普遍欲求的回忆。[42] 从此则词话看，王国维所谓"我"应指留存在纯粹认识主体意识中的意志之我，而有我之境实是观我之境。这和《人间词乙稿序》所言"观我之时，又自有我在"大体一致，而与上则"以我观物，故物皆著我之色彩"一语相抵牾。王国维只是分辨了纯粹认识主体意义上的观物与观我之别，却没有理清观我之中的物我关系；如果把"以我观物，故物皆著我之色彩"解释成作为直观对象的意志之我的表现形式是讲得通的，可惜他没有这么

---

[41] 参见王国维《古雅之在美学上之位置》，《王国维全集》第十四卷，第107页；《红楼梦评论》，《王国维全集》第一卷，第67页。

[42] 参见叔本华《作为意志和表象的世界》，第272—273页；罗钢《传统的幻象：跨文化语境中的王国维诗学》，第109页。

做。但是,王国维以优美和宏壮论境界标明了其境界说的主体性形而上学方向。康德、叔本华的美与崇高理论旨在阐明审美主体的结构及其与认识主体、道德主体的关系。在《古雅之在美学上之位置》中,王国维认为,文艺中的优美和宏壮是"第一形式",传统书画品评等所谓神、韵、气、味则主要就"第二形式"而言。第一形式是先天的,唯有天才能够捕捉并表达出来;第二形式是后天的、经验的,必得借助于修养之力。《人间词话》断言境界为本而兴趣、气格、神韵为末,亦因此理。[43]王国维此论要义有二:一是认定优美和宏壮的判断是先天的,因而是普遍的、必然的;二是提示境界与叔本华的理念的关系。

叔本华认为:"艺术的唯一源泉就是对理念的认识,它唯一的目标就是传达这一认识。"王国维曾详述此说:"美之对象,非特别之物,而此物之种类之形式……故美之知识,实念(按:即理念)之知识也。""如建筑、雕刻、图画、音乐等,皆呈于吾人之耳目者。唯诗歌(并戏剧小说言之)一道,虽藉概念之助以唤起吾人之直观,然其价值全存于其能直观与否。"[44]《人间词话》中的"真"或"不隔"一说由此而来。第六则云:"能写真景物、真感情者,谓之有境界,否则谓之无境界。""真"即所谓"实念之知识",而境界之有无全然取决于能否将此知识用语言传达出来。"不隔"在词话手稿里最初为"真"字,第四十则"语语都在目前,便是不隔"一语,手稿作"语语可以直观,

---

[43] 参见王国维《古雅之在美学上之位置》,《王国维全集》第十四卷,第107—110页;《人间词话》,《王国维全集》第一卷,第463页;彭玉平《人间词话疏证》,第337页。

[44] 参见叔本华《作为意志和表象的世界》,第257页;王国维《叔本华之哲学及其教育学说》,《王国维全集》第一卷,第39、50页。

便是不隔".[45] "隔"与"不隔"和"有我之境"与"无我之境"同出于叔本华直观说,两组概念贯通起来大致构成一个词学本体论框架。"有我""无我"是从认识论角度作出的区分,"不隔"则是从语言传达方面所作的进一步规定。王国维非常在意叔本华关于诗歌、概念与直观一说,他主张"词忌用替代字""不使隶事之句"等皆依据此说。第四十一则云:"'生年不满百,常怀千岁忧。昼短苦夜长,何不秉烛游?''服食求神仙,多为药所误。不如饮美酒,被服纨与素。'写情如此,方为不隔。'采菊东篱下,悠然见南山。山气日夕佳,飞鸟相与还。''天似穹庐,笼盖四野。天苍苍,野茫茫,风吹草低见牛羊。'写景如此,方为不隔。""写情""写景"是依认识对象所作的区分,而"不隔"是境界之最高表现原则。《宋元戏曲史》将此原则推及一切文学:"其文章之妙,亦一言以蔽之,曰:有意境而已矣。何以谓之有意境?曰:写情则沁人心脾,写景则在人耳目,述事则如其口出是也。"叔本华宣称,理念是自在之物即意志的直接的恰如其分的客体性,衍用此语,王国维所谓境界或意境可以说是真理即理念在语言中直接的恰如其分的显现。[46]

---

[45] 参见王国维《人间词话》,《王国维全集》第一卷,第 462、472 页;彭玉平《人间词话疏证》,第 223 页。《人间词话》手稿从此则起将"真"改为"不隔"(参见《〈人间词〉〈人间词话〉手稿》影印本,浙江古籍出版社 2004 年版)。

[46] 参见王国维《人间词话》,《王国维全集》第一卷,第 470、473、477 页;《宋元戏曲史》,《王国维全集》第三卷,第 114 页;叔本华《作为意志和表象的世界》,第 243—244、335 页。《宋元戏曲史》中的这段文字改写自《人间词话》第五十六则:"大家之作,其言情也必沁人心脾,其写景也必豁人耳目。其辞脱口而出,无矫揉妆束之态。以其所见者真,所知者深也。诗词皆然。持此以衡古今之作者,可无大误也。"(《王国维全集》第一卷,第 477 页)(转下页)

第三节　美育论

王国维为学盖缘于忧生，他原本希望从康德、叔本华哲学得到慰藉，然"旋悟叔氏之说，半出于其主观的气质，而无关于客观的知识"，进而断定自己笃嗜的观念论哲学本身出了问题。《自序二》云："哲学上之说，大都可爱者不可信，可信者不可爱。余知真理，而余又爱其谬误。伟大之形而上学、高严之伦理学与纯粹之美学，此吾人所酷嗜也。然求其可信者，则宁在知识论上之实证论、伦理学上之快乐论与美学上之经验论。"[47]此惑意味深长，它出现在汉语现代思想发生之初尤其值得深思。美国哲学家理查德·罗蒂在自传中提到，他少年时代沉迷于真理之书和山间的野兰花，希望找到某个思想或审美框架来统合它们，从而"在单纯的一瞥中把握实在和正义"。终于有一天，他明白托洛茨基和野兰花、社会正义和人格理想根本扯不到一起，于是转而探求一种反柏拉图式的精神生活。他认为，世间有两类作家：克尔凯郭尔、尼采、海德格尔等人告诉我们私人的完美亦即自我创造的自律的人生是怎么回事；马克思、穆勒、哈贝马斯等人则告诉我们什么是公正的社会，如何实现人类团结。两派思想各有用场，

（接上页）王攸欣认为："王国维的'境界'可以定义为：叔本华理念在文学作品中的真切对应物。"（王攸欣：《接受与疏离：王国维接受叔本华朱光潜接受克罗齐美学比较研究》，生活·读书·新知三联书店1999年版，第92页）

[47] 参见王国维《自序二》，《王国维全集》第十四卷，第121页；《静安文集·自序》，《王国维全集》第一卷，第3页。

前者是画笔，后者是铁锹，只有企图把二者纳入同一个体系，才觉得它们水火不容。[48]王国维的情形有几分相似，不过他没有罗蒂身后那样的思想传统可以依附，也无力开辟一条哲学新路，只得用一部《人间词话》告别了自己的理论生涯。王氏自序淡化了自己早年研究教育学、心理学和社会学的经历，其实，他的困惑亦关乎审美论哲学与作为社会实践理论的教育学之间的罅隙。前者关心的是个体生命创造能够达到何种境界、成就何种理想，最高典范便是天才；后者主要关心的是如何把平常人塑造成有用之才和合格的国民。如其所言："教育不足以造英雄与天才，而英雄与天才自不可无陶冶之教育。……今以国事之亟而人才之乏，则亟兴高等之教育，以蕲有一二英雄、天才于其间，而其次者亦足以供驱策之用。"[49]他的美育论是在二者之间稍作沟通的尝试。

王国维研究教育与他的职业身份有关，而他尖锐地批评《奏定学堂章程》中经学、文学两科大学章程则是基于自己独特的哲学和美学见解。他认为，文艺与哲学旨在探究宇宙人生的根本问题，但是方法不同，前者是直观的、顿悟的，后者是思考的、合理的；对教育而言，感情或趣味的培养须依靠文艺，知识的最高满足必求诸哲学。[50]

---

[48] 参见罗蒂《托洛茨基和野兰花——罗蒂自传》，《后形而上学希望——新实用主义社会、政治和法律哲学》，黄勇编、张国清译，上海译文出版社2003年版，第360—370页；《偶然、反讽与团结》，徐文瑞译，商务印书馆2006年版，第4—5页，人名按通译略有改动。

[49] 王国维：《论平凡之教育主义》，《王国维全集》第一卷，第141页。

[50] 参见王国维《教育偶感四则》，《王国维全集》第一卷，第137—139页；《奏定经学科大学文学科大学章程书后》，《王国维全集》第十四卷，第32—40页。王国维1901起年任罗振玉创办的《教育世界》杂志主编，先后凡五年；(转下页)

王国维的美育论是其审美论思想的延续和补充。首先，他坚持审美自律论，指出从亚里士多德到沙夫茨伯里、哈奇生都以美育为德育的辅助手段，及至席勒始将美育置于无利害的美学观念之上。他认为美育具有陶冶意志的功能，也不妨作为德育和智育之手段，但是更强调其训练感官与调和感情的作用。其次，他试图坚持彻底的审美超越论。在他看来，席勒美学是主张美的无上价值的，并且以艺术为科学和道德的诞生地，不过《审美教育书简》只是把审美状态当作物质状态与道德状态之津梁，居于道德状态之次。[51]于是，王国维转而求助于叔本华，尝试从叔氏体系演绎出一种纯粹审美论的教育哲学。叔本华在认识论领域极力提升直观的地位而贬低理性。他认为："一切直观不仅是感性的而且是理智的，也就是由果及因的纯粹知性认识，从而是以因果律为前提的。"知性对感觉进行综合形成的直观表象构成人类全部经验及其条件，而理性仅仅是运用概念推理使之成为抽象表象的能力。[52]王国维说："叔氏谓直观者，乃一切真理之根本，唯直接间接

(接上页) 1903 年以后执教于通州师范学校、江苏师范学堂；1906 年入学部任参事，后受命学部总务司行走，充学部图书馆编辑，主编译及审定教科书等事（参见袁英、刘寅生编著《王国维年谱长编：1877—1927》，天津人民出版社 1996 年版，第 26、29、33—34、40 页）。

[51] 参见王国维《论教育之宗旨》《孔子之美育主义》《论小学校唱歌科之材料》，《王国维全集》第十四卷，第 11、15—16、117 页；席勒《审美教育书简》，《席勒经典美学文选》，第 336 页。王国维说席勒主张"美术者科学与道德之生产地也"也转述自文德尔班，原书指的是席勒《艺术家》一诗所表达的观点（参见文德尔班《哲学史教程》下卷，第 369—370 页）。

[52] 参见叔本华《作为意志和表象的世界》，第 30、37—38、49—50 页。译文有改动（Cf. Arthur Schopenhauer, *Die Welt als Wille und Vorstellung*, in *Werke in zehn Bänden*, Band I, S. 33; 39-40; 50）。

与此相联络者，斯得为真理。"他历数叔本华在智（知）育、美育、德育上重直观而轻理性的观点。关于美育，他指出："美术之知识全为直观之知识，而无概念杂乎其间，故叔氏之视美术也，尤重于科学。"科学源于直观，所呈现的却是概念；艺术揭示的是理念，唯凭直观得之。建筑、雕刻、音乐等如此，诗亦如此："诗歌之所写者，人生之实念，故吾人于诗歌中，可得人生完全之知识。"他断言："叔氏之教育主义，全与其哲学上之方法同，无往而非直观主义也。"[53]

王国维美育论虽以席勒为宗，其哲学基础则首先系于叔本华。《教育家之希尔列尔》（佚文，1906年）一文说："希尔列尔（按：即席勒）以为真之与善，实赅于美之中。美术文学非徒慰藉人生之具，而宣布人生最深之意义之艺术也。一切学问，一切思想，皆以此为极点。"[54]这不尽符合席勒的思想，倒是接近叔本华的观点。艺术的认识功能与慰藉功能合一是叔本华体系的独异之处，而联系二者的是天才论。所以，叔本华美学实质是艺术创造论，尽管他说天才的本领或多或少为一切人所共有，否则便没有艺术欣赏，但是这无关乎教育。[55]王国维提倡美育之初并未意识到此问题。《孔子之美育主义》依康德、叔本华美学和席勒美育思想立论，着重美育的人格提升作用。他列举孔门及荀子的诗教、乐教观念，以证孔子之教人"始于美育，终于美

---

[53] 参见王国维《叔本华之哲学及其教育学说》，《王国维全集》第一卷，第45—53页。

[54] 王国维：《教育家之希尔列尔》，《王国维文集》第三卷，第369页。

[55] 参见王国维《论教育之宗旨》，《王国维全集》第十四卷，第9—12页；《述近世教育思想与哲学之关系》，《王国维文集》第三卷，第21页；叔本华《作为意志和表象的世界》，第270页。

育"；同时指出，孔子"习礼于树下，言志于农山，游于舞雩，叹于川上，使门弟子言志，独与曾点"皆涵养性情之举，所达至的是审美境界。"一人如此，则优入圣域；社会如此，则成华胥之国。"这是王国维美育论的理想，其目标在君子人格的养成，与席勒立足于现代性批判的人性教育主张相去甚远。[56]

王国维提倡美育还有一个实际的目标，即救治国民精神之疾病。此论受当时正在兴起的改造国民性思潮尤其是梁启超"新民说"的影响，但是他并不赞同梁氏等人的国民性批判："夫中国之衰弱极矣，然就国民之资格言之，固无以劣于他国民。""他国民之道德，亦未必大胜于我国也。"他认为，中国国民笃嗜鸦片虽与知识和道德不无关系，然究其根本，则由于国民无希望、无慰藉。"故禁雅片之根本之道，除修明政治，大兴教育，以养成国民之知识及道德外，尤不可不于国民之感情加之意焉。"救治之方无非宗教与艺术二者："前者适于下流社会，后者适于上等社会；前者所以鼓国民之希望，后者所以供国民之慰藉。"王国维关于艺术慰藉作用的议论值得留意。他说："吾人对宗教之兴味存于未来，而对美术之兴味存于现在，故宗教之慰藉理想的，而美术之慰藉现实的也。"[57]这大致符合叔本华的

---

[56] 参见王国维《孔子之美育主义》，《王国维全集》第十四卷，第13—18页。《教育家之希尔列尔》一文说："希腊人之所谓美育，第就个人之修养言，若夫由人道之发展上而主张美育者，不得不推此世界大诗人（按：指席勒）矣。"（《王国维文集》第三卷，第369页）

[57] 参见王国维《去毒篇》，《王国维全集》第十四卷，第63—67页。王国维在文中说："美术者，上流社会之宗教也。"佛雏认为此论先于蔡元培"以美育代宗教"说而具有开创意义（参见佛雏《王国维诗学研究》，第115页）。其实两说相去甚远。王国维将宗教与艺术并举，而蔡氏之说旨在用美（转下页）

见解。然而，在叔本华看来，艺术带来的慰藉是一种让艺术家暂时忘记生存痛苦而驻足于纯粹直观或表象的热情，它出于对生命自身和世界本质的深刻认识，与天才不可分。他提到艺术家可以把这种表象在艺术中复制出来，演出一幕意味深长的戏剧，并未言及艺术家之外的人能够从中汲取什么。[58] 王国维向来推崇天才论，唯独在教育方面有所保留。《尼采氏之教育观》（佚文，1904年）一文指出，尼采的教化（Bildung）观念与国民教育之义相抵触："真正之教化，惟不涉生活之上流社会，乃可得而言之。""今教育家谓生徒慧钝不齐，宜以材质中庸者为之准，而尼氏则力诋之。"王国维试图在二者之间保持折中："虽然，古今各民族诚不可无一二伟人，以改造其国文化。而此等伟人决非无端而独生者，必有足以产此伟人之社会，然后产此伟人。……而尼氏谓教化之施，专在伟人而不在众庶，得非偏矫之见乎！"[59] 于是，他一面说："故美者，实可谓天才之特殊物也。"一面又说："天才者出，以其所观于自然人生中者复现之于美术中，而使中智以下之人，亦因其物之与己无关系，而超然于利害之外。"[60] 如此就给美育留下了余地。《去毒篇》《人间嗜好之研究》仍从欲望之苦痛讲起，而思路渐转向心理学和生理学，所谓慰藉则与"遣日之方法"或

（接上页）育抵制基督教和孔教流行（参见蔡元培《以美育代宗教说——在北京神州学会演说词》，高平叔编《蔡元培全集》第3卷，中华书局1984年版，第30—34页）。

[58] 参见叔本华《作为意志和表象的世界》，第368页。译文有改动（Cf. Arthur Schopenhauer, *Die Welt als Wille und Vorstellung*, in *Werke in zehn Bänden*, Band I, S. 335）。

[59] 参见王国维《尼采氏之教育观》，《王国维文集》第三卷，第361—368页。

[60] 参见王国维《叔本华之哲学及其教育学说》《红楼梦评论》，《王国维全集》第一卷，第40、57页。

"消遣"相联系。[61] 简言之，王国维美育论最后是靠两个经验论观念勉强支撑起来的。

其一是游戏说或嗜好说。席勒沿用康德的游戏概念，把主体的审美能力叫做游戏冲动，同时又从剩余精力的角度对游戏活动作了生理学的解释。王国维《叔本华与尼采》一文提到叔本华天才论与席勒游戏冲动说的关系，他再次关注游戏概念则是在困于观念论哲学之际。《文学小言》云："文学者，游戏的事业也。人之势力，用于生存竞争而有余，于是发而为游戏。"不过他称文学为"天才游戏之事业"，并没有完全倒向经验论一面。[62] 据罗钢考证，王国维此时通过谷鲁斯接受了席勒、斯宾塞的"剩余精力说"，将它与叔本华的"欲望说"结合起来，用以解释嗜好的心理基础，其中一些观点直接来自谷鲁斯的著作。[63] 王国维把饮酒田猎、鸦片赌博、文学艺术等皆归于嗜好："夫人之心力，不寄于此则寄于彼；不寄于高尚之嗜好，则卑劣之嗜好所不能免矣。"他认为，此类嗜好源于势力之欲，亦即闲暇时的欲望；它由生活之欲变化而来，但二者性质不同。人为生活之欲所迫而活动谓之工作，为势力之欲驱使而活动谓之嗜好。工作是一种积极的苦痛，而空虚是消极的苦痛，须以种种嗜好医之。文学艺术为一切嗜好中最高尚者，但终究是势力之欲的表现，用席勒的话说，"亦不过成人之

---

[61] 参见王国维《去毒篇》《人间嗜好之研究》，《王国维全集》第十四卷，第 64、112 页。

[62] 参见席勒《审美教育书简》，《席勒经典美学文选》，第 280、364—365 页；王国维《叔本华与尼采》，《王国维全集》第一卷，第 83 页；《文学小言》，《王国维全集》第十四卷，第 92—93 页。康德用游戏来形容审美活动中知性与想象力自由协调的状态（参见康德《判断力批判》，第 52—54 页）。

[63] 参见罗钢《传统的幻象：跨文化语境中的王国维诗学》，第 123—129 页。

精神的游戏"。王国维试图从心理学立场来弥合天才论与教育学之间的裂痕:"若夫真正之大诗人,则又以人类之感情为其一己之感情。彼其势力充实,不可以已,遂不以发表自己之感情为满足,更进而欲发表人类全体之感情。彼之著作,实为人类全体之喉舌,而读者于此得闻其悲欢啼笑之声,遂觉自己之势力亦为之发扬而不能自已。"文艺能够表达人类普遍情感是王国维的一贯见解,而现在他把创作和鉴赏的根基皆归于势力之欲。他意识到此论之危险在于将文艺的价值等同于博弈之类,于是说道:"以此所论者,乃事实之问题,而非价值之问题故也。若欲抑制卑劣之嗜好,不可不易之以高尚之嗜好。"王国维专注国民教育的用心于此可见,而他深层次的哲学困惑及其牵扯的复杂矛盾则被轻易地敷衍过去了。[64]

---

[64] 参见王国维《去毒篇》《人间嗜好之研究》,《王国维全集》第十四卷,第64—66、112—116页;《红楼梦评论》,《王国维全集》第一卷,第76页。王国维关于工作与嗜好的区分脱胎于席勒的下述观点:"如果匮乏是动物活动的推动力,它就是在工作;如果这种推动力是力的丰富,就是说,是剩余的生命刺激它行动,它就是在游戏。"(席勒《审美教育书简》,《席勒经典美学文选》,第364页)依上下文看,王国维所谓"嗜好"大体与游戏(德语:Spiel,英语:play/game)概念相通,不过在论及文学艺术时偏重"精神的游戏",近乎席勒说的执着于审美假象的游戏(参见同上书,第352—360页);所谓"势力"则兼有精力(德语:Stärke,英语:strength/energy)和力或权力(德语:Kraft/Macht,英语:vitality/force/power)的意思。又,王国维在《论哲学家与美术家之天职》中说:"夫势力之欲,人之所生而即具者,圣贤豪杰之所不能免也。而知力愈优者,其势力之欲也愈盛。人之对哲学及美术而有兴味者,必其知力之优者耶?故其势力之欲亦准之。今纯粹之哲学与纯粹之美术既不能得势力于我国之思想界矣,则彼等势力之欲,不于政治,将于何求其满足之地乎?"(《王国维全集》第一卷,第133页)此处"势力之欲"近乎尼采的"权力意志"。

其二是古雅说。王国维曾建议在文学科大学章程中广设美学科目,关于美学的功用,他说:"虽有文学上之天才者无俟此学之教训,而无才者亦不能以此等抽象之学问养成之,然以有此等学故,得使旷世之才稍省其劳力,而中智之人不惑于歧途,其功固不可没也。"王国维认定天才论为艺术创造的不二法门,文艺作品中的优美与宏壮非天才不能为之,亦非天才不能感之。关于后一方面,叔本华是有疑虑的,王国维则坚持在天才与众庶之间划出界限。在他看来,艺术鉴赏之优于走狗斗鸡、弹棋博簺,盖因其趣味雅正,所谓"会心之处不远,鄙吝之情芟销,诚遣日之良方,亦息肩之胜地"。[65]问题是:艺术品是否具有某种能为中智以下之人所感所识的性质?王国维的回答是肯定的,他称此种性质为古雅。古雅是从美的"可爱玩而不可利用"之性质推论出来的,与优美、宏壮皆属形式之美。不过,后两者存于自然及艺术,是第一形式;前者仅存于艺术,是第二形式。古雅或出于对自然和艺术之第一形式的表现或摹写,此时优美、宏壮与古雅相合,"吾人所以感如此之美且壮者,实以表出之之雅故,即以其美之第一形式,更以雅之第二形式表出之故也";或出于艺术自造,此时原本无优美与宏壮之形式者,经艺术家之手而得古雅之致。王国维列

---

[65] 参见王国维《奏定经学科大学文学科大学章程书后》《中国名画集序》,《王国维全集》第十四卷,第37—40、128页。叔本华说"这种本领(按:指天才能够独立于根据律之外认识些事物理念的本领),[就一般人说]在程度上虽然要低一些并且也是人各不同的,却必然地也是一切人们所共有的;否则一般人就会不能欣赏艺术作品,犹如他们不能创造艺术作品一样;并且根本就不能对优美的和壮美的事物有什么感受的能力,甚至优美和壮美这些名词就不能对他们有什么意义了。"(叔本华:《作为意志和表象的世界》,第270页)

举的古雅之物既有诗词文赋及绘画,也包括钟鼎、摹印、碑帖、书籍等。前一类艺术品兼涉两种形式,如画中丘壑、场景属于第一形式,而笔墨属于第二形式,历代名家名作各有所擅,然罕能尽赅。关于后一类准艺术品的判断包含了时间的因素,古物古文虽不甚高明,而今人睹之读之以为古雅,不觉有遗世之感。要之,优美与宏壮出自天才的创造,是先天的;古雅必得藉修养之力,是后天的、经验的。王国维古雅说比较驳杂,论证简疏,其意在教育众庶之效用:"至论其实践之方面,则以古雅之能力能由修养得之,故可为美育普及之津梁,虽中智以下之人,不能创造优美及宏壮之物者,亦得由修养而有古雅之创造力。又虽不能喻优美及宏壮之价值者,亦得于优美宏壮中之古雅之原质,或于古雅之制作物中得其直接之慰藉。"[66]

王国维尝言,席勒美育论鉴于时弊而发:"十八世纪,宗教之抑情的教育犹跋扈于时。彼等不谋性情之圆满发达,而徒造成偏颇不自然之人物,其弊一也。一般学者惟知力之是尚,欲批评一切事实而破坏之,其弊二也。当时德国人民偏于实用的利己的,趣味甚卑,目光甚短,其弊三也。"[67] 王国维对赫尔德、歌德、席勒代表的新人文主义思潮颇为熟稔,他推崇"人道教育"及"完全之人物"的教育理想实本于此。席勒认为,美育本质上是一种自由的人性教育,旨在培养完全的人,进而通过提升共通感赋予人合群的性格,实现社会和谐。[68] 王

---

[66] 参见王国维《古雅之在美学上之位置》,《王国维全集》第十四卷,第106—111页。

[67] 王国维:《教育家之希尔列尔》,《王国维文集》第三卷,第370页。

[68] 参见王国维《论教育之宗旨》,《王国维全集》第十四卷,第9—12页;《述近世教育思想与哲学之关系》,《王国维文集》第三卷,第21页;席勒《审美教育书简》,《席勒经典美学文论》,第287、369—370页。

国维深谙其理，努力从个体人格和国民身份两个方向进行探索，但是，由于他对审美与自由问题十分隔膜，并且为康德、叔本华的天才论所囿，最终止步于人性理想的抽象主张以及心理学或生理学的消遣和慰藉的层次。

第四节　余续

陈寅恪把王国维文艺史论类著作内容及方法概括为"取外来之观念与固有之材料互相参证"，这大体是不错的。王国维向持"学无新旧、无中西、无有用无用之说"，指出："中国今日，实无学之患，而非中学、西学偏重之患。"王氏屡叹中国思想界缺乏纯粹哲学与纯粹艺术之自觉。他认为，哲学为中国固有之学，诸子、六经及宋儒之说皆是，然材料多散乱不全，其中真理不易寻绎，因此不妨借鉴西方哲学的系统形式加以阐发。关于文艺，他的疑问是：究竟我国之文学不如泰西，抑或我国之重文学不如泰西？他一面感慨中国非"美术之国"，"美术之匮乏"未有如中国者，一面又推崇诗词及宋元以后的绘画，以为后者之淡远幽雅实超乎西洋人的见识。王国维认定中国素无纯美学的观念，"故一切美术皆不能达完全之域，美之为物，为世人所不顾久矣"。他力主审美论哲学并积极融会中国传统审美经验，旨在补汉语思想之阙。其意义，用陈寅恪的话说，"可以转移一时之风气，而示来者以轨则"。[69]

　　王国维审美论思想虽不甚周详，但是触及了现代问题的核心。《易传》所云"立人之道，曰仁与义"讲的是宗法伦理社会中人之为人的根本，而现代社会所立者是个人即主体，它有两层含义：一是形而上学的，指认识或道德主体；二是经验的，指政治与法律的权利主体，组成社会的基本单元。王氏为学之初便明示其哲学及教育学的主体论取向："今夫人之心意，有知力，有意志，有感情。此三者之理想，曰真，曰善，曰美。哲学实综合此三者而论其原理者也。教育之宗旨亦不外造就真、善、美之人物……"同时，他从道德哲学和政治哲学角度对仁与义作了新的解释："仁之德尚矣。若夫义，则固社会所赖以成立者也。"此论与休谟关于仁爱和正义之说相合。王国维指出，仁是积极的道德，为宗教和教育之目的所系；义即正义，是消极的道德，须由政治与法律来维持。人有生命、财产、名誉、自由等"神圣不可侵犯之权利"，故"义之于社会，其用尤急于仁"。王氏对清廷因自由、平等、民权之说而欲废哲学十分反感，认同儒家所谓"仁"就包含平等、圆满、生生、绝对的观念。[70]他无意深论法学、政治

---

[69]　参见王国维《哲学辩惑》《孔子之美育主义》《国学丛刊序》，《王国维全集》第十四卷，第8—9、18、130—131页；陈寅恪《海宁王静安先生遗书序》，《王国维全集》第二十卷，第212—213页。

[70]　参见王国维《哲学辩惑》，《王国维全集》第十四卷，第6—8页；《教育偶感四则》，《王国维全集》第一卷，第135—136页；《孔子之学说》（佚文），《王国维文集》第三卷，第122页；休谟《道德原则研究》，曾晓平译，商务印书馆2001年版，第28—44页。按：据钱鸥考证，《孔子之学说》是日人松村正一同名文章的翻译（参见钱鸥《王国维与〈教育世界〉未署名文章》，载《华东师范大学学报》[哲学社会科学版] 2000年第4期）。

学原理,然而其哲学和教育学研究却显示出清晰的现代问题视野。王国维哲学论述极力探究狭义的主体性即认识和道德的形而上学根据问题;他的教育主张除延续其哲学观点外兼涉社会性或公共性问题,因此既以塑造"完全之人物"为宗旨,又以"养成国民之资格,增进国民之知识"为理想目标。[71] 王国维美学试图在哲学与教育学之间达成一致,涵括审美理想论、艺术本体论和美育论三个领域,但是他的根本立足点在审美论思想,而且是支离的。德国审美论试图将现代问题的不同面向纳入同一个主体哲学框架来处理,其构想源自康德而初成于席勒,后经早期浪漫派、叔本华、尼采等人改造,从启蒙思想内部批判逐渐转向反启蒙路线。[72] 王国维抓住这个思潮的首尾两端,用以应对晚清社会遭遇的现代问题,因而左支右绌,显得非常奇特。然而,中国现代美学就是在这种复杂的社会文化境遇中生成的,从王国维开始的以人生论和人性论为依归的美学探索是20世纪汉语思想的重要组成部分,他构建的审美理想论、艺术本体论和美育论框架成为中国现代美学的基本范式。

审美理想论本质上是一种人生哲学。王国维以为人生终日往复于痛苦和厌倦之间,唯有艺术能使人达至无空乏、无希望、无恐怖的境界。从消极方面看,此论未脱叔本华的意志论哲学;另一方面,它借苏轼所谓"寓意于物"及邵雍"反观"说会通于儒家的仁者之境,从而成就一种积极的人生理想。[73] 多年来,论者津津乐道于王国维如何为

---

[71] 参见王国维《论教育之宗旨》《教育小言十则》,《王国维全集》第十四卷,第9、84页。

[72] 关于德国审美论思想发展的历史线索,可参见本书第一至第五章。

[73] 参见王国维《孔子之美育主义》,《王国维全集》第十四卷,第13—18页。

叔本华悲观主义所误,实在是低估了他以西释中的用意与方略。中国现代美学首先是人生哲学,其次才是艺术哲学,此一格局自王国维始。蔡元培《哲学大纲》(1915年)将道德、宗教思想和美学观念并列为价值论之一部,认为三者于人生目的之实现皆有独立的价值:"意志论之所诏示,吾人生活,实以道德为中坚,而道德之究竟,乃为宗教思想。……而美学观念,以具体者济之,使吾人意识中,有所谓宁静之人生观,而不至疲于奔命……"[74]宗白华"五四"时期就提倡"艺术的人生观",后来更有系统的发挥。梁启超极力宣扬"趣味主义",据说该"主义"和"悲观""厌世"之类字眼毫无关系,是合孔老智慧形成的"无所为而为"的生活态度,亦即"生活的艺术化"。[75]嗣后,周作人、林语堂、朱光潜、丰子恺、梁实秋等皆驻留于此,并依据不同的思想资源加以阐发,形成一个影响深远的人生艺术化思潮。[76]

王国维《人间词话》尝试用审美论来解析汉语传统诗歌经验及观念,他对兴趣、气格、神韵诸说颇为同情,但是不满于其经验的性质。境界说把诗(词)的本质置于主体观念之下加以考察,通过扬弃传统

---

[74] 参见蔡元培《哲学大纲》,《蔡元培全集》第二卷,第331—341页。蔡元培稍后提出"以美育代宗教"说或亦因此论而出。另,《哲学大纲》开篇声明:该书以德国哲学家厉希脱尔(Richte)《哲学导言》为本,而兼采包尔生(Paulsen)、冯德(Wunde)的《哲学入门》以补之(参见同上书,第300页)。

[75] 参见宗白华《青年烦闷的解救法》《新人生观问题的我见》,《美学与意境》,凤凰出版传媒集团2008年版,第16—18、22—25页;梁启超《"知不可而为"主义与"为而不有"主义》《趣味教育与教育趣味》,《梁启超全集》第十五集,中国人民大学出版社2018年版,第272—279、352—356页。

[76] 参见杜卫主编《中国现代人生艺术化思想研究》,上海三联书店2007年版。

诗书画论中的神、韵、气、味等概念转向认识论形而上学，因而是一种不折不扣的艺术本体论。新文化运动以后关于传统文艺的辩护多依凭现代主体美学。如陈师曾《文人画之价值》（1921年）将文人精神嫁接于个人主义观念，以应对康有为、陈独秀等人的激烈指责："所贵乎艺术者，即在陶写性灵，发表个性与其感想。而文人又其个性优美，感想高尚者也，其平日之所修养品格，迥出于庸众之上，故其于艺术也，所发表抒写者，自能引人入胜，悠然起澹远幽微之思，而脱离一切尘垢之念。"[77]20年代初，郭绍虞、宗白华、滕固等为艺术研究引入学科的视角。滕固指出：美学是关于美的学问，包括自然美和艺术美，因此美学与艺术学既有关系又有区别；艺术学包括艺术史和艺术论或艺术哲学。他的《柯洛斯美学上的新学说》（1921年）是较早介绍克罗齐美学思想的文字。《关于院体画和文人画之史的考察》（1931年）从艺术史角度对康有为的有关议论作了裁断。[78]其后，朱光潜援用克罗齐直觉主义及西方现代心理学美学来解释中国古典诗歌和诗论，宗白华毕生致力于将中国传统艺术的核心观念置于个体心性之上，努力发掘其现代意义。[79]这一代学者继王国维之后，为中国现代艺术本体论

---

[77] 陈师曾：《文人画之价值》，《陈师曾讲绘画史》，凤凰出版社2010年版，第44页。

[78] 参见郭绍虞《艺术谈》（1920），《郭绍虞文集之三·照隅室杂著》，上海古籍出版社1986年版，第1—183页；宗白华《美学与艺术略谈》（1920），《艺境》，北京大学出版社1987年版，第5—8页；滕固《柯洛斯美学上的新学说》《关于院体画和文人画之史的考察》《艺术学上所见的文化之起源》，沈宁编《滕固艺术文集》，上海人民美术出版社2003年版，第24—27、94—112、243—251页。

[79] 参见朱光潜《诗论》，商务印书馆2012年版；宗白华《艺境》，北京大学出版社1987年版。

和中国古代美学史研究奠定了基础。

美育观念在西方现代美学中的地位并不突出，但是经王国维引入，后由蔡元培大力提倡，成为汉语思想界的一门"显学"。王国维美育论实际上从另一个角度回应了梁启超的"新民说"，是清末民初改造国民性思潮的组成部分。梁启超《论公德》（1902年）云："人人独善其身者谓之私德，人人相善其群者谓之公德"。《论小说与群治之关系》（1902年）把"中国群治腐败之总根源"归于旧小说，主张："今日欲改良群治，必自小说界革命始！欲新民，必自新小说始！"[80]王国维关于仁义的界说与梁氏私德公德之分大体一致，不过王国维始终强调审美的自律性，反对拿文艺作为道德和政治的手段。由于坚持纯粹审美论立场，他在事关国民资格的美育问题上陷于两难境地。蔡元培任民元教育总长后发表的《对于新教育之意见》（1912年）以军国民教育、实利主义教育、公民道德教育、美感教育及世界观教育并举，同时依据康德二元论阐明美育的价值："美感者，合美丽与尊严而言之，介乎现象世界与实体世界之间，而为津梁。……故教育家欲由现象世界而引以到达于实体世界之观念，不可不用美感之教育。"[81] 20年代初，蔡元培、刘伯明、李石岑、吕澂、孟宪承等围绕美育原理及实施方法进行了广泛的讨论。如舒新城所言，因美育本身的功能，亦因政治的助力和时代思潮的激荡，饥不可食、寒不能衣的美育思想，竟能在民国十余年间的教育实践中绵延地发生较大的影响。[82]这种影响持续至今，

---

[80] 参见梁启超《新民说》，《梁启超全集》第二集，第539页；《论小说与群治之关系》，《梁启超全集》第四集，第49—52页。

[81] 参见蔡元培《对于新教育之意见》，《蔡元培全集》第2卷，第130—137页。

[82] 参见舒新城编《近代中国教育思想史》，福建教育出版社2007年版，第114—135页。

百年来中国美学家少有不谈及美育的。

"五四"前后与新文化运动相伴随，汉语思想界兴起了一股文化保守主义思潮。这是在政治改良主义已成末路之时的现代文化反思运动，王国维是其同情者和力行者。《国学丛刊序》（1914年）历数秦汉至近世学术兴替，哀叹民初"孟陬失纪，海水横流，大道多歧，《小雅》尽废"，《仓圣明智大学章程序》（1918年）、《论政学疏稿》（1924年）等更表明其民族文化本位立场。[83] 不过，此时王国维专注于经史之学，已无心论辩了。文化保守主义开启了一条用中国传统智慧应对现代问题的独特思路。梁漱溟在《东西文化及其哲学》（1922年）中断言"世界未来文化就是中国文化的复兴"，继而提出"以道德代宗教"说。在他看来，中国数千年风教文化并非宗教，而是道德。周孔教化之目的与宗教略同，然孔子"给人以整个的人生"，使人"无所得而畅快""忘物忘我忘一切"，靠的是礼乐——"礼乐使人处于诗与艺术之中"。[84] 这种将中国传统文化精神审美化的思路对后世新儒家如方东美、徐复观、唐君毅等以及李泽厚影响甚大，其源头可以追溯到王国维《孔子之美育主义》。

中国现代美学起源于新旧道统、学统更替之际，各种流行观念竞相出没，而政治自觉、文化自觉唤起的人的自觉是它一以贯之的主

---

[83] 参见王国维《国学丛刊序》，《王国维全集》第八卷，第605—608页；《论政学疏稿》《仓圣明智大学章程序》，《王国维全集》第十四卷，第211—216、704—705页。

[84] 参见梁漱溟《东西文化及其哲学》，《梁漱溟全集》第1卷，山东人民出版社2005年版，第525页；《中国文化要义》，《梁漱溟全集》第3卷，第94—115页；《中国民族自救运动之最后觉悟》，《梁漱溟全集》第5卷，第77页。

题。现代美学是主体之学,主体是有灵有肉之人,后一方面的合理性与价值是由美学来伸张的。主体完整的哲学称谓是:自由、自主、自决的个人主体。这个观念是中国传统思想所没有的,在西方古代和中世纪的主流文化中也不存在。王国维以降,凡涉足美学者皆依知意情三分立论,虽然他们的政治立场和文化观点有别,但是在坚持主体性原则上并无二致。就此而言,20世纪初开始的美学探索是中国现代思想形成的重要环节,其意义远超出同时代关于文艺的一般议论。20年代以后,美学逐渐在学术制度内生根,并且和文学理论、艺术理论交织在一起,有时等同于艺术哲学,当初草创时期的问题意识反倒隐而不显。百年来中国文艺思想长期纠缠于自律与他律之争,其间美学的观点从来没有缺席。在五六十年代的美学讨论中,美学的人文学性质受到严肃的对待。80年代"美学热"是现代美学诞生之初秉持的人文精神的复苏,这场思想解放运动关心的问题就是朱光潜那篇檄文题目所标示的:人性、人道主义、人情味和共同美。[85] 如今,中国美学的学科建制常常遭人诟病,另一方面,许多学者对域外美学(感性学)的"复兴"之势疑惑重重。因此,从观念史角度审视中国现代美学问题的缘起及其流变是十分紧要的,有益于重续美学的人文之思。

---

[85] 参见朱光潜《关于人性、人道主义、人情味和共同美问题》,载《文艺研究》1979年第3期。

附 录

附录一
中西体用与损益

钱锺书《谈艺录·序》自叙为学之方:"凡所考论,颇采'二西'之书,以供三隅之反。盖取资异国,岂徒色乐器用;流布四方,可征气泽芳臭。故李斯上书,有逐客之谏,郑君序谱,曰'旁行以观'。东海西海,心理攸同;南学北学,道术未裂。虽宣尼书不过拔提河,每同《七音略序》所慨;而西来意即名'东土法',堪譬《借根方说》之言。非作调人,稍通骑驿。"按钱氏自疏,"'二西'名本《昭代丛书》甲集《西方要纪·小引》、《鲒埼亭诗集》卷八《二西诗》"。[1]《西方要纪》为泰西人利类思、安文思、南怀仁所著,述西洋概略,多浮泛之词。书中谓天竺为"小西",欧罗巴为"大西"。[2]全祖望《二西诗》之"二西",一曰乌斯藏,一曰欧罗巴,据蔡鸿生考证,分别是西域和西洋,前者指藏传佛教,后者指天主教。[3]《二西诗》主旨是排外,所谓"不叫西土惑游魂"。他斥欧罗巴"别抱心情图狡逞,妄将教术酿横流",

---

[1] 钱锺书《谈艺录》序,中华书局1984年版,第1页。
[2] 参见蔡鸿生《全祖望〈二西诗〉的历史眼界》,载《东方论坛》2004年第6期。
[3] 参见利雷思、安文思、南怀仁《西方要纪》,王云五主编《丛书集成初编·海录及其他三种》,商务印书馆1936年版。

斥乌斯藏"海淫定足招天谴，阐化空教种祸根"。[4] 钱锺书反其道而用之，有意戏谑。所以，"二西"一语不必指西域和西洋，盖域外之代称，因有"取资异国"云云。他以李斯、郑玄并举，喻于异己未详之事不妨"旁行以观"，而落脚在"东海西海，心理攸同；南学北学，道术未裂"。这是钱氏为学之根本。前半句来自陆九渊："东海有圣人出焉，此心同也，此理同也；西海有圣人出焉，此心同也，此理同也……"或谓"唯理论"。[5] 钱锺书言及黑格尔鄙薄汉语，以为不宜思辨时说："其不知汉语，不必责也；无知而掉以轻心，发为高论，又老师巨子之常态惯技，无足怪也，然而遂使东西海之名理同者如南北海之马牛风，则不得不为承学之士惜之。"[6] 后半句语出《庄子·天下》："悲夫！家往而不反，必不合矣！后世之学者，不幸不见天地之纯，古人之大体。道术将为天下裂。"[7] 是逆其意而用之。在钱锺书看来，天下人心、道理本无隔阂，孔子书每与西域音略相合，"西来意"与"东土法"实异名而同谓，不过他无意作调和之论，稍加沟通而已。

之所以费工夫解释这番话，并非其中有何微言大义，因为他说了读书的基本道理：连类引譬，举一反三，唯求意会。然而，可意会之理非可说之理。一旦要把体认的道理讲出来，并且系统地讲，就会遇到怎么讲的问题。钱锺书当然是讲道理的，但他不想系统地讲。所谓"非作调人，稍通骑驿"有这层意思。他称自己的书为"锥指管窥"，

---

[4] 参见朱铸禹汇校集注《全祖望集汇校集注》，上海古籍出版社2000年版，第2253—2254页。

[5] 参见张岱年《中国哲学大纲》，中国社会科学出版社1982年版，第66页。

[6] 钱锺书《管锥编》第一册，中华书局1986年版，第2页。

[7] 陈鼓应注译《庄子今注今译》，中华书局1983年版，第856页。

感叹"学焉未能,老之已至",是自谦,也是自诩。而系统地讲,必定要触及中西体用的问题,兹事体大。下面,我举中西思想史研究的几本书为例,略说之。

冯友兰两卷本《中国哲学史》是中国哲学史研究的奠基之作。之前有过同题材的著作,如胡适《中国哲学史大纲》上卷,皆不足训。虽然胡适自信是治中国哲学史的开山之人,识时之士并不领情。陈寅恪赞冯著对于古人学说"具了解之同情"[8],多半是冲着胡适讲的。《中国哲学史》开宗明义,直言中国哲学史研究之要务"即就中国历史上各种学问中,将其可以西洋所谓哲学名之者,选出而叙述之"。冯友兰哲学史的框架径取自西方,即宇宙论、人生论、知识论三分法。他把西洋所谓哲学和魏晋人之玄学、宋明人之道学、清人之义理之学相比较,认为所论对象约略相当,不过宋以后的义理之学虽也讲"为学之方",却非求知识之方法,乃修养之方法,非所以求真,乃所以求善。于理而论,本可以作中国义理之学史,并可依模画样,成一西洋义理之学史。然而,"就事实言,则近代学问,起于西洋,科学其尤著者。若指中国或西洋历史上各种学问之某部分,而谓为义理之学,则其在近代学问中之地位,与其与各种近代学问之关系,未易知也。若指而谓哲学,则无此困难"。可见冯友兰取舍标准不在中西,而在古今。在他看来,对于宇宙人生可以有两种态度,一是逻辑的、理智的,一是直觉的、反理智的,二者无分高下。"直觉能使吾人得到一个经验,而不能使吾人成立一个道理。一个经验之本身,无所谓真妄;一个道理,是一个判断,判断必合逻辑。"直觉经验虽价值

---

[8] 陈寅恪:《审查报告一》,冯友兰《中国哲学史》下册,华东师范大学出版社2000年版,第432页。

甚高，但不是哲学。如佛家之最高境界"不可说"而有待于证悟，"不可说"者非哲学，只有以严刻的理智态度说出的道理，才是"佛家哲学"。[9] 简言之，哲学是讲道理的学问，是论证的知识。如此比照着来写中国哲学史，损益可知，却也无可奈何。在《新知言》里，冯友兰尝试为"不可说"者发明一种方法。"真正形上学的方法有两种：一种是正底方法；一种是负底方法。正底方法是以逻辑分析法讲形上学。负底方法是讲形上学不能讲。讲形上学不能讲，亦是一种讲形上学的方法。"[10] 不过看他整本书，从柏拉图、康德、黑格尔到他自己的新理学，讲的都是"正底方法"，只在将终篇时聊备一格，以禅宗为例略讲"负底方法"，附带讨论诗。所谓"正底方法"与"负底方法"，原本就是从早期维特根斯坦和维也纳学派那里掂量出来的，难为中国传统的直觉智慧在哲学里面争得一席之地，也是情理之中的事。

在此，顺便谈一下"了解之同情"或"同情的理解"。陈寅恪在《冯友兰〈中国哲学史〉上册审查报告》中说："凡著中国古代哲学史者，其对于古人之学说，应具了解之同情，方可下笔。"[11] 据陈怀宇考究，"了解之同情"一说源于赫尔德（Johann Gottfried von Herder），或间接受白璧德（Irving Babbitt）影响。"同情"德文词为"Einfühlung"，英译为"empathy"，亦当"移情"讲。[12] 这近乎确解，至于有无必要追溯到赫尔德，另作别论。此说其实是德国历史主义的一个流行观念。德国

---

[9]　参见冯友兰《中国哲学史》上册，第3—7页。
[10]　冯友兰：《新知言》，《贞元六书》，华东师范大学出版社1996年版，第869页。
[11]　陈寅恪：《审查报告一》，冯友兰《中国哲学史》下册，第432页。
[12]　参见陈怀宇《陈寅恪与赫尔德——以了解之同情为中心》，载《清华大学学报》（哲学社会科学版）2006年第4期。

历史主义，按伊格尔斯（Georg G. Iggers）的说法，是使德意志民族主义的反民主特征得以合法化的历史观，"其要旨在于拒斥启蒙运动的理性和人道主义的观念"。历史主义重民族本位，假设历史中产生的一切本质上都是有价值的，主张任何个人、制度或行为都必须依据其自身的内在价值而不能通过外在于其产生环境的标准来加以评判。在方法上，历史主义者拒绝概念化思考，认为概念化清空了历史事实中所具有的鲜活内容，而历史是有意志的人类活动的场所，它要求理解。理解不排除抽象推理，但"只有当我们切身考虑所研究的历史主体的个性特点时才是可能的"。[13]陈寅恪所谓"真了解"就是在这个意义上说的："所谓真了解者，必神游冥想，与立说之古人，处于同一境界，而对于其持论所以不得不如是之苦心孤诣，表一种之同情，始能批评其学说之是非得失，而无隔阂肤廓之论。"[14]陈寅恪在此主要谈方法，近于汤用彤说的"同情之默应"，而与钱穆所谓治史学者须"附随一种对其本国已往历史之温情与敬意"以及贺麟"同情的理解"说略异。贺麟既讲"要了解一物，须设身处地，用同情的态度去了解之"，又讲"只要能对儒家思想加以善意同情的理解，得其真精神与真意义所在，许多现代生活上、政治上、文化上的重要问题，均不难得到合理、合情、合时的解答"。[15]"阐旧邦以辅新命"是新儒家的做法，不是陈寅恪的做法。把"温情""敬意""善意"与"同情"相提并论，陈寅恪不一定

---

[13] 参见伊格尔斯《德国的历史观》，彭刚、顾杭译，凤凰传媒集团、译林出版社2006年版，第3、6—9页。

[14] 陈寅恪：《审查报告一》，冯友兰《中国哲学史》下册，第432页。

[15] 汤用彤、钱穆、贺麟的话转引自彭华《"同情的理解"略说——以陈寅恪、贺麟为考察中心》，载《儒藏论坛》第五辑，四川文艺出版社2010年版。

会反对，却也未必赞成。后来他在《冯友兰〈中国哲学史〉下册审查报告》中忽然跑题，大发议论，说"其真能于思想上自成体系，有所创获者，必须一方面吸收输入外来之学说，一方面不忘本民族之地位"，甚而感慨"寅恪平生为不古不今之学，思想囿于咸丰同治之世，议论近乎（曾）湘乡（张）南皮之间"，似是对冯著"以新瓶装旧酒"心存疑虑。[16] 即便如此，也是立场问题，而无关态度。

接下来讨论张祥龙《海德格尔思想与中国天道》一书。此书副标题是"终极视域的开启与交融"，显然，这是一本从解释学视角来谈问题的书。张祥龙不屑于肤浅的"格义"工夫，追求一种"相摩相荡、氤氲化醇、'其言曲而中'的对话境界"。为此，必须破除对两种思想的纯概念式理解，以"揭示使得它们成为自身的语境、史境和思想视野"。这不同于通常的"背景分析"，而近似陈寅恪所谓"神游冥想"，同情于"其持论所以不得不如是之苦心孤诣"。同时，"必须消解掉20世纪以来流行的、而且现在还在流行的治中国'哲学'的概念形而上学方法"。张祥龙把这个方法归于一种"现成的（vorhanden）概念哲学立场"，而他则要"去与古代文献发生那只在活生生的阅读体验中构成的（konstitiierend）理解关联"。因此，所谓"消解"或"损"，一方面要去除西方传统哲学范畴的束缚，另一方面要摆脱魏晋玄学、宋明理学等对天道的形而上解释。如此，在"先于概念化的纯态势"中，两种思想共同具有的"本源视野"或"终极识度"才得以呈现。这个思路本质上是反历史主义的。

把海德格尔（Martin Heidegger）思想与中国天道观放在一起来

---

[16]　陈寅恪：《审查报告三》，冯友兰《中国哲学史》下册，第441页。

研究，有其理由。一是海德格尔曾与中国学者萧师毅有过一段短暂的合译《老子》的经历，据说对海德格尔后来的思想特别是语言的转变产生了重要影响。再者，也是关键的，海德格尔哲学是对西方形而上学传统的一次"根除"或清算的尝试，借此，中国天道思想中先前被狭隘的"格义"手段以至西方形而上学总体框架压抑的意义有可能重新得到领会。依此而言，海德格尔的"解释学存在论"似乎具有某种非"西方"的性质。张祥龙"非现成的"或"构成的"哲学立场即由此而来。所以，他反对的"概念形而上学方法"，一面指冯友兰所谓"正底形上学方法"，另一面又有点接近德里达（Jacques Derrida）指责的"逻各斯中心主义"。这本来也许是一个抛开中西体用累赘框架的机会，不过张祥龙注意力仍在二者"终极视域"的交融上，因而难脱另一种"格义"之嫌。于是，他特别指出："本书的一个中心论点就是：在海德格尔思想与中国天道观之间有着或不如说是可以引发出这种意义上的对话态势，而它在其他的西方哲学学说与中国天道思想之间是难以出现的。"[17] 这里隐含着一个本体论—解释学假设，即两种思想之可比性是基于它们原本具有的意义关联，此种"对话态势"或是唯一的。从反"逻各斯中心主义"的立场看，两个文本之可比性，纯属偶然，当然不是随意的。首先是读与写的偶然性，或者说，理解的偶然性。拿张祥龙来说，他读海德格尔多年，默识于心，回过头来看传统的天道观念，忽有所悟，仅此而已。其次，比较之可行与否，不在乎对象之间有无天然的联系，而取决于通过比较能否产生新的意义。这涉及如何处理"同"与"异"的关系问题。

---

[17] 参见张祥龙《海德格尔思想与中国天道——终极视域的开启与交融》（修订新版）引言，中国人民大学出版社2010年版，第1—12页。

于连（François Jullien）在 2012 年北师大举办的"思想与方法：全球化时代中西对话的可能"论坛主题发言中，试图从一种反本质主义立场来解决中西之"同"与"异"的争执。他认为，用于描述文化多元性的"差异"（différence）一词，是不适当的。"差异是一个认同（l'identité）的概念"：其一，认同在差异的上游，并且暗示着差异；其二，当差异成立时，认同与差异相对峙；最后，在差异的下游，认同是差异要达到的目标。这里包含一个成见，即只存在一种"作为共同认同的初始文化"，世上所有复数形态的文化不过是其变形。"差异概念一开始就把我们放在同化的逻辑里……而不是发现的逻辑里"。而且，"差异"暗示了一种"超然的立场"，仿佛"我"可以置身事外。实际上，"我"根本脱离不了自己的语言和文化背景。在于连看来，不可能有文化认同，也没有抽象的"普世性""人性"等。中西思想传统上互不相干，彼此不看对方。每一次"拼凑工作"首先要做的，是把它们从漠然的情形里拉出来，让双方"面对面"。为避免重蹈覆辙，他提议用"间距"（écart）取代"差异"来处理二者的关系。"间距"无关认同，也不回应认同的需要，并且不会加予自己超然的立场。"通过所打开的空间，间距使双方彼此注视：在他者的眼神之中、从他者出发，并且与他者有别的情况之下，这一方发现了自己……间距也不会超越任何一边，也不会引发假设。"另一方面，由于"间距"并不假设一个共同框架来对二者进行"比较"，也不偏于一方，因而能够超越一切地方性，获得一种"思想上的域外地位"。借助这个装置，"就打开了一个互相照映（réfléxivité）的空间——先依照该字的本义'反射、照映'（réflexion），然后才用它的引申义'反思'——思想便于其间有距离地（并且藉由距离）发现对方，彼此端视。间距因此通过'造成张力'来引人深思"。[18]

于连把"间距"说得神乎其神,主要基于西语自身的逻辑。在此,不妨借"玄鉴"二字稍加引申。《老子》曰:"涤除玄鉴,能无疵乎。"(十章,帛书甲本五十四章)"涤除"可理解为"消除成见","玄鉴"即"照映"。若将中西思想各比作一面镜子,它们的相遇是面对面,一方发现了另一方,又从对方看见了自己。起初彼此都把对方当成镜子,在乎镜子其物。一旦哪一方意识到镜子的相互照映是一个没完没了的游戏,转而关心照映本身,情形就变了。这时,框架没有了,确定性没有了,"我"与"他"的界限消失了,连谁是谁也分不清。在传统哲学的立场看,此种情形是难以接受的。然而,从积极的角度去理解,这又未尝不是一个摆脱体用之辩重审中西思想的机会。

杨慧林在"人文学科关键词研究"丛书总序中,从"后主体"哲学的视角提出西方学术之于中国学人的意义问题。他用"蛋糕"和"布丁"的比喻来形容"真理"被拆解成片断所引起的理论后果。在当代西方,像"身体""虚无""语言"等,既为神学所用,也为人文学所用,其用法上的细微差异并未得到充分辨析。当这些原本就有歧义的"交叉概念"进入中国学人的视野时,不免引起混淆,但也带来启发。"因为不同的'蛋糕'之所以能够切出同样的'布丁',不同领域的概念工具之所以有所'交叉',恰恰透露出某种当代思想的普遍关注、整体趋向和内在逻辑。其中最突出的问题,也许就是如何在质疑真理秩序的

---

[18] 参见朱利安(于连)《间距与之间:如何在当代全球化之下思考中欧之间的文化他者性》,卓立译,《思想与方法:全球化时代中西对话的可能(国际高端对话暨学术论坛)》(会议论文及发言摘要),北京师范大学文学院2012年12月,第19—40页。

同时重建意义。""真理秩序和既定意义的瓦解,首先在于'建构性主体'(constitutive subject)和'投射性他者'(projected others)的逻辑惯性遭到了动摇。"出于对主体辩证法及其自我中心的一元论逻辑的警觉,当代西方思想家提出"宾格之我"或"以宾格的形式重述主体"的观念。"宾格之我"源于基督教神学的"呼唤"与"回应"结构。上帝试探亚伯拉罕,命将其子以撒献为燔祭:"上帝……呼叫他说'亚伯拉罕!'他说'我在这里'。""宾格之我"在"回应"之中,由"回应"而生"责任"以及"责任的主体"。这不复是"建构的"主体,而是"被构成的"(constituted)主体。用德里达的话说,"一切决定都不再是我的……我只能去回应那决定","我是谁"的问题其实是要追问"谁是那个可以说'谁'的'我'"。由此。决定者与不可决定者,主体与表达、反思等等,可以化约为一个偶发的、即时的"超越政治、文化、个人或者理论"的"思考的事件"。这是"哲学之死"带来的后果与转机。于是,杨慧林谈到巴丢(Allain Badiou)所谓积极的"哲学终结",并且说:"当'真理的蛋糕'被'切成小块儿'的时候……'布丁'共同凸显的逻辑线索,正是一种积极意义上的'终结'。"在此,"终结"意味着:"名词其实是动词性的,动词其实是交互性的。"[19]他用这个"悖论式的描述"来概括当代西方人文学术的主旨,从而引出中西"文化"与"传播"的话题。一方面,一切文化均非一成不变,而只能在交往中不断生成和繁衍;另一方面,文化间从来没有单向的传播,任何传播必定是施动与受动互生的过程。[20]

---

[19] 参见杨慧林《意义——当代神学的公共性问题》总序"当代西方思想对传统论题的重构",北京大学出版社2013年版,第1—9页。
[20] 参见杨慧林《意义——当代神学的公共性问题》,第4页。

杨慧林措辞比较隐晦,但其中透露的解构立场是颇有意味的。中西体用本末之辩纠缠汉语思想一百多年,究其起因,首先是"为邦"的问题,其次才是"为学"的问题。张之洞主张"中(旧)学为体,西(新)学为用",意思是说,传统政教制度的根本不能动,然须辅之以西洋政艺,方可立国。他既知"今欲强中国,存中学,则不得不讲西学",又坚持"以中学固其根柢,端起识趣":"今日学者,必先通经以明我中国先圣先师立教之旨,考史以识我中国历代之治乱、九州之风土,涉猎子集以通我中国之学术文章,然后择西学之可以补吾阙者用之、西政之可以起吾疾者取之。"[21] 此等主张至今为文化保守主义者所乐道。严复对张之洞的议论不以为然,他引时贤的话说:"中学有中学之体用,西学有西学之体用,分之则并立,合之则两亡。"[22] 实际上,严复是拿西学来"格"中学的"义"的。当年冯友兰哲学史的写法是延续严复的思路。时隔半个世纪,冯友兰仍对严氏"但开风气不为师"的魄力大加赞赏,直言"以中学为主,对西学进行格义,实际上是以古释今;以西学为主,对中学进行格义,实际上是以今释古",并且说,对于现代人,以古释今毫无意义,只有以今释古才有意义。他进而从严复中西学问何以能互相格义的疑惑中引申出一个"理":"古今中外研究学问的人所说的话有许多是相同的,这是因为他们所说的都是客观的理。"[23] "客观的理"与"心理攸同"的"理"意思不同,

---

[21] 参见张之洞《劝学篇》,中州古籍出版社1998年版,第90页。

[22] 严复《与〈外交报〉主人书》,胡伟希选注《论世变之亟:严复集》,辽宁人民出版社1994年版,第169页。

[23] 参见冯友兰《中国哲学史新编》第六册,人民出版社1989年版,第152—156页。

实质一样，都是一代学人顺应古今之变不得不尔的辩词。

今天，我们可以把中西问题从古今问题剥离出来。如此，所谓"中学"与"西学"的关系可简化成语用学或翻译学的问题。当代译学界有一个说法：所有比较诗学问题以及大多数的国际文化政治问题，都可以在翻译理论中来讨论。这派学者研究的重点已经从两种语言文字转换的层次转向翻译行为所处的译入语语境以及相关的文化制约因素。他们强调翻译总是对原作的"折射"(reflection)或"改写"(rewriting)，关注翻译的动因、行为、结果、传播、接受、影响等等。[24] 就"西方文论在中国语境的空间与张力"这个话题而言，汉语中的西方文论研究从来不是什么"西学"，而是本土学术的一部分。晚清以降，中国社会遭遇了现代问题，于是假借西学，以求解决之道。事实上，推动百年中西体用本末之辩的始终是这种工具主义的态度，只不过在意识形态交锋的场合常常被人忽略掉。今天面对形形色色的西方文论，似应重拾工具主义的态度。汉语中的西方文论研究有两个目的：一是了解，不妨"为了解而了解"，所谓"为学日益"。二是取用。这当然要以了解为前提，但不止于了解，必须有所化。了解是做加法，化是做减法，是"为道日损"。"个中之关键或许在于对其所以然的追究、对其针对性的剥离、对其话语逻辑的解析，从而思想差异和文化距离才能成全独特的视角、激发独特的问题"。[25] 过去一个世纪，我们多数时候是把"西学"当作一个系统来接受的，从古代、中

---

[24] 参见谢天振《论比较文学的翻译转向》，《比较文学与翻译研究》，复旦大学出版社2011年版，第98—110页。

[25] 参见杨慧林《意义——当代神学的公共性问题》总序"当代西方思想对传统论题的重构"，第1—9页。

世纪、现代到后现代,有一条完整的线索。其实,"西方"是复数的。在"西学"内部,无论从语言文化差别或历史沿革看,各部分之间究竟同多还是异多,连续是主流还是断裂是主流,差不多取决于你从哪个角度去谈问题了。对于我们,"西方"是一个他者。这是由汉语文化的唯一性决定的,我们不可能脱离母语的背景来思考中西问题。然而,具体到读和写,我们实际面对的是一个个独立的"文本"(text)。德里达声称,一切都是文本,"文本之外无物"。文本似乎总是指涉经济、政治、历史、社会制度等等,可它们并非外在于文本;文本不是对它们的模仿或再现,而就是"所有可能指涉物"的"结构"本身,并且"每个指涉物、一切现实都有一个差异化的踪迹(differential trace)的结构",其价值与意义依据各种可能的语境向解释开放。解释因语境而生,"语境之外无物"。[26] 从这个角度说,跨语际阅读与写作的意义,在于通过陌生化生产新的"互文性"(intertextuality),达成主体间的交流。套用巴尔特(Roland Barthes)的概念说,借助于"西方"这个他者视角的激发,我们可以不断地把汉语思想中"可读的"(lisible)文本转换成"可写的"(scriptible)文本,"求证于彼、又返诸己身,从而在双向的考察中汲取双向的资源和能力"。[27] 这在单一民族语言文化内部是做不到的。就此而论,钱锺书的"锥指管窥"或可视为中西互文性写作的一个样本,虽然他本人未必自觉。

---

[26] Cf. Niall Lucy, *A Derrida Dictionary*, Blackwell Publishing Ltd., 2004, pp. 142-144.

[27] 参见杨慧林《意义——当代神学的公共性问题》,第4页。

附录二
悖谬、反讽与身体的历史——论尚扬

帕洛马尔先生从东方的集市上买了一双布鞋，回到家里才发现一只大一只小。帕洛马尔先生想，也许在那个遥远的国家也有一个人穿着一大一小的鞋走路，现在正想着我，希望遇见我和我交换。帕洛马尔先生明白事实并非如此。大批量的布鞋源源不断地补充着货摊，两只不配对的鞋会一直留在那儿。只要卖鞋的老头，还有他的儿子、孙子，不卖光自己的全部库存，差错就不会被发现。如果别人都不像他帕洛马尔这么粗心，差错的后果转移到另一位顾客身上，或许要等几百年。当然，摊主也可能是有意为之，用以消除在鞋堆里埋藏了几百年自他祖辈开业以来代代相传的一个差错。如此的话，那位不知名的难友在几个世纪以前曾跛足而行。为了慰藉不存在的伙伴，为了牢记这种极为罕见的互补关系，让一个跛行反映另一个跛行，帕洛马尔先生决定永远穿着这双不配对的布鞋。[1]

这是卡尔维诺讲的一个故事，故事里的人很像尚扬。

---

[1] 参见卡尔维诺《帕洛马尔》，萧天佑译，吕同六、张洁主编《卡尔维诺文集：寒冬夜行人等》，译林出版社2001年版，第292—293页。

一　呼吸

1981年尚扬第一次来到西北高原。高原的风土人情似乎亘古未变。其实，除了遍地黄土和一条浑浊的黄河，一切已物事皆非。然而，这个幻觉当年支撑了无数人的想象，仿佛只有在这里才能感受到民族曾经的活力，因为他们不知道如何从现在走向未来。此时，中国正兴起一场"美学热"。后来者难以理解那么多志趣迥异的人为何要挤在美学这块逼仄的天地里。高尔泰的话无意间道破了真相："美是自由的象征。"[2] "自由"二字在20世纪80年代思想解放的情境中凝结了太多被压抑的意义。几代人敏感于此，却无力越过政治禁忌和自己表达的障碍，美学于是成了一个中间地带。按其本义，"美学的范围就是整整一系列的心理能力。这些心理能力代表处于混乱状态的任何联系，但是，这些心理能力合在一起又构成了'analogon rationis'（类理性），即理性在混乱的认识领域内的相似物或畸形变体"。[3] 数年后尚扬回顾80年代，说"那是一个匆忙和粗糙的时期"。[4]

尚扬在绥德安顿下来，尔后奔赴黄河边上的小城佳县，如约而至。尚扬没有多少工夫在河滩上停留，自由挥霍，因为他已经不年轻了。这一年，他三十九岁，而且他是带着一个任务来的——完成研究生毕业创作，也就是说，他要画"一张画"。他相信黄河、黄土会给他

---

[2]　参见高尔泰《美是自由的象征》，人民文学出版社1986年版。
[3]　鲍桑葵：《美学史》，张今译，商务印书馆1987年版，第241页。
[4]　参见杨小彦《尚扬》，湖北美术出版社2005年版，第35—36页。

想要的东西,可不知道是什么。此种介于主动和被动之间的角色是尚扬主体意识的第一次显露。

作品如期完成,主题毫无悬念,叫做"黄河船夫"。尚扬采用他熟悉的俄式画法,虽然他早已不喜欢苏联油画。他把这张画当作向导师的致敬和与自己学习生涯的告别。按照严格的创作标准,《黄河船夫》只是达到了社会主义现实主义的最低要求:"肯定现实,歌颂生活中的正面人物和新现象,歌颂劳动,表现乐观主义和生气蓬勃的精神状态。"[5]然而,无论尚扬本人还是评论家显然赋予作品更多的意义:"我们苦难深重的民族以世间罕见的韧力,以数千年间的伟大创造,在人类历史长河中源源汇入滚滚巨流,这不止不息的伟大奋斗,也激励着今天的人们……我们每个人都承担着历史的责任。""我所希望表现的东西,其内涵实质上是民族精神之美、民族特质之美。我觉得,她的壮阔浑然的力量更多地充溢于北国山川人物之中。"[6]在当时重塑民族精神的潮流中,此类理解再正常不过了。

《黄河船夫》的土黄色调惹人注意。以后近十年尚扬没有离开这种色调,有时偏暖,有时冷一点,因此有了"尚扬黄"一说。关于《黄河船夫》的色彩,他解释道:"当我闭目凝想时,北方高原和浑浊的黄河水在我脑子里沉淀下来的就是一种浓重、沉郁的黄色调,与我们民族的肤色这么恰到好处地协和甚至混同着,想来也很有意思。塞上每每刮起弥天蔽日的黄风,那种使宇宙浑然一体的绝妙的暗黄色辐射光也

---

[5] 这是近年奚静之对社会主义现实主义所决定的苏联美术的基本特征的概括(参见奚静之《"社会主义现实主义"美术及其现代性》,载《美术》2006年第11期)。

[6] 尚扬:《关于〈黄河船夫〉的创作》,载《美术》1982年第4期。

对我有所启示……"[7] 尚扬向来对艺术语言特别在意，可毕业作品是"受命之作"，无法在语言上多做探索。不过，他还是留下了一个色彩之谜。至少就效果而论，黄色调引出的意味比他解释的曲折。由于色彩和笔触的简化，写实的场景被拉远了，现时因素减弱了，像史诗或传说的片段。此中机巧被轻易地认作抒情性，而且《黄河船夫》确实有一种抒情气质。之后的《黄河五月》《爷爷的河》等更加深了这样的印象。其时，一股文化"寻根"之风正悄然刮起，以"探寻民族文化心理结构"之名，侵蚀着传统现实主义的政治基础。尚扬对"寻根"不感兴趣，他关心的是民族的"苦难"。作为一位画家，尚扬不能依赖文学叙述，他需要一种语言，哪怕是象征性的，也必须从视觉内部解决问题。于是，黄色调充当了美学中介。杨小彦说："有意思的是，有的人终其一生都是一个形式主义者，而有的人不管如何创新，本质上都是一个主题先行的人，始终让思想大于形式，但是尚扬却巧妙地让这两者统一到自己的艺术当中。"[8] 其实，尚扬既不是形式主义者，也不是观念主义者，更非两者的折中。他是一个审美（感性）论者。

  2004年，一场突如其来的沙尘暴席卷京城，人们足不出户就可以领略遥远的北方地景。沙尘暴让尚扬惊恐、忧虑，又似乎唤起了他久违的感觉。他鬼使神差地画了一张《洪荒》，用的是暖黄色调。沙尘暴刺激了他：沙尘暴意味着环境破坏、沙漠化……如何表现它呢？尚扬想到了"写实"，可他早就忘了这个词跟他有什么关系。他做了妥协，用写实方法画一张非写实的画。他为这张煎熬他三个月之久的画

---

[7] 尚扬：《关于〈黄河船夫〉的创作》。
[8] 杨小彦：《尚扬》，第37页。

起了一个名字——"歌谣"。也许他此刻才醒悟过来,他痴迷多年的黄色竟源于尘土掠过皮肤、吸进鼻孔、穿透咽喉、沁入心肺的感受或体验。尚扬曾经把《歌谣》挂在自己的工作室里,外面是风沙肆虐的城市。那时尚扬一定暗自欣喜,只是他的艺术已经面目全非了。

二 偶然性

尚扬在一篇随笔里写道:"1991年初冬,我从长途车里回望渐渐远去的大雪覆盖的黄土高原,在一片被白色抹去的风景里结束我的十年纪行。此前不久,我画了《大风景》,它已不再是我1985年以前那些关于文化记忆的黄色土地。"[9] 为了这场告别,尚扬用了十年时间。80年代前期,尚扬画过一些平面风格的作品。此类作品的起因要追溯至二十年前。1961年,尚扬在苏联艺术杂志上看到塞尚、高更、梵高、马蒂斯、古图索(Renato Guttuso)的作品,震惊不已。他觉得这才是他要画的画:源于心灵的,人性的,透气的。他随后的一连串举动,包括"退学风波"和《当年长工》(1963年)的平面化处理,也因此而起。1981年尚扬动念去高原时,就已经决意出走了。在毕业创作间隙,他用土蜡在当地产的粗糙的麻纸上涂画,用油彩在纸上写生。他想忘记自己所受的教育和训练,变成一个不会画画的人,"左手画画的人"。他终于体会了自由表达的乐趣。他把这批画给导师杨

---

[9] 尚扬:《坍塌的风景之日志》,载《美苑》2012年第5期。

立光看,杨先生明白他的用意,让人拍照、编号、存档。[10]1983年,尚扬画了《黄土高原母亲》《黄土高原村庄》《赵家沟之夜》等,颇受好评,而他自己却疑虑重重。画还没画完,他已经觉察到了局限。一是地域与文化视野的局限。地域是狭小的概念,即使你把民族看得很大,与"人本身的问题"相比,终究是局部的问题。再就是语言的局限。光追求画面风格的变化,容易形成另一种矫饰。[11]尚扬在酝酿新的方式,可一时想不清楚。他随着性子画了《不断掰开的玉米》《天体》系列等。1988年他画了《往事一则》。画面仍然是熟悉的暖黄色调,一根鱼骨悬浮空中,嵌在漫天的黄土里,成了一块化石。这大概是他的文化记忆耗竭的征象。

《天体》系列涉及"彗星""涅槃"等关乎宇宙与生死的主题,把触角探向星空,近处的塬峁渐行渐远。尚扬有心在笔触、肌理上做文章,又浅尝辄止。他意识到自己想表达的玄思已非现有的视觉语言所能承载。

艺术家要做点有意思的东西,一定是受某种微妙的感觉牵引。感觉在被切分之前可以说是含混不清的,艺术家所做的就是给它以适当的形式。形式化有不同方式。一种是挤压的方式,不择手段地把感觉表现出来。另一种则需要忍耐,等待机缘和偶然性,顺势而为。

尚扬的苦恼在于,那一点点感觉挤压出来之后,居然会自我繁衍,生成新的面孔。有的人一辈子都在画"一张画",尚扬不愿意如此,除非他相信他已经找到了这张画的母本,无须再费心思了。他

---

[10] 参见杨小彦《尚扬》,第22—25、30—31页。部分内容出自尚扬与笔者的谈话。
[11] 参见王东声《我无法批量生产——尚扬访谈》,载《中国书画》2003年第1期。

做起了材料实验。尚扬说自己"骨子里是个唯效果论者",喜欢偶然性。他从年轻时起就对材料的效果异常迷恋,甚至能从中得到近乎恶作剧式的快感,并且终生保持这种习惯。[12]"他把纸泡在水里,泡烂以后就糊在木板或布上,在这样特殊的质地上适当处理一下,画面就呈现出一种抽象意味。"1988年末尚扬制作了他的第一张综合材料作品《状态—1》。他去印刷厂找来印刷用的胶版纸型,拼贴在木板上,形成一种奇特的肌理。"尚扬还把一块白绸缎抛起来,在绸缎自由落下的过程中,他拍了照片,然后把底片冲出来,再翻印放大,经过叠印的制作后,将叠印纸贴到画面上去。"[13]《状态》系列参加了1989年4月在中国美术馆举办的"八人油画展",受到学术界关注。尚扬自己说,《状态》系列"是我由来已久的对综合材料的偏好的一次释放,也是80年代末我在自己的艺术转型中的一次尝试"。[14]

《状态》系列使尚扬摆脱了拘于架上绘画带来的烦恼,材料只是触媒,根本在于制作过程所引致的感受与表达方式的解放。用语言哲学的话来说,感觉在被语言切分之前并非不存在,而是含混不清的。言语对感觉的切分是一次性的,一旦做出切分,原初感觉便永远消失了。于是才有"言尽意"与"言不尽意"之辩。尚扬的语言困惑盖缘于此。与语言的适用性相比,视觉媒介的承载力其实非常有限。若专注于绘画逻辑本身,艺术家的大多数想法是无法实现的,即便实现出来,也顶多是表现主义的替代品。因为那些观念、想法原则上是反再现的,除非能够找到一个匹配物或对应物,把直观本身感性地呈示出

---

[12] 参见杨小彦《尚扬》,第22—23页。
[13] 同上书,第57页。
[14] 参见尚扬《绘事二题》,载《文艺研究》2004年第9期。

来。这是《状态》系列的问题由来。通过外部的迂回，尚扬重审视觉语言，发现它开启的已然是另一个意义世界，他称之为"第三自然"。他在谈到20世纪的视觉艺术革命时说："从塞尚开始，人们改变了对绘画的态度。这之前，绘画讲究从第一自然到第二自然，塞尚则提示我们需要走向第三自然，那就是'改变之后再改变'。后来的杜尚则把这种思想极致化，演变成了一种革命，从而导致了20世纪艺术的根本变革。"[15]

《状态》让尚扬如获新生。他制订了雄心勃勃的计划，结果却意外地搁置下来，而他自己也卷入一场持续的纷扰之中。

三　利奥塔

1990年秋天，尚扬回到工作室，重拾旧题，拟再续《状态》，才真切地体会到"时过境迁"这个词所包含的"空灵与无奈"，仿佛病人对往昔健康状态的追忆。当初的计划和制作方案已无从把握。他明白，《状态》已经留在之前那个时刻了。他收拾心情，画了两张安安静静的茶壶，叫做"致利奥塔"。[16]

"致利奥塔"与后来的"董其昌计划"一样，可能是个陷阱。在90年代初的中国，"利奥塔"的名字显得突兀，又有点高深莫测。利奥塔

---

[15] 尚扬、杜大恺、赵小来：《"当代艺术"自然得道》，载《中国美术家》2011年第2期。

[16] 参见尚扬《绘事二题》。

（Jean-François Lyotard）是少数把"后现代"写进自己书名的大人物。在有些人眼里，利奥塔面目狰狞，而在另一些人看来，他像先知。利奥塔做梦也想不到，他最初在汉语世界现身，竟是这等境况。尚扬想必零星地了解一点利奥塔的信息，比如关于当代"叙事危机""宏大叙事"的失效，后现代知识甘于承认"局限、断裂、反悖并且缺少稳定"，等等。[17]依尚扬那时对于世事人生的混杂感受，他是容易被此类观念触动的。不过，他已经习惯于不动声色了。

《致利奥塔》是两张静物画，跟利奥塔没什么关系，一张色调偏冷，另一张偏暖，气氛安详，语言干净利索。第一张画三只壶和倒影，末了那只仅留下倒影，壶没有了。第二张画了一只壶、一只蒙了布的壶和一只布渐渐枯朽的壶。两张画不用说表达了悖谬的观念，前者关乎空间，后者关乎时间。"《致利奥塔》的内涵和它的处理方式，有着东方哲学的气息，创作过程的静谧与内省，使我的情绪真正地平静下来。"[18]在经历了纷扰之后，他只想抹去褶皱，回到素朴的状态。

"此时的中国，一种前所未有的综合因素在发轫，文化形态日趋混杂，市场开始增长的活力与变革中的无序以及纷乱搅和在一起。"尚扬身处武汉，感觉尤其明显。他计划以"大肖像"为题，创作一批关涉"文化与市场"的综合材料作品。他搜集了不少现成品和与当时中国文化状态有关联的制作材料。1991年春夏之际，他完成了《新娘》和《蒙娜·梦露》。这两件作品袭用杜尚的方法，以蒙娜·丽莎像为依托。《蒙娜·梦露》把玛丽莲·梦露的面孔叠在蒙娜·丽莎的脸部，在

---

[17]　参见赵一凡《利奥塔与后现代主义论争》，载《读书》1990年第6期。
[18]　尚扬：《绘事二题》。

她身上用卡通手法画了夸张的肺部轮廓,里面的"气泡"是50年代电视机的复印件。《新娘》则用五颜六色的印满各种图样和文字的食品包装袋裹满蒙娜·丽莎"这个世界最具文化象征性的永恒的女人"的身体,让她成了中国消费社会最早的童话和尤物。作品问世后博得了喝彩。一位美国著名评论家后来还为此写了专文。尚扬起初也十分得意,等他平静下来,坐在画室里,却突然警醒:这两张画不是太美国化了么?他的"当代性"努力,从思维、指向到图式和视觉形态,竟与自己内心深处的文化根性与基本立场有如此大的距离。如果就这么做下去,也许会成为一个引人注目的事件,但那不是他的方式。他立即终止了这个系列的创作,把辛辛苦苦搜集到的街头招贴、小广告、饲料袋等等毫不吝惜地清理出工作室。[19]

把现成品清走后,尚扬如释重负。庆幸之余,他一口气完成了《大肖像》的创作。"在《大肖像》的典型中国文化品质的图式中,我将一个当代人的即兴情绪,将90年代初碎片式的信息和感受,以及某种波普方式和调侃不露痕迹地融在一起,并以作品的未完成状态强调这种实验性。"[20]《大肖像》中间部分是一个胃状容器的剖面图,里面排列着佛像、人影、茶壶、小屋、马匹等。这些时空交错的符号对应着所谓"碎片式的信息和感受",并置在平面化的空间里,显得庞杂、怪诞又井井有条。这张画让尚扬真正回到了绘画性,他相信自己已经找到了能够表达复杂感受与悖谬经验的视觉语言。在随后的《大风景》中,尚扬尽量抹去《大肖像》里安排的痕迹,把人畜形象不露声色地

---

[19]　参见尚扬《绘事二题》。关于"美国化"的疑问,参见杨小彦《尚扬》,第74页。
[20]　尚扬:《绘事二题》。

融入分割的风景块面,由此延伸出《黄土高原素描》系列——他心目中的"改变之后再改变"的"第三自然"。期间,尚扬还画了一批纸面油彩的线描作品《满堂川》,画面留着油污的痕迹,线条自由游走,听任感觉牵引,像是无意识行为的记录。

从《大肖像》到《大风景》,尚扬在中国当代艺术正酝酿变局之际完成了自己的转型。他意识到,在现代主义已成末路之时,只有一种"综合风格"才能表达当代人"前所未有的复杂的文化际遇,以及他们的不安与探寻"。而且,他们身处的社会"也正在走向这个不可避免的综合的时代"。[21] 这种"综合风格"就是他理想中的"社会大风景"。[22] 1992年,尚扬画了《大风景——赶路》,用荒诞的符号,把即兴式的感受不经意地植入风景。此类符号连同其即兴性在他之后的风景里疯狂生长。

四 疾病

"危机"起初是医学用语,指疾病的一个阶段,这个阶段决定机体的自愈能力是否足以使机体康复。危机的过程——疾病——似乎是客观存在的,病人的意识在此不起任何作用。然而,若病人主观上没有卷入这一过程,危机便无从说起。"危机不能脱离陷于危机中的人的内心体会:面对客观的疾病,病人之所以感到无能为力,只因为他是

---

[21] 参见杨小彦《尚扬》,第27页。
[22] 参见王东声《我无法批量生产——尚扬访谈》。

一个陷入被动的主体，被暂时剥夺了作为一个完全能够控制自己的主体的可能性。""我们把一个过程说成是危机，这样也就赋予该过程以一种规范意义：危机的克服意味着陷入危机的主体获得解放。"[23]

1994年尚扬因心脏不适住进医院。这一次他真正尝到了"危机"的滋味。人体是一个复杂系统，一旦出故障，必须把系统还原为低层次的物件，器官、组织、细胞、细胞核、分子，一一分析，再依据各部分的关系推导出结果。这个过程叫做"诊断"。人只有在生病住院的时候，才有机会跟现代科学的还原主义密切接触，才会感到"人格"、"自由意志""自主意识"多么虚无缥缈。尚扬发现，人原来是由各个部门来指挥的，一切都由不得你自己，判断也得靠别人；做检查时，你要不停地按医生的要求做动作，呼吸、伸腿、直腰……他觉得这很像我们的文化现状，进而想人的判断总会有偏差，环境、政治行为乃至战争，都可以算作诊断行为，或者因诊断和互相诊断引起……于是，他决定用"诊断"一词来概括自己对人生与生命的认识。[24]

《诊断》系列记录了一个病人眼中的世界。医院是一片奇特的空间。病人们住在一起，在走廊和诊室相遇，每个人都有自己的路线图，准时进出不同区域，按自己的处方配药、输液。在病人的意识里，以前从没留意过的物与事会浮现出来，先是事物之间，接着和"我"，微妙地关联着。病人以自己的身体为界，分出内与外，"我"与"它们"，在二者之间建立对象关系。对于病人来说，这一切是清晰可辨的，而要复现它们，则需要一个超出对象性的交互视角。尚扬

---

[23] 参见哈贝马斯《合法化危机》，刘北成、曹卫东译，上海人民出版社2000年版，第3—4页。

[24] 参见杨小彦《尚扬》，第124页。

明白，此类私人感受是不可能入画的，除非将它们社会化："作为一个艺术家，我把个人经历转化为社会经历。联系自己，我就觉得这个世界病了。《诊断》……超出了个人的经验，它还是我一如既往地对于社会大风景的关注，对于世界环境的关注，对于人的生存前景的关注。"[25]

《诊断》系列直接处理"人"的主题。除了第一张保留了《大肖像》和《大风景》的元素，其余的已转向另一种"风景"：关于人自身、人与人、人与社会，而把这些抽象概念连接在一起的是身体。《诊断》摒弃任何表现与象征成分，凭借人体这个简单的符号，用直白又理性化的语言，把"人的境况"直观地呈现出来。《深呼吸》组画接续《诊断》的主题。与后者相比，《深呼吸》可以说是一组纯客观绘画，所有和疾病、治疗有关的符号全都消失了，连发生学的线索也找不到。尚扬由此开启了一个社会批判的维度："从社会的各种关联中，'呼吸'已经失去了它本应有的自然态。一个正在全面物化的现代社会使所有空间（物理的和心理的）都显得挤迫起来。'呼吸'的被指令和剥蚀，几乎弥漫在所有人的生存空间和生命过程里，问题其实尖锐和迫人。但是，如同对于呼吸的无意识一样，它们并未被真正明确地意识到，其迫人和尖锐之处也正在此。"[26] 此时，他材料的想象力又活跃起来。他用火去烧，烧出想不到绘不出的效果；他把颜料堆在画布上，然后两边喷色，造成无论如何都画不出来的肌理。[27] 从四张大画到九张小画，材料和手法的变化是外在因素，在此过程中，尚扬实际上同时做

---

[25]　王东声：《我无法批量生产——尚扬访谈》。

[26]　尚扬：《浮生八记》，载《画廊》2003年第5期。

[27]　参见杨小彦《尚扬》，第124页。

了减法和加法。所谓"减法",是说他在一步步提纯,从表象一直减到只剩下"呼吸—窒息"的观念;所谓"加法"说的是,他通过语言的调适,铸造出具有多重表意功能的身体符号,特别是那两片"肺叶",几乎成了他以后风景中的万能施指。至此,他才意识到,"人本身的问题"其实是个人或私人的问题,甚至仅仅是身体的问题。就此而言,尚扬第一次有了"后主体"哲学的自觉。他的"能动地把视觉材料直接变成思想"[28]的冲动,也是从这里发端的。

在此之前,尚扬已重返"大风景"的创作。在《94大风景》中,风景变身为器官剖面图,底部贴着X光片,山体长满血管。尚扬很快放弃了这个图式,大约是觉得语言太过张扬,而且容易让人联想到卡洛（Frida Kahlo）的"红线"。《95大风景》内敛了许多,尽管其中一件是用医用底片、木箱、聚酯板、荧光灯做成的,在语言上仍保持含蓄的本色。这个系列首次出现了后来《董其昌计划》里常见的山体左右分割对比的图式。《有阳光的风景》《许多年的风景》《E地风景》等系列,在符号的增减和语言的纯化上反复拉锯,视觉表达已到了从心所欲的地步。在《大风景·99.9.6》《蛇年风景》《古典空间的风景》中,符号和材料的效果被沙尘般的氤氲所笼罩。尚扬甚而调用了他80年代末构思那个未完成计划时对于油污的兴趣,从中提取出一种生疏而又魅惑的色彩语言。这几张画可谓是优雅的后现代主义杰作。

尚扬有一个理想,希望凭借足够的理性,找到"古典气质"与"当代精神"契合的方式,开掘自己的语言。1993年,他在欧洲第一次看到博伊斯（Joseph Beuys）的作品,深受感动:"不管是黄油、毛毡、

---

[28]　参见王东声《我无法批量生产——尚扬访谈》。

钢铁做的家具，还是画架上挂的一件他的坎肩，一朵玫瑰花。这里头很多东西，是跟我们所说的人类精神里最重要的品质连接在一起的，他把记忆、感恩、对于伤痛的抚摸以及关于精神的追溯都以他的方式反复呈现出来"。尚扬从中体悟到一种他所向往的"古典气质"：即便像博伊斯这样与旧的艺术制度决绝之人，其作品的精神内核仍然是那些恒在的东西。[29]尚扬是从语言或美学的角度来形容的，换个角度说，博伊斯之所以是一位伟大的后现代主义艺术家，因为他有一种非凡的能力，即把个人最私密的经验和痛感用普遍可以交流的形式表达出来，并且禀形高贵的气质。

五　山水

麦金太尔（Alasdair MacIntyre）讲过一段故事。库克船长在第三次航海日志中提到，他和船员们造访波利尼西亚人部落时发现一个奇怪的现象，波利尼西亚人性生活散漫，却不允许男女同桌吃饭。水手们问为什么，当地人回答：这是"禁忌"（taboo）。于是他们想知道"禁忌"是什么意思，结果一无所获。后来人类学家推测，接受询问的土著民实际上并不真正理解自己用的这个词，进一步说，"禁忌"当初所由产生的语境已经消失了，因而其效力也十分可疑。四十年后的一件事似乎证实了这个假设。夏威夷国王卡米哈米哈二世决定废除岛上

---

[29] 参见王东声《我无法批量生产——尚扬访谈》；赵野《尚扬访谈：当代精神与古典气质的契合》，http://shangyang.artron.net/news_detail_754560。

的禁忌，没有引起任何社会后果。

麦金太尔借这个故事来形容现代人面对传统时的文化道德困境。在此情境中，规则失去了其权威地位，对它的解释与合理性论证都成了问题。"当一种文化的资源过于贫乏以致无法完成重释的任务时，合理性论证的任务就不可能了。"麦金太尔只在理论或口头上为"重释"留出一条路，接着便断然否弃："实际上，除了把禁忌规则视为先前某个更为精致的文化背景的一种残存物，我们没有任何别的方式可以理解它的特性。"对此，唯一真实的理论是关于一套规则与实践如何变成碎片的历史论述，即"展示了其在那个时间点上的不可理解性的理论"。[30]

2001 年尚扬做过两件《高秋图》，颇令人费解。作品由三个部件组成：一是装裱好的卷轴，就是各处画店代售的那种；二是笔墨，在卷轴上率性涂抹，留下山水花鸟的痕迹；三是乙烯制品，盆景、瓜果、藤蔓、唇膜等，嵌在卷轴里。这两件作品乍看像一个虚假的供奉仪式，实则是用观念的方式呈现我们面对传统水墨不得其门而入的情形：传统绘画程式、形制在我们意识—无意识里的留存，我们的习焉不察或盲视，"像"与"象"、"似"与"真"之类区分的失效。《高秋图》只是尚扬零星思考的记录，直白地摆出问题，而他系统地解决问题的尝试是在《大风景》和后来的《董其昌计划》中。

但是，很少有人注意，这些"计划"背后隐含着尚扬个人的文化忧虑。《风化日志》《手迹》《日记》等系列就是例证。其中一些图像仿

---

[30] 参见麦金太尔《追寻美德——伦理理论研究》，宋继杰译，译林出版社 2003 年版，第 140—142 页。

佛旧书画裱衬脱落后残留的墨痕，似断似续，隐隐约约。如"风化"一词所暗示的，这是时间剥蚀的结果，既关乎自然，也关乎个人，关乎表达。这些视觉意义上的残山剩水，是传统山水及其精神在现代人心性（modernity）里的最后遗存。2002年，他在《山水画入门》系列完成后写了一句话："学习描绘山水画的母本已经变得面目全非，何以入门？"[31]《山水画入门—1》画的是一张纸上不光要靠眼睛还得凭注意力才能辨认出来的山水痕迹。《山水画入门—2》有点激烈：昏暗背景里一本脏兮兮的书，左边隐约见出一幅李成风格的山水，破损不堪，右边一通乱抹，上角有一小片落雨的云彩。《山水画入门—3》画一本打开的画谱，里面堆满莫名其妙的山水符号，东倒西歪的。

那些标着"日志""日记""手迹"的作品，大致分两类：一类画得生冷、坚硬，像身体里的结石，实际在突出观念性。另一类想从残山剩水的意象里提炼一种美学语言，赋予其成长性，如《手迹—4》《风化日志—001103》《风化日志—020829》等，其意向如2000年一张画名所讽喻的——"江山胜迹图"。此种意向在晚近的《册页》和《董其昌计划》中还有意外的拓展。

《游山玩水》大约是偶成之作。这几张画把今天人与自然"亲密无间"的情景描绘得活灵活现，让人哭笑不得。画里的场面、形象和语言看似不经意，其实有相当浓厚的理性意味。这个系列与《诊断》《深呼吸》以及相关的速写、手稿可能有点关系。在山水间搔首弄姿的游客，也是在医院里被动地呼吸、伸腿、直腰的人们。列队观山者的姿态，让人想起躺在病床上或诊疗仪前感知到的医生、护士、探视者的

---

[31]　尚扬：《坍塌的风景之日志》。

目光。当年病中的尚扬觉得这个世界病了，而现在，山水病了。这组画里有一个有意思的符号，小房子模型，用铅笔随便勾勒出来。一次被倚山留影的游客举过头顶，一次是放在凝视或走神的方向上。其喻义再浅显不过了——"家园"的概念。《游山玩水》把当代人与自然的悖谬关系不动声色地化为轻松、诙谐的视觉语言，格调简淡，显出中国传统艺术的空灵意境。

六 计划

　　1994年，尚扬拟以董其昌山水画作为《大风景》系列的背景图示，后来搁置了。2002年，他画完《山水画入门》后，又回到了董其昌。按尚扬解释，"董其昌计划"命名本身就是悖谬，"董其昌"和"计划"是两个风马牛不相及的东西。选择董其昌而不选范宽、郭熙等，是因为"董其昌"在国际上差不多成了中国山水画及其所蕴含的东方传统人与自然关系的代名词。而"计划"是现代用语，是今天人对作为的预想，总与工程、建设、建立秩序等联系在一起，常常是和自然发生冲突的。[32] 其实，董其昌也是有"计划"的，他的"计划"是一个把天下山水尽收笔端的图谋。"在他（按：指董其昌）的笔下，集合了中古时期中国的画家们以不同笔调所表现的同一主题——与人合而为一

---

[32] 相关内容见于视频《尚扬专访："董其昌计划"对现实与自然的并置》，http://shangyang.artron.net/news_detail_76474。

的自然，如今它们已不复存在，取代它们的，是一种虚拟的自然。"[33]

《董其昌计划》的主题是人与自然关系、环境破坏、生态危机，等等。就名实而言，这个系列只有前两张跟董其昌有关系。《董其昌计划—2》图式比较繁复，用手卷的形式，分近景、中景、远景三段展开，从米元晖的郁郁葱葱、云气蒸腾，到倪云林的枯索荒寒，再到虚拟的网络化风景，视觉意义十分清晰。这张画的构成逻辑与《致利奥塔—2》一模一样。《董其昌计划—3》图式简化了，语言却丰富起来。画里仍然用了一块小米云山的贴片，依附在一座山体上——实际是影子，画面不同区域留有"遮盖""灰白""地层""空白"等用木炭条随意勾画的符号与文字。[34] 这张画终于回到了视觉语言本身。其后的《董其昌计划》中出现了大尺寸的山水摄影图像，由此产生一种间离与反讽效果："一边是综合材料的，一边是数码喷绘的。喷绘的图像取之于自然的风景图片，这些取之于自然的照片，应该是最生动和鲜活的。而作品的另一半运用综合材料，有皴裂的材料，崩塌的材料，大笔挥洒，龟裂颓败，这是一种有意的破坏，它们的张力那么强烈，较比另一半取之于自然的照片，它反倒显得如此的生动和强烈。我们从视觉上即已得出结论：破坏是最生动的力量！"[35] 把董其昌的仿古山水换成喷绘图像，之间有一层语义变化。传统山水符号意味着天人和谐的精神，那些缀满补丁的残山剩水，既喻示传统天人关系的崩坏，也指向今天破败不堪的自然的真实形貌。可是，引入青山绿水的摄影图像，又产生了另一个对比：山水苍莽依旧，而精神枯

---

[33] 尚扬：《坍塌的风景之日志》。

[34] 参见尚扬《坍塌的风景之日志》。

[35] 赵野：《尚扬访谈：当代精神与古典气质的契合》。

萎了。这里，古今的维度被抽掉了。要解决此难题，唯有赋予综合材料语言以时间意义，从而表征"正在剥蚀和坍塌的风景"[36]，既是自然形貌的，又是意识的。这是尚扬的语言机巧所在。《董其昌计划》的意义，必须回到视觉语言本身才能理解。让尚扬兴奋的是，材料的皴裂、崩塌和再破坏，竟会产生如此生动、强烈的视觉效果，而本该鲜活的照片却成了陪衬。"我希望材料自己说话，成为言说的一部分，而不是一种用来言说的词语，它就是言说本身。……材料本身成了言说的内容。"[37]

《董其昌计划》是尚扬视觉语言实践的重要收获。这个系列作品交叠着三重意义：一是观念意义，如主题所提示的；二是材料语言所表征的意义，即作为表意符号所具有的意义；三是材料语言自身显示的意义。正是后一重意义，让尚扬开启了一个异质的美学空间。在《董其昌计划》系列的不少作品中，语言所显示的质感已经超出了"计划"的原初设想。其中有的与《大风景》有连续性，而另一些作品，如第10、16、33、35、46号等，则透出一股另类的古典气质。同一时期画的《册页》系列作品也是如此，而且调子更温暖。

从2013年的"吴门楚语"展开始，尚扬再次走上一条激进实验的路。"吴门楚语"名字本身就暗藏玄机。如策展人朱青生所说，"吴门"有三层意思：古典文脉里的苏州、现代化成功范例的苏州以及二者的极度冲突。"楚语"也有三层意思："第一是作品是出自现代的湖北武汉地区的艺术家，第二，在古典楚文化和吴文化遭遇时，如何接

---

[36]　参见尚扬《坍塌的风景之日志》。

[37]　赵野：《尚扬访谈：当代精神与古典气质的契合》。

受和对待这种差异,第三,如何在这次遭遇中显现出当代艺术的实验性。"[38] 尚扬为展览制作了一件《剩山图》,有意颠覆《董其昌计划》,因为他觉得后者始终没有脱离"架上画"的范畴。《剩山图》是将《董其昌计划—33》毁掉之后重构出来的作品,使用了油漆、沥青、树脂等工业材料,通过拼贴、撕扯的方式,造成一种被破坏、未完成的状态。《浴竹图》是主题性作品。尚扬把烧沸的沥青浇在布面上,用喷火枪以及拓印等方法塑形,做成奇特的背景肌理,再拼接上干枯的竹枝。与《浴竹图》的黑色背景形成对比的是一组《屏·白》,用竹、纸、土、胶、沥青、腻子粉、铁皮、钢筋等等,生产出绘画效果。这些作品由于材料的意外组合,充满结构的张力,竹与纸、石膏与金属……诸如此类的冲突,呈现了复杂的悖谬关系,而陌生化的视觉语言又引申出无尽的意味,构成一个平行的意义世界。之后的几件《剩山图》和《剩水图》系列,表现出另一种综合倾向。撕扯、破坏后的"残山剩水"被置于历史—现实的情境中,弥散着挽歌气息。《剩水图—1》把库区移民的生活遗迹放在画面前,扁担和铁钩,锈蚀的水阀里传来水声,船夫号子,乡民吃散伙饭时的喧闹,孩子们朗读"朝辞白帝彩云间,千里江陵一日还"……在一次访谈中,尚扬感慨地说,若能退回去十年,他会组织一个团队,去做更综合的艺术,比如大体量的作品。体量与综合性是不可分的。艺术的魅力跟体量有关。[39] 此时他一定想到了基弗尔(Anselm Kiefer)。

巴尔特(Roland Barthes)在《法兰西学院文学符号学讲座就职

---

[38] 参见朱青生《尚扬档案札记》,《尚扬:吴门楚语》,四川出版集团、四川美术出版社 2013 年版,第 21 页。

[39] 参见赵野《尚扬访谈:当代精神与古典气质的契合》。

演讲》（1977年）末尾说道："有一天，我重读托马斯·曼的小说《魔山》。这本书讲述一种我熟稔的病——肺结核。凭借阅读，我体会了与这种病有关的三个时刻：故事发生的时刻，在第一次大战之前；我自己患病的时刻，1942年前后；现在时刻，此时病已为化学疗法所袪除，不复当初情形了。然而，我经历的肺结核与《魔山》的肺结核几乎一模一样。这两个时刻交汇在一起，离我现在同样久远。于是我惊讶地（只有显见之事才让人惊讶）发现，我自己的身体是历史的。在某种意义上，我的身体是《魔山》主人公汉斯·卡斯托普的同龄人；1907年我的身体尚未诞生已经二十岁了，这一年汉斯来到'山庄'住下。我的身体比我老得多，仿佛我们永远停留在社交恐惧的年纪，伴随着这种恐惧，生命偶尔让我们彼此照面。因此，如果我想活下去，我就必须忘记我的身体是历史的。我必须投入这样的幻觉：我与我面前这些年轻的身体同龄，而不是与我自己的身体、我过去的身体同龄。简言之，我必须周而复始地再生。我必须使我比我实际更年轻……"[40] 这段话可以原封不动地用到尚扬身上。尚扬多次提到"十年"。从《黄河船夫》（1981年）、《大肖像》与《大风景》（1991年）到《董其昌计划》（2002年—）和《剩山图》（2013年—），他差不多总是以十年为期，重新步入巴尔特所谓"新生"（vita nuova）。一个人选择做艺术家有各种各样的理由，无须多问。然而，多年来，尚扬一直

---

[40] 巴尔特：《法兰西学院文学符号学讲座就职演讲》，《符号学原理——结构主义文学理论文选》，李幼蒸译，生活·读书·新知三联书店1988年版，第19—20页。译文有改动（Cf. Roland Barthes, "Inaugural Lecture, College de France", in *Barthes: Selected Writings*, ed. & intr. Susan Sontag, Fontana/Collins, 1983, pp. 477-478）。

在问自己"作为一个视觉艺术家的理由"。他坚持从视觉本身考虑问题，所以不得不讲究表达，凡是和视觉表达无关的问题，不管多么重要，他一定会放弃。"我所追求的这种表达仅仅包含三个简单的要素，即：当代的，中国的和我个人的。"[41]"当代的"就是与我们身处的社会世界建立深层次的联系，"当代艺术家要用视觉去进行批判和表达，进行诘问"。[42]"中国的"，如尚扬常说的："我的创作……就是想让别人一看就知道这是一个中国艺术家的绘画，是一个有思想的中国艺术家来做的。"[43]"我个人的"，不是指一定要跟别人不同，那只是结果，而是说，我的表达必须是出之于心、系之身体发肤的。《诊断》和《深呼吸》是尚扬艺术的一次转折。从此，他的身体经验与想象逐渐凝结成一个精神内核，替换了先前的美学或风格导向，也把他长久以来与身体有关的意念再度唤起。而"美学"（Aesthetica）的本义就是关乎身体的话语。[44]若一定要问尚扬几十年变化无常至今仍扑朔迷离的不断实验究竟出于何种动机，或许可以简单地回答：去表达。尚扬说："我想象的未来世界，再谈到绘画这个词的时候，真的是比较古老。"[45]那又如何呢？

---

[41] 尚扬：《坍塌的风景之日志》。

[42] 尚扬、马龙：《尚扬访谈：从心所欲》，载《美术文献》2013年第1期。

[43] 王东声：《我无法批量生产——尚扬访谈》。

[44] 参见伊格尔顿《美学意识形态》（修订版），王杰、付德根、麦永雄译，中央编译出版社2013年版，第13页。

[45] 赵野：《尚扬访谈：当代精神与古典气质的契合》。

附录三
白明的易简工夫[1]

白明艺术展为来自不同国家不同专业的学者提供了一个面对面讨论中国当代艺术问题的机会。策展人在展览前言中针对白明作品提出四个问题:"中国的艺术传统和当代性之间的关联是什么?中国的传统美学在国际上的接受程度和在国内的相比如何?材质的本体论和工具性之间的关系是怎样的?艺术和哲学、文学,视觉想象和文字表达之间的关系是怎样处理的?"这些问题显然已经超出艺术史和艺术批评的范围,其中前两个涉及中国现代思想史的一大疑难——所谓"中西古今"之争。

首先我想指出,纠缠中国学界一个多世纪的中西体用本末之辩,多数时候其实是古今之辩,即传统与现代的争执。中西文化当然是有差异的,但在我看来,中西差异远不如传统与现代的差异来得大。晚清以降,中国社会遭遇了现代问题,于是假借西学,以求解决之道。

---

[1] 本节依据在"对材质的再思考:陶瓷,白明,以及中国当代艺术"国际学术研讨会(北京民生现代美术馆,2017年4月23日)上的发言记录修改、补充而成。

事实上，推动百年中西体用本末之辩的始终是这种工具主义的态度，只不过在"全盘西化论""文化保守主义"之类意识形态交锋的场合常常被人忽略掉。就当代而言，向"西方"学习、向"西方"看齐是20世纪80年代思想的主流。白明那时虽然年轻，也卷入其中。当年的文化保守论者，包括一些"新文人画家"，对言必称西方不以为然，有的至今耿耿于怀。平心而论，80年代的崇尚"西方"仍然是"五四"以来现代性冲动的延续。由于中间隔绝了四分之一个世纪，这一次又集中于人文艺术领域，因而显得格外躁动。从"星星美展""八五新潮"到"现代艺术展"，一场迟到的现代-后现代主义运动弄得中国艺术家手忙脚乱。艺术家们一面通过画册揣摩西方大师的心思，一面拼命读书，存在主义、精神分析等等，大家结伙行动，社团、宣言到处都是。他们想捕捉新鲜的感觉，画出来的却是契里科、达利、奥罗斯科、里韦拉、西凯罗斯眼里的东西。他们想变得深刻、有力量，结果还是卡夫卡、萨特、克尔凯郭尔……的想法，之后是"文化热"：老庄、禅宗、东方神秘主义……不能说他们的作品里没有切身的体验甚至痛感，可是那一点点东西被"风格""思想""文化"包裹得太严实了。

20世纪90年代的社会转型，对于许多艺术家是一次洗练。先前的理想主义和共同体意识一夜之间消失得无影无踪。你要还想做一个艺术家，就得独自去面对社会、面对自己，当然，也面对艺术。表现什么和如何表现此时变成了一个问题，而且是非常私人化的问题。在这个意义上，可以说中国当代艺术家第一次遇到了真正的"艺术"问题。从90年代初开始，一批敏感于国际风向的艺术家选择"向外转"，诉诸政治"批判"或"反讽"。白明属于为数不多的"向内转"的艺术家。"向内转"是想回复到独立思考和自由表达的状态。白明是学陶艺的，可他热衷于绘画。至少在90年代中期以前，他是以油画家而非陶艺家的身份为人所知的。近二十年，白明坚持用陶瓷创作可能有策略方面的考虑，但主要恐怕还是他觉得自己对这种材料的性能、表现力更熟悉，做起来更得心应手、更有把握。他同时也在画画，既画油画，也画水墨。据我初步观察，一方面白明的绘画是他陶瓷作品意绪的延伸，彼此之间有一定连续性；另一方面，白明坚持画画大概是为反思自己的陶艺寻找一个外部视角，不断拓展陶瓷创作的可能性。实际上，白明做陶艺一点也没有委屈他的绘画才能，相反，他若不是一位出色的抽象画家，是做不出这些陶瓷作品的。会上有几位学者都谈到，白明选择了一条和传统打交道的路。我认为，白明最初走上这条路也许并非有意。他以陶瓷为主要媒介是偶然的，当然不是随意的，具体说，是习得的或受教育的结果。陶瓷可不是中性的材料，除非你拿它去做别的东西。既然选择了陶艺，你就不得不去和陶瓷背后的文化打交道，与传统对话，与器物所开启的生活史对话。关键是进得去还要出得来，最终达到自由表达的境界。这是一条冒险的路，许多人还没走到多远就不知所踪了。今天关于传统与现代的议论多是些陈词滥调，具体到一个艺术家，其实是"传统与个人才能"的问题。"大约才、识、胆、力，四者交相为济，苟一有所歉，则不可登作者之坛。"（叶燮《原诗》）所有敢走这条路的都是自命不凡之人，所有对此进行反思的人也是如此。

我引两位哲学家的三段话，对其中机巧稍作解释。上午马埃乐先生提到本雅明的历史时间观念，我要引的与此话题有关。本雅明借"当下时间"（Jetztzeit）概念表达一个激进的想法：我们的未来期待只有靠对被压抑的过去的回忆来实现。他说："在过去世代和现在这一代之间有一个秘密约定。我们来到世上都是如期而至。如同我们之前的每一代人一样,我们被赋予了一种弱弥赛亚力量,这种力量是过去所要求的。"而要解开这个世代"约定"的秘密,就必须把"现在"理解为透入弥赛亚时间的无数个"当下"的"碎片"(Splitter),对于每一代人来说,弥赛亚期待并不指向同一个"未来"时间,每一次期待都是把弥赛亚铭写在"当下"的肉体中。[2]一旦领会至此,过去与现在、传统与创造的关系将发生革命性的变化。另两段是德里达的话。一段是关于阅读经典的:"我阅读柏拉图、亚里士多德等哲学家的方式并不是掌控、重复与保持这份遗产。我是要通过分析,找出他们思想中有效和无效的部分,找出他们著作内部的张力、矛盾和异质性。"[3]另一句是:"遗产从来就不是天然的,人们可以在不同的地方不同的时代不止一次地继承遗产,人们可以选择最恰当的时机,而这个时机有可能是最不合时宜的……"[4]

---

[2] 参见本雅明《历史哲学论纲》,张耀平译,陈永国、马海良编《本雅明文选》,中国社会科学出版社 1999 年版,第 403—415 页;德里达《马克思的幽灵——债务国家、哀悼活动和新国际》,何一译,中国人民大学出版社 1999 年版,第 107—108 页。引文有改动 (Cf. Walter Benjamin, "Theses on the Philosophy of History", in *Illuminations: Essays and Reflections*, ed. Hannah Arendt, trans. Harry Zohn, New York: Harcourt, Brace & World,1968, pp. 253-264; Jacques Derrida, *Specters of Marx: the State of the Debt, the Work of Mourning*, and the New International, trans. Peggy Kamuf, New York & London: Routledge, 1994, pp. 180-181.

[3] 德里达《维拉诺瓦圆桌讨论》,默然、李永毅译,《解构与思想的未来》,夏可君编校,吉林人民出版社 2006 年版,第 45 页。

[4] 德里达《马克思的幽灵——债务国家、哀悼活动和新国际》,第 230 页。

我想说的第二点是，白明的陶瓷作品可以作为另一种"中国当代艺术"的样本。策展人两次提到，展览开幕式后有人问：白明的作品属于当代艺术吗？刚才大家又谈了这个问题。我想，提问者针对的不是白明的油画和水墨，而是他的陶瓷作品。其实不止白明，我周围不少艺术家也经常遇到类似的诘问。此类疑问显然已经预设了一个"中国当代艺术"的概念，与这个词的字面意思不同，是按照那些"向外转"的艺术家的作品样式来界定的。他们的作品先是在欧洲接着在整个西方世界产生了相当大的影响，被认作当代中国人生存状态的呈现。他们较早地意识到，创作既是表达活动，同时又是文化政治行为。这些艺术家的作品是有价值的，其意向粗略地概括，就是"社会性"。去年底湖北美术馆做了一个方力钧的回顾展。之前我重新看了他90年代最初的一批"光头"作品，时隔二十多年，仍然感觉很有力量。我认为，方力钧早期作品显示了他作为一个"中国当代艺术家"的自觉。极言之，"中国当代艺术"不能不是政治的，关键在于切入政治的方式和艺术家姿势的调校。

但是，这个"中国当代艺术"概念是褊狭的。衡量一个艺术家的作品具不具有当代性，标准很简单：是否表达了当代人的经验，是否有普遍意义？依此标准看，白明的陶瓷作品毫无问题，只是它们显示的是另一种当代性。依我的理解，在"当代艺术"这个复杂的权力场里，白明经过充分权衡，取了"易简工夫"，而且比较彻底。"易简工夫"是陆九渊的用语，自命其为学之道。宋淳熙二年（1175年），应友人之邀，朱熹与陆九渊在江西鹅湖寺相会。期间，陆九渊和诗一首，其中两句是："易简工夫终久大，支离事业竟浮沉。"朱熹听了，为之失色，会议不欢而散。[5] 陆九渊抬高自己"发明本心"之学，把朱子的"即物穷理"贬为"支离事业"，惹得朱熹不高兴，却也挑明了"心学"与"理学"的分野。我借这段故事想说的是，白明走的是一条类似"心学"的路。90年代初张晓刚也经历过一个内省阶段，想回到个人意识－无意识的状态，不过后来他借助隐喻、转喻符号重返社会主义经验的表达。然而，白明面对的是陶瓷，陶瓷这门技艺跟绘画、雕塑比，能容纳的个人感觉相当有限。所以白明继续画画，只是抽象绘画的情形也好不了多少。选择一门门径狭窄的技艺，磨砺的是耐力和韧性，要达到精微之境，必须学会等待，等待机缘与偶然性。"若一志，无听之以耳，而听之以心，无听之以心，而听之以气。"（《庄子·大宗师》）白明说："俯身造器，手中的一团泥常常让我走神。……陶瓷艺术本质上就具有当代艺术的品质。首先，它的创造过程是缓慢的，这种缓慢挑剔着我们的视线，考验着我们的敏感、耐心与忠诚，让我们学会将瞬间释放的如火花般的激情拉长并学会控制得体……陶艺的美不体现在单一元素的丰富和表现力，它是天然的综合艺术，水、土、火、釉料加入的双手形成的希望与牵挂。而最神奇的莫过于陶瓷经火焰的烧制所带来的凤凰涅槃般的转变，这种最终不能让今天的艺术家完全掌控的艺术形式恰恰是所有当代艺术家们迷恋和向往的品质。……无论你的观念和创新如何挑战极限，陶艺的成型过程总是与'传统'息息相关，这传统的核心就是水、土、火的自然属性，这种鲜活且源头式的追问也是当代艺术的灵魂属性。"[6] 白明从不

---

[5] 参见冯友兰《中国哲学史》第五册，人民出版社1988年版，第205—206页。

[6] 白明：《陶瓷艺术本质上具有当代艺术品质——首届当代青年陶艺双年展（提名）序言》，雅昌艺术网：http://baiming.artron.net/news_detail_847836。

断的追问之中提炼出一种介于物性与意念之间的美学语言——质感。质感本质上关乎触摸。白明的艺术之所以能跨越文化差异为不同族群接受、认可,关键是他的作品既有东方传统韵味又有现代质感,很个性化,很耐看。而且我觉得,白明的陶瓷作品"质感"大于"意义",他的表意方式原则上是规避"社会性"的,甚至是非历史化的,因此意义相对稳定。

这次展出的陶瓷作品大致分为两类:一是偏于传统器物美学的,二是雕塑和装置。就个人趣味而言,我比较喜欢前一类。这和我对"陶瓷"的想象力有关。这类作品寓复杂于单纯之中,差不多做到了极致。那些器物的形状看似古典,其实是高度主观化的。白明显然不满足于此。当代艺术的一个重要特点是追求复杂性,于是他用陶瓷材料和语言来做雕塑或装置,是很自然的。后一类作品的观念性更强,其复杂性表现为提出问题的能力,但从具体作品来看,他还是努力在观念与感性呈现之间保持平衡。

最后,我想把白明作品的意义稍稍向外延展。在晚近关于"中国风"的讨论中,有学者发出这样的疑问:为何近些年各种所谓"中国风"的展示,从北京奥运会开幕式、上海世博会的"中国斗冠"到时装秀上的"汉唐风"、满屋子的仿古家具,等等,最后总沦为"晒古董"?吴兴明教授因而提出"中国风"与现代性品质的关系问题。[7]在我看来,此类问题意识基于我们的历史与现实处境:中国人已经在现代世界生活了一百年,我们的现代经验一点也不缺乏,尽管十

---

[7] 参见吴兴明《反省"中国风"——论中国式现代性品质的设计基础》,载《文艺研究》2012年第10期。

分庞杂，但是却没有形成与之相匹配的直观（Anschauung）或显象（Schein）。所谓"经验"、"直观"、"显象"是就一个现代民族国家的自我意识而言的。现代汉语文学、中国现代艺术一直致力于表达我们自己的现代感受与现代经验，可为什么一提到与国族身份相关的"中国性"时，总要一厢情愿地到祖宗那里去找？因为我们缺少对于中国现代性直观的自觉。这种自觉，套用一句老话来说，就是：什么样的品质才既是中国的又是现代的？在自觉确立之前，把"中国风"等同于传统中国元素的挪用、嫁接和拼贴，是不可避免的。我不敢说白明意识到了这个问题，但是，他的陶瓷作品所具有的"质感"显然已经超出了艺术风格的范畴。在此意义上，我认为白明的作品是另一种"中国当代艺术"的样本。

参考文献

一、中文文献

蔡元培：《蔡元培全集》第二、三卷，高平叔编，中华书局1984年版。

陈鸿祥：《王国维与近代东西方学人》，天津古籍出版社1990年版。

陈平原编：《追忆王国维》，中国广播电视出版社1997年版。

陈师曾：《文人画之价值》，《陈师曾讲绘画史》，凤凰出版社2010年版。

杜卫主编：《中国现代人生艺术化思想研究》，上海三联书店2007年版。

冯友兰：《新知言》，《贞元六书》，华东师范大学出版社1996年版。

冯友兰：《中国哲学史》，华东师范大学出版社2000年版。

冯友兰：《中国哲学史新编》（全六册），人民出版社1989年版。

佛雏：《王国维诗学研究》，北京大学出版社1987年版。

高尔泰：《美是自由的象征》，人民文学出版社1986年版。

郭绍虞：《艺术谈》，《郭绍虞文集之三·照隅室杂著》，上海古籍出版社1986年版。

梁启超：《梁启超全集》第二、四、十五集，汤志钧、汤仁泽编，中国人民大学出版社2018年版。

梁漱溟：《梁漱溟全集》第一、三、五卷，山东人民出版社2005年版。

鲁迅：《鲁迅全集》第1卷，人民文学出版社1981年版。

罗钢：《传统的幻象：跨文化语境中的王国维诗学》，人民文学出版社
　　2014年版。

牟宗三：《智的直觉与中国哲学》，中国社会科学出版社2008年版。

彭玉平：《王国维词学与学缘研究》，商务印书馆2015年版。

钱锺书：《管锥编》，中华书局1986年版。

钱锺书：《谈艺录》，中华书局1984年版。

舒新城编：《近代中国教育思想史》，福建教育出版社2007年版。

滕固：《滕固艺术文集》，沈宁编，上海人民美术出版社2003年版。

王国维：《〈人间词〉〈人间词话〉手稿》，浙江古籍出版社2005年版。

王国维：《王国维全集》第一、二、三、八、十四、二十卷，谢维扬、房
　　鑫亮主编，浙江教育出版社、广东教育出版社2009年版。

王国维：《王国维文集》（全四卷），姚淦铭、王燕编，中国文史出版社
　　1997年版。

王国维著、彭玉平疏证：《人间词话疏证》，中华书局2014年版。

徐复观：《王国维〈人间词话〉境界说试评》，李维武修订《徐复观全集》
　　第十卷，九州出版社2014年版。

严复：《论世变之亟：严复集》，胡伟希选注，辽宁人民出版社1994年版。

杨慧林：《意义——当代神学的公共性问题》，北京大学出版社2013年版。

姚柯夫编：《〈人间词话〉及评论汇编》，书目文献出版社1983年版。

叶嘉莹：《王国维及其文学评论》，河北教育出版社2000年版。

袁英、刘寅生编著《王国维年谱长编：1877—1927》，天津人民出版社
　　1996年版。

张岱年：《中国哲学大纲》，中国社会科学出版社1982年版。

张祥龙：《海德格尔思想与中国天道——终极视域的开启与交融》（修订
　　新版），中国人民大学出版社2010年版。

张之洞：《劝学篇》，中州古籍出版社1998年版。

朱光潜：《诗论》，商务印书馆2012年版。

朱光潜：《关于人性、人道主义、人情味和共同美问题》，载《文艺研究》1979年第3期。

朱熹：《四书章句集注》，中华书局1983年版。

朱铸禹汇校集注：《全祖望集汇校集注》，上海古籍出版社2000年版。

宗白华：《艺境》，北京大学出版社1987年版。

阿伦特：《康德政治哲学讲稿》，罗纳德·贝纳尔编，曹明、苏婉儿译，世纪出版集团、上海人民出版社2013年版。

奥弗洛赫蒂等编：《尼采与古典传统》，田立年译，华东师范大学出版社2007年版。

巴尔特：《符号学原理——结构主义文学理论文选》，李幼蒸译，生活·读书·新知三联书店1988年版。

拜泽尔：《浪漫的律令——早期德国浪漫主义观念》，黄江译、韩潮校，华夏出版社2019年版。

包尔生：《伦理学体系》，何怀宏、廖申白译，中国社会科学出版社1988年版。

鲍桑葵：《美学史》，张今译，商务印书馆1985年版。

贝尔：《资本主义文化矛盾》，赵一凡、蒲隆、任晓晋译，生活·读书·新知三联书店1989年版。

本雅明：《历史哲学论纲》，张耀平译，陈永国、马海良编《本雅明文选》，中国社会科学出版社1999年版。

伯林：《自由论》，胡传胜译，译林出版社2003年版。

德勒兹：《尼采与哲学》，周颖、刘玉宇译，社会科学文献出版社2001年版。

德里达：《马克思的幽灵——债务国家、哀悼活动和新国际》，何一译，中国人民大学出版社1999年版。

费希特：《全部知识学的基础》，王玖兴译，梁志学编译《费希特文集》第1卷，商务印书馆2014年版。

费希特:《知识学新说》,沈真译,梁志学编译《费希特文集》第 2 卷,商务印书馆 2014 年版。

弗兰克:《德国早期浪漫主义美学导论》,聂军译,吉林人民出版社 2005 年版。

伽达默尔:《真理与方法——哲学诠释学的基本特征》,洪汉鼎译,上海译文出版社 1999 年版。

哈贝马斯:《合法化危机》,刘北成、曹卫东译,上海人民出版社 2000 年版。

哈贝马斯:《现代性的哲学话语》,曹卫东等译,译林出版社 2004 年版。

哈贝马斯:《现代性对后现代性》,周宪译,周宪主编《文化现代性读本》,南京大学出版社 2012 年版。

哈贝马斯:《现代性——一个未完成的方案》,黄金城译,载《文化与诗学》2019 年第 1 期,华东师范大学出版社 2019 年版。

海德格尔:《康德与形而上学疑难》,王庆节译,上海译文出版社 2011 年版。

荷尔德林:《荷尔德林文集》,戴晖译,商务印书馆 2002 年版。

黑格尔:《费希特与谢林哲学体系的差别》,宋祖良、程志民译,商务印书馆 1994 年版。

黑格尔:《精神现象学》,贺麟、王玖兴译,商务印书馆 1983 年版。

黑格尔:《美学》第一卷,朱光潜译,商务印书馆 1979 年版。

黑格尔:《哲学史讲演录》第四卷,贺麟、王太庆译,商务印书馆 2009 年版。

康德:《纯粹理性批判》,邓晓芒译、杨祖陶校,人民出版社 2004 年版。

康德:《道德形而上学奠基》,杨云飞译、邓晓芒校,人民出版社 2013 年版。

康德:《康德书信百封》,李秋零编译,上海人民出版社 2006 年版。

康德:《康德著作全集》(全九卷),李秋零等编译,中国人民大学出版社 2013 年版。

康德:《判断力批判》,邓晓芒译、杨祖陶校,人民出版社 2002 年版。

康德:《实践理性批判》,邓晓芒译、杨祖陶校,人民出版社 2003 年版。

康德：《实践理性批判》，韩水法译，商务印书馆1999年版。

科恩：《科学中的革命》，鲁旭东、赵培杰、宋振山译，商务印书馆1999年版。

利奥塔尔：《后现代状态：关于知识的报告》，车槿山译，生活·读书·新知三联书店1997年版。

利雷思、安文思、南怀仁：《西方要纪》，王云五主编《丛书集成初编·海录及其他三种》，商务印书馆1936年版。

刘小枫选编：《德语美学文选》，华东师范大学出版社2006年版。

罗蒂：《后形而上学希望——新实用主义社会、政治和法律哲学》，黄勇编、张国清译，上海译文出版社2003年版。

罗蒂：《偶然、反讽与团结》，徐文瑞译，商务印书馆2006年版。

马克思：《1844年经济学哲学手稿》，中共中央马克思恩格斯列宁斯大林著作编译局译，人民出版社2000年版。

麦金太尔：《追寻美德——伦理理论研究》，宋继杰译，译林出版社2003年版。

麦茜特：《自然之死——妇女、生态和科学革命》，吴国盛等译，吉林人民出版社1999年版。

尼采：《1885—1887年遗稿》，孙周兴译，《尼采著作全集》第12卷，商务印书馆2010年版。

尼采：《1887—1889年遗稿》，孙周兴译，《尼采著作全集》第13卷，商务印书馆2010年版。

尼采：《悲剧的诞生》，孙周兴译，商务印书馆2012年版。

尼采：《悲剧的诞生——尼采美学文选》，周国平译，生活·读书·新知三联书店1986年版。

尼采：《快乐的科学》，黄明嘉译，华东师范大学出版社2007年版。

尼采：《偶像的黄昏》，孙周兴译，《尼采著作全集》第6卷，商务印书馆2015年版。

尼采：《瞧，这个人》，孙周兴译，《尼采著作全集》第6卷，商务印书馆

2015年版。

尼采：《善恶的彼岸》，孙周兴译，《尼采著作全集》第5卷，商务印书馆2015年版。

尼采：《希腊悲剧时代的哲学》，李超杰译，商务印书馆2006年版。

诺瓦利斯：《夜颂中的革命和宗教——诺瓦利斯选集卷一》，刘小枫编、林克等译，华夏出版社2007年版。

培根：《新工具》，许宝骙译，商务印书馆1984年版。

施勒格尔：《浪漫派风格——施勒格尔批评文集》，李伯杰译，华夏出版社2005年版。

叔本华：《充足理由律的四重根》，陈晓希译，商务印书馆1996年版。

叔本华：《叔本华论说文集》，范进等译，商务印书馆1999年版。

叔本华：《作为意志和表象的世界》，石冲白译，商务印书馆2009年版。

孙周兴、王庆节主编：《海德格尔文集·尼采》，孙周兴译，商务印书馆2015年版。

韦尔施：《重构美学》，陆扬、张岩冰译，上海译文出版社2002年版。

文德尔班：《哲学史教程》下卷，罗达仁译，商务印书馆1997年版。

席勒：《席勒经典美学文论》（注释本），范大灿等译、范大灿注，生活·读书·新知三联书店2015年版。

谢林：《近代哲学史》，先刚译，北京大学出版社2016年版。

谢林：《先验唯心论体系》，梁志学、石泉译，商务印书馆1997年版。

谢林：《艺术哲学》，魏庆征译，中国社会出版社1996年版。

休谟：《道德原则研究》，曾晓平译，商务印书馆2001年版。

亚里士多德：《工具论》，余纪元译，中国人民大学出版社2003年版。

伊格尔顿：《美学意识形态》（修订版），王杰、付德根、麦永雄译，中央编译出版社2003年版。

伊格尔斯：《德国的历史观》，彭刚、顾杭译，凤凰传媒集团、译林出版社2006年版。

二、外文文献

Allen W. Wood, *Kant*, Oxford: Blackwell Publishing Ltd., 2005.

Andrew Bowie, *Aesthetics and Subjectivity: From Kant to Nietzsche*, Manchester: Manchester University Press, 2003.

Anthony Ashley Cooper, Third Earl of Shaftesbury, *Characteristicks of Men, Manners, Opinions, Times*, Vol. 1, Indianapolis: Liberty Fund, Inc., 2001.

Arthur Schopenhauer, *Die Welt als Wille und Vorstellung*, in *Sämtliche Werke*, hrsg. Arthur Hübscher, Bd. 2-3, Mannheim: F. A. Brockhaus, 1988.

Arthur Schopenhauer, *Die Welt als Wille und Vorstellung*, in *Werke in zehn Bänden*, Bd. 1-4, Zürich: Diogenes, 1977.

Arthur Schopenhauer, *The World as Will and Idea*, 3 Vols., trans. R. B. Haldane and J. Kemp, London: Kegan Paul, Trench, Trubner and Co. Ltd., 1909.

Christian Helmut Wenzel, *An Introduction to Kant's Aesthetics: Core Concepts and Problems*, Malden MA: Blackwell Publishing Ltd., 2005.

Daniel Came, "The Aesthetic Justification of Existence", in Keith Ansell Pearson (ed.), *A Companion to Nietzsche*, Malden, Massachusetts: Blackwell Publishing Ltd., 2006, pp. 41-57.

David Aram Kaiser, *Romanticism, Aesthetics and Nationalism*, Cambridge: Cambridge University Press, 2004.

Douglas Burnham, *An Introduction to Kant's Critique of Judgment*, Edinburgh: Edinburgh University Press Ltd., 2000.

Douglas Burnham, *The Nietzsche Dictionary*, London and New York: Bloomsbury Publishing Plc, 2015.

Ernst Behler unter Mitwirkung von Jean-Jacques Anstett und Hans Eichner (Hrsg.), *Kritische Friedrich-Schlegel-Ausgabe*, München, Paderborn,

Wien: Schöningh; Zürich: Thomas, 1967.

F. W. J. Schelling, *Sämtlichen Werke*, hrsg. K. F. A. Schelling, Stuttgart: Cotta, 1856-1861, Bd. I: 1.

Frederick C. Beiser, *German Idealism: The Struggle against Subjectivism, 1781–1801*, Cambridge, MA and London: Harvard University Press, 2002.

Frederick C. Beiser, *Schiller as Philosopher: A Re-Examination*, Oxford: Clarendon Press, 2005.

Friedrich Hölderlin, *Sämtliche Werke*, hrsg. Friedrich Beissner, Stuttgart: Cotta, 1962.

Friedrich Nietzsche, *The Birth of Tragedy and Other Writings*, trans. Ronald Speirs, Cambridge and New York: Cambridge University Press 1999.-

Friedrich Nietzsche, *The Birth of Tragedy*, translated with an introduction and notes by Douglas Smith, Oxford: Oxford University Press, 2000.

Friedrich Schiller, *On the Aesthetic Education of Man in a Series of Letters*, German text and English translation, edited and translated with an introduction, commentary and glossary of terms by Elizabeth M. Wilkinson and L. A. Willoughby, Oxford: Clarendon Press, 1967, reprinted in 1982.

Friedrich Schiller, *Theoretische Schriften*, in *Sämtliche Werke*, hrsg. Gerhard Fricke und Herbert G. Göpfert, Bd. 5, München: Hanser, 1962.

Helmut Holzhey and Vilem Mudroch, *Historical Dictionary of Kant and Kantianism*, Lanham: Scarecrow Press, Inc., 2005.

Henry E. Allison, *Kant's Theory of Taste: A Reading of the Critique of Aesthetic Judgment*, Cambridge: Cambridge University Press, 2001.

Henry R. Allison, *Kant's Theory of Freedom*, Cambridge: Cambridge University Press, 1990.

Howard Caygill, *A Kant Dictionary*, Oxford: Blackwell Publishing Ltd., 2000.

Immanuel Kant, *Critique of Judgment*, trans. James Creed Meredith (1952), revised, edited and introduced by Nicholas Walker, Oxford and New York: Oxford University Press, 2007.

Immanuel Kant, *Critique of Judgment*, trans. Werner S. Pluhar, Indianapolis: Hackett Publishing Company, 1987.

Immanuel Kant, *Critique of Practical Reason*, in *Practical Philosophy*, trans Mary J. Gregor and Allen W. Wood, Cambridge and New York: Cambridge University Press, 1996.

Immanuel Kant, *Critique of Practical Reason*, trans. Werner S. Pluhar, Indianapolis: Hackett Publishing Company, 2002.

Immanuel Kant, *Critique of Pure Reason*, trans. Paul Guyer and Allen W. Wood, Cambridge and New York: Cambridge University Press, 1998.

Immanuel Kant, *Critique of Pure Reason*, trans. Werner S. Pluhar, Indianapolis: Hackett Publishing Company, 1996.

Immanuel Kant, *Critique of the Power of Judgment*, trans. Paul Guyer and Eric Matthews, Cambridge and New York: Cambridge University Press, 2000.

Immanuel Kant, *Kant's gesammelte Schriften*, hrsg. Königlich Preussische Akademie der Wissenschaften zu Berlin, Preussische Akademie der Wissenschaften, Deutsche Akademie der Wissenschaften zu Berlin, Akademie der Wissenschaften in Göttingen, Berlin-Brandenburgische Akademie der Wissenschaften, Bd. I-IX, Berlin: Georg Reimer /Walter de Gruyter & Co., 1900-1955.

J. G. Fichte, *Gesamtausgabe der Bayerischen Akademie der Wissenschaften*, hrsg. Reinhard Lauth, Hans Jacob und Hans Gliwitzky, Stuttgart-Bad Cannstatt: Frommann, 1964-, Bd. IV.

Jacques Derrida, *Specters of Marx: the State of the Debt, the Work of Mourning, and the New International*, trans. Peggy Kamuf, New York & London: Routledge, 1994.

Johann Gottfried Herder, *Selected Writings on Aesthetics*, trans. & ed. Gregory Moore, Princeton, N. J.: Princeton University Press, 2006.

John H. Zammito, *The Genesis of Kant's Critique of Judgment*, Chicago and London: University of Chicago Press, 1992.

John H. Zammito, *The Genesis of Kant's Critique of Judgment*, Chicago and London: The University of Chicago Press, 1992.

Josef Chytry, *The Aesthetic State: A Quest in Modern German Thought*, Berkeley: University of California Press, 1989.

Jürgen Habermas, "Modernity versus Postmodernity", trans. Seyla Ben-Habib, *New German Critique*, No. 22, Special Issue on Modernism (Winter, 1981): 3-14.

Jürgen Habermas, "Modernity—An Incomplete Project", trans. Seyla Ben-Habib, in Hal Foster (ed.), in *The Anti-Aesthetic: Essays on Postmodern Culture*, Seattle: Bay Press, 1983, pp. 3-15.

Jürgen Habermas, *Der Philosophische Diskurs der Moderne*, Frankfurt am Main: Suhrkamp Verlag, 1985.

Leo Strauss and Joseph Cropsey (eds.), *History of Political Philosophy*, Chicago and London: The University of Chicago Press, 1987.

Lewis White Beck, *A Commentary on Kant's Critique of Practical Reason*, London and Chicago: University of Chicago Press, 1960 (Midway reprint 1984).

Martha Woodmansee, "Aesthetic Autonomy as a Weapon in Cultural Politics: Rereading the Aesthetic Letters", in *The Author, Art, and the Market: Rereading the History of Aesthetics*, New York: Columbia University Press, 1994, pp. 57-86.

Martin Heidegger, *Nietzsche*, Erster Band, *Gesamtausgabe*, hrsg. Brigitte Schilbach, Band 6. 1, Frankfurt am Main: Vittorio Klostermann GmbH, 1996.

Moltke S. Gram, "Intellectual Intuition: The Continuity Thesis", *Journal of the History of Ideas*, Vol. 42, No. 2 (Apr.-Jun., 1981): 287-304.

Niall Lucy, *A Derrida Dictionary*, Blackwell Publishing Ltd., 2004.

Novalis, *Fichte Studies*, ed. & trans. Jane Kneller, Cambridge and New York: Cambridge University Press, 2003.

Novalis, *Schriften: Die Werke Friedrich von Hardenbergs*, hrsg. Paul Kluckhohn und Richard Samuel, Stuttgart: Kohlhammer, 1960–1977.

Paul de Man, "Kant and Schiller", in *Aesthetic Ideology*, Minneapolis: University of Minnesota Press, 1996, pp. 129-162.

Paul Guyer (ed.), *Kant's Critique of the Power of Judgment: Critical Essays*, Lanham: Rowman & Littlefield Publishers, Inc., 2003.

Paul Guyer, "The Origins of Modern Aesthetics: 1711–35", in Peter Kivy (ed.), *The Blackwell Guide to Aesthetics*, Malden, MA: Blackwell Publishing Ltd., 2004, pp. 15-44.

Paul Oskar Kristeller, "The Modern System of the Arts: A Study in the History of Aesthetics", *Journal of the History of Ideas*, Vol. 12, No. 4 (Oct., 1951): 496-527 & Vol. 13, No. 1 (Jan., 1952): 17-46.

Roland Barthes, *Barthes: Selected Writings*, ed. & intr. Susan Sontag, Fontana/Collins, 1983.

Sebastian Gardner, "Philosophical Aestheticism", in Brian Leiter & Michael Rosen (eds.), *The Oxford Handbook of Continental Philosophy*, Oxford and New York: Oxford University Press Inc., 2007.

Theodor W. Adorno, *Aesthetic Theory*, trans. Robert Hullot-Kentor, London and New York: Continuum, 2002.

Walter Benjamin, "Theses on the Philosophy of History", in *Illuminations: Essays and Reflections*, ed. Hannah Arendt, trans. Harry Zohn, New York: Harcourt, Brace & World, 1968.

Walter Kaufmann, *Nietzsche: Philosopher, Psychologist, Antichrist*, Fourth Edition, Princetion, New Jersey: Princeton Universtity Press, 1974.

Wilhelm Windelband, *A History of Philosophy. With Especial Reference to the Formation and Development of Its Problems and Conceptions*, trans, James H. Tufts, New York: Macmillan Company. 1893.

Yolanda Estes, "Intellectual Intuition: Reconsidering Continuity in Kant, Fichte, and Schelling", in Daniel Breazeale and Tom Rockmore (eds.), *Fichte, German Idealism, and Early Romanticism*, Amsterdam and New York: Rodopi, 2010, pp. 165-178.

后记

本书是我近些年研究中西审美论思想的成果。这原是一个庞大的计划，涉及面相当宽泛，由于各种原因，写作进程时断时续，并且一再拖延，今天能用这样的形式告一段落，也算是了却一件心事。

本书部分章节曾经以论文形式在《中国社会科学》《北京大学学报（哲学社会科学版）》《湖北大学学报（哲学社会科学版）》《文艺研究》《美术研究》等学术期刊发表，在此我要向为编发这些文章付出辛劳的张跣、陈凌霄、刘曙光、郑园、熊显长、张颖、张鹏等诸位同仁表达由衷的谢意。我自己做过二十多年的编辑工作，深知其中甘苦。没有他（她）们的指点和纠正，书中的文字不会是现在这个样子。

我要感谢陶东风教授、王德胜教授、乔卉女士、郑以然女士为此书出版所做的努力！感谢好友高秀芹女士的成全，以及责编于海冰女士耐心细致的工作！感谢我的博士生刘馨璇同学在参考文献整理方面提供的帮助！